中等职业教育教材

Mastercam
多轴数控编程与加工案例教程

闭祖勤　何兴博　黄炳祥　主编

化学工业出版社

·北京·

内 容 简 介

本书按照工学结合、项目化教学要求编写。全书分为两篇（基础篇和实操篇），共 11 个模块。基础篇主要介绍数控多轴机床的基础和基本操作，实操篇主要介绍 Mastercam 四轴、五轴定向及联动编程加工方法和技巧。

本书选取部分典型案例，采用递进式结构，由浅入深，从四轴到五轴，从定向到联动的流程编写，循序渐进，通俗易懂。实操篇的每个模块都设计了任务拓展提升，有助于学习者实现"学做合一"。

本书适合作为中高职院校数控技术、模具设计与制造、机电一体化技术等专业的课程教材，也可以作为数控多轴加工的培训教材，亦可供相关企业工程技术人员参考。

图书在版编目（CIP）数据

Mastercam 多轴数控编程与加工案例教程 / 闭祖勤，何兴博，黄炳祥主编. -- 北京：化学工业出版社，2025. 4. --（中等职业教育教材）. -- ISBN 978-7-122-47100-0

Ⅰ.TG659.022

中国国家版本馆 CIP 数据核字第 20252U06K3 号

责任编辑：葛瑞祎　王海燕　　文字编辑：宋　旋
责任校对：李雨晴　　　　　　装帧设计：张　辉

出版发行：化学工业出版社
　　　　　（北京市东城区青年湖南街 13 号　邮政编码 100011）
印　　装：北京新华印刷有限公司
880mm×1230mm　1/16　印张 18$\frac{1}{2}$　字数 462 千字
2025 年 5 月北京第 1 版第 1 次印刷

购书咨询：010-64518888　　　　售后服务：010-64518899
网　　址：http://www.cip.com.cn
凡购买本书，如有缺损质量问题，本社销售中心负责调换。

定　　价：49.90 元　　　　　　　　　　　　版权所有　违者必究

前 言

随着制造业的迅速发展，特别是航空航天、医疗器械以及精密装备制造领域对数控多轴加工技术的依赖日益增加，数控多轴加工技术已逐渐成为现代制造业的核心。为了适应这一趋势，培养具备高级数控编程与操作技能的技术人才变得尤为重要。《Mastercam 多轴数控编程与加工案例教程》便是在这样的背景下孕育而生的，旨在为中高职院校学生及相关技术人员提供一本系统、实用的教学与参考书籍。

本教材以 Mastercam 软件为平台，结合数控多轴机床的实际操作，详细介绍了数控多轴编程与加工的基本原理、方法和技巧。全书分为 11 个模块，从数控多轴机床的基础和基本操作入手，逐步深入到 Mastercam 四轴、五轴定向及联动编程加工方法和技巧的全面剖析。实操篇中每个模块内容丰富，可操作性强，通过任务拓展提升的设计，使读者能够在实践中加深对知识的理解和运用。本教材具有以下特点：

（1）**内容全面，系统性强**：从数控多轴机床的基本知识到 Mastercam 多轴编程的详细步骤，再到实际加工案例的分析，能够满足多层次读者的学习需求。

（2）**实例丰富，操作性强**：配备了大量实例训练任务，设有任务拓展提升模块，使读者能够在实践中加深对知识的理解和运用，提高操作技能水平。

（3）**递进式结构，易于理解**：采用递进式结构，从四轴到五轴，从定向到联动，逐步深入，使读者能够循序渐进地掌握多轴数控编程与加工的核心技能。

本教材由闭祖勤、何兴博、黄炳祥主编。在本教材的编写过程中，汇聚了一批在数控技术领域有着丰富经验的专家和教师。具体分工如下：闭祖勤编写模块一和模块三，黄炳祥编写模块二，黎秋坚编写模块四，袁锟编写模块五，黄秀华编写模块六，黄永娜编写模块七，何兴博编写模块八，胡宏编写模块九，韦焕荣编写模块十，龚小丽编写模块十一。全书由闭祖勤统稿，唐著主审。

尽管我们在编写过程中力求严谨、准确，但由于时间和水平有限，书中难免存在一些不足之处，真诚地欢迎广大读者提出宝贵的意见和建议，以便我们在今后的工作中不断改进和提高。

编 者

目 录

基础篇

模块一　认识数控多轴机床　002

知识点一　数控多轴加工机床的结构及分类 …… 002
知识点二　数控多轴加工的特点 …… 009
知识点三　数控多轴加工方式 …… 010

模块二　数控多轴机床基本操作　013

知识点一　四轴数控机床基本操作 …… 013
知识点二　五轴数控机床基本操作 …… 015
知识点三　加工程序 DNC 传输 …… 020
知识点四　多轴数控加工工艺 …… 023

实操篇

模块三　六角螺母四轴加工　028

任务一　加工工艺分析 …… 029
任务二　六角螺母建模 …… 030
任务三　六角螺母编程加工 …… 034

模块四　偏心轴四轴加工　055

任务一　加工工艺分析 …… 056
任务二　偏心轴建模 …… 057

| 任务三 | 偏心轴编程加工 | 059 |

模块五　圆柱凸轮四轴加工　089

| 任务一 | 加工工艺分析 | 089 |
| 任务二 | 圆柱凸轮编程加工 | 091 |

模块六　大力神杯四轴加工　119

| 任务一 | 加工工艺分析 | 120 |
| 任务二 | 大力神杯编程加工 | 120 |

模块七　五角星五轴加工　137

任务一	加工工艺分析	137
任务二	五角星建模	138
任务三	五角星编程加工	144

模块八　六方阁五轴加工　175

| 任务一 | 加工工艺分析 | 176 |
| 任务二 | 六方阁编程加工 | 178 |

模块九　人体雕像五轴加工　203

| 任务一 | 加工工艺分析 | 203 |
| 任务二 | 人体雕像编程加工 | 204 |

模块十　奖杯五轴加工　235

| 任务一 | 加工工艺分析 | 236 |
| 任务二 | 奖杯编程加工 | 237 |

模块十一　叶轮五轴加工　263

| 任务一 | 加工工艺分析 | 264 |
| 任务二 | 叶轮编程加工 | 265 |

参考文献　289

基础篇

模块一　认识数控多轴机床
模块二　数控多轴机床基本操作

模块一

认识数控多轴机床

知识点一 数控多轴加工机床的结构及分类

一、多轴机床的主要结构类型

多轴机床的结构以五轴机床为例，在五轴机床中，X、Y、Z三个直线运动坐标轴与两个旋转运动坐标轴协同工作，实现了复杂的加工动作。这五个轴可以联动，通过不同组合和控制方式，可以实现多样化的运动配置方案，满足不同的加工需求。五轴机床的结构类型多样，根据旋转轴与主轴或工作台的连接形式，主要可以归纳为刀具双摆动、工作台双回转以及刀具摆动与工作台回转等几种形式。每种形式都有其特点和适用场景，使得五轴机床在加工过程中能够展现出更高的灵活性和精度。在五轴机床的运动中，定轴和动轴是两个重要的概念。定轴指的是在运动中轴线方向保持不变的旋转轴，而动轴则是轴线方向会发生变化的旋转轴。这种区分有助于更好地理解五轴机床的运动特性和控制方式。

此外，五轴机床的旋转轴在空间上的交错方式也是多种多样的，包括正交形式和非正交形式，以及直交和偏交的区分。不同的交错方式会对机床的加工性能产生不同的影响，因此在选择机床和制订加工工艺时，需要根据实际需求进行合理搭配。

二、数控多轴加工机床的分类

1. 四轴联动数控机床

四轴联动数控机床具备三个直线坐标轴与一个旋转坐标轴（A轴或B轴），在计算机数控（CNC）系统的精准操控下，四个坐标轴能够同步协作，高效完成加工任务。如图1-1所示，此机床结构典型，充分展示了四轴联动的特性。此外，"3+1"形式的四轴联动数控立式机床则是通过在原有的三轴联动数控立式铣床或加工中心上增设一个数控转台，实现旋转轴的加工功能，进而达成四轴联动的加工需求，极大提升了加工能力与效率。

图 1-1 "3+1" 四轴联动数控立式机床

四轴联动数控立式机床的主要加工形式与三轴联动数控立式铣床或加工中心的相同，数控转台只是机床的一个附件。这类机床的优点如下：

（1）价格相对便宜　由于数控转台是一个附件，所以用户可以根据需要选配。

（2）装夹方式灵活　用户可以根据工件的形状选择不同的附件，既可以选择自定心卡盘装夹，也可以选配单动卡盘或者花盘装夹。

（3）拆卸方便　用户在利用三轴加工大工件时，可以把数控转台拆卸下来。当需要时可以很方便地把数控转台安装在工作台上进行四轴联动加工。

（4）主要用来加工轴类、盘类零件

数控转台的尺寸规格会影响原有机床的加工范围，用户要根据被加工工件的尺寸合理选择数控转台的尺寸规格，并且注意数控转台及伺服系统参数的设定要满足四轴联动要求，如果只有三个伺服系统，是无法做到四轴联动的。

图1-2 所示为宝鸡 VMC850L 型四轴加工中心机床，该机床立柱采用人字形结构，直联式短鼻端主轴，XYZ 三向采用知名厂家滚柱线性导轨、静音丝杠，适用于 3C 零件、五金、汽配、模具、仪器仪表等行业的壳体、阀类、盘类和箱壳类零件的铣钻等加工，适合对中小型模具进行加工。

图 1-2　宝鸡 VMC850L 型四轴加工中心机床

宝鸡VMC850型四轴加工中心的技术参数见表1-1。

表1-1 宝鸡VMC850型四轴加工中心的技术参数

项目	技术规格	单位	参数
工作台	工作台面积（宽×长）	mm	500×1000
工作台	T形槽（数量—尺寸×间距）	mm	5—18×90
工作台	允许负载	kg	500
主轴	主轴锥孔	—	BT40
主轴	主电机功率（连续/15min过载）	kW	7.5/11
主轴	主轴最高转速	r/min	8000
行程	X/Y/Z轴最大行程	mm	800/500/600
行程	主轴端至工作台面的距离	mm	110~170
行程	主轴中心至立柱导轨的距离	mm	570
进给	X/Y/Z轴快速移动速度	m/min	48/48/48
进给	最大切削进给速度	mm/min	10000
刀库	刀库容量	pcs	24
刀库	最大刀具质量	kg	8
精度	定位精度（GB/T 18400—2010）	mm	0.009/0.009/0.009
精度	重复定位精度（GB/T 18400—2010）	mm	0.006/0.005/0.006
其他	气源流量	L/min	350
其他	气压	MPa	0.6~0.8
其他	机床毛重	kg	6500
其他	机床净重	kg	6000
其他	外形尺寸	mm	2800×2300×3100

宝鸡VMC850L机床的特点：

① 机床整体为C形结构，采用人字形立柱、箱型滑台及底座，使得机床具有良好的刚性。

② 三轴采用直线滚动导轨，刚性高、响应快、负载能力强。

③ 三轴进给采用大扭矩交流伺服电机直连、高精度预拉伸滚珠丝杠结构，刚性高、热稳定性好。

④ 整体式主轴，采用精密角接触轴承、经过严格的预紧及动平衡试验，保证了主轴精度、刚性及热稳定性。

⑤ 采用圆盘刀库，凸轮机械手换刀机构，换刀时间仅2.5s（刀对刀），节省非切削时间，最多可容纳24把刀具。

⑥ 适用于汽车、模具、通信、医疗器材、仪器仪表等行业。

2. 五轴联动数控机床

五轴联动数控机床，拥有五个灵活的坐标轴，其中三个负责线性移动，而另外两个则实现旋转运动。在计算机数控系统的精确指挥下，这五个坐标轴能够同步运作，协同完成复杂的加工任务。如图1-3所示，DMC 50U五轴立式加工中心便是这种技术的生动体现。与三轴机床相比，五轴机床多了两个旋转坐标轴，这一创新使得其加工能力更为强大和多样。在结构层面，三轴机床通过增添两个转动轴，便能轻松升级为五轴机床，实现功能的飞跃。五轴联动数控机床还可根据其主轴的不同布局，分为立式和卧式两大类别，各具特色，适应不同的加工需求。

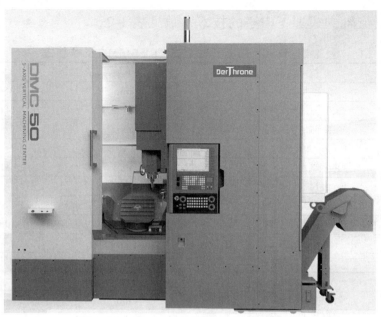

图 1-3　DMC 50U 五轴立式加工中心

　　DMC 50U 五轴立式加工中心整机采用改良型高刚性龙门结构，如图 1-4 所示。该加工中心整机结构紧凑，占地面积小；Z 轴导轨采用无悬臂设计，在全行程范围内展现出极高的加工能力；整机为热对称设计，确保良好的热稳定性；主轴规格多样化，充分扩展了机床的加工能力；摇篮型回转工作台只在一个方向上做直线运动，克服了传统十字滑台结构上放置转台的精度不稳定问题；回转工作台为力矩电机直接驱动结构，配置高精度绝对值圆光栅，具有非常高的回转定位精度和长久的精度保持性。该机床具有如下优势：

　　① 直线轴快进速度为 48m/min，最大加速度可达 $10m/s^2$。

　　② 直线轴滚珠丝杠可选配中空冷却丝杠，在全速段始终保证丝杠的温升小于 1℃，丝杠始终处于拉伸状态，轴刚性得到很好的保证，轴定位精度也得到了进一步提升。

　　③ 本机采用平置式链式刀库，配合全伺服 ATC，在保证换刀效率的同时，还克服了传统圆盘刀库扣刀式换刀过程中掉刀的隐患。

　　④ 本机可集成转台车削功能，最高回转速度可达 2000r/min，减少了传统加工方式繁多的工序流转，同时提高了零部件的加工精度。

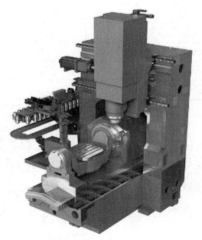

图 1-4　DMC 50U 五轴立式加工中心结构

科德 DMC 50U 五轴立式加工中心的技术参数见表 1-2。

表 1-2　DMC 50U 五轴立式加工中心的技术参数

项目	技术规格	单位	参数
行程	X 轴最大行程	mm	450+75（换刀）
	Y 轴最大行程	mm	600+25（换刀）
	Z 轴最大行程	mm	400
	A/C 轴	度（°）	375
	主轴鼻端至工作台距离	mm	-130~+90/不限制
转台 1	转台尺寸（L×W）	mm	ϕ450×370
	转台最大承重	kg	250
	工件最大尺寸	mm	ϕ450×（H50+SR350）
	T 形槽	No/mm	平行型 5/12H7
	驱动方式	—	力矩电机直接驱动
	A/C 轴最高转速	r/min	60/100
转台 2	转台尺寸（L×W）	mm	ϕ370
	转台最大承重	kg	250
	工件最大尺寸	mm	ϕ450×（H50+SR350）
	工装或工件与工作台的连接方式	—	圆周均布螺钉孔 M8、M12
	驱动方式	—	力矩电机直接驱动
	A/C 轴最高转速	r/min	60/100
主轴 1	主轴代码	/	HFS15020/24
	最高转速	r/min	20000
	锥孔规格	/	HSK-A63
	驱动功率（100/40%DC）	kW	20/30
	驱动功率（100/40%DC）	N·m	30.7/45
主轴 2	主轴代码	/	HFS17018-MT
	最高转速	r/min	18000
	锥孔规格	/	HSK-A63
	驱动功率（100%DC）	kW	30
	驱动功率（100/25%DC）	N·m	42/71
直线轴	X/Y/Z 轴快速进给	m/min	48/48/48
	直线轴最大加速度	m/s²	10
换刀装置	换刀方式	/	平置式链式刀库+全伺服 ATC
	刀具标准容量	pcs	32
	最大刀具直径（临刀）	mm	70
	最大刀具长度	mm	250
	最大刀具质量	kg	7
	刀对刀换刀时间	s	3

五轴机床的特点：

① 可一次性完成零件的五面加工，减少重复装夹次数，提高加工精度，节约时间。

② 可完成空间曲面的加工，减少对设计、加工工艺的限制，提高产品的整体性能。

③ 利用刀轴的可控性，让刀具的侧刃切削；提高效率及表面质量，延长刀具寿命。

④ 缩短新产品研发周期，对于不适合大批量分工艺加工的试制零件，用五轴数控机床能大幅度缩短产品试制的时间。

⑤ 特别适用于航空航天、刀具工具、精密模具、医疗器械、新能源汽车与半导体等行业零部件的高效高精度加工。

⑥ 在铣削功能基础上可集成车削功能模块、超声加工模块、磨削功能模块等，是一台复合化、模块化，满足客户多工序集成需求的高性能五轴产品。

三、多轴加工的发展趋势

1. 高速加工技术的发展趋势

对于高速切削技术的未来发展，高速加工领域非常著名的肯纳金属公司在对过去10年的发展总结的基础上，对未来的技术发展作了以下预测：

（1）机床结构的变化　机床结构将会具有更高的刚度和抗振性，使在高转速和高进给情况下刀具具有更长的寿命；将会用完全考虑高速要求的新设计观念来设计机床，并联（虚拟轴）机床就是一个例子。

（2）提高机床进给速度的同时保持机床精度　目前，铣削轮廓的进给速度是12.7~15.2m/min，随着NC技术的发展，这个速度还会更高，因为更大的效益来自更高的速度。现在，铝材的切削速度可达到7000m/min，直线进给速度可达到61m/min，甚至更高。

（3）快换主轴　理查德·海特坎普先生是高速主轴的创始人之一。他在高速主轴技术攻关中所做的报告中指出，快换主轴的设计方法已经找到，改进主轴的设计可以延长主轴的寿命。其方法是把主轴看作刀具，用极快的速度交换。他们有一个由6台机床组成的生产单元，主轴转速为40000r/min，每天主轴交换3次。

（4）高、低速度的主轴共存　在同一台机床上，高速主轴和普通主轴同时存在，可以扩大机床的使用范围，以适应不同材料和尺寸工件的加工。

（5）改善轴承技术　改善轴承技术包括轴承的润滑、在轴承滚道上用铬钛铝镍镀层、采用陶瓷球以增加刚度和减少质量等。由磁悬浮轴承的推广应用可以看到轴承的 DN 值可达到 2×10mm·r/min，现在可以提供40-40的高速电主轴，即转速为40000r/min，功率为40kW，用的就是磁悬浮轴承。

（6）改进刀具和主轴的接触条件　以前使用的都是BT等刀具锥柄，而新的刀具锥柄概念如HSK、KM、CAPTO、MTK、NC-50、Big Plus等仍然需要继续改进完善，以在高速切削条件下提高刚度。

（7）更好的动平衡技术　在主轴装配中使用更好的动平衡技术，可使主轴在高速切削中具有更好的切削条件，同时也可提高安全性和减少主轴轴承的磨损。主轴装配中的平衡设备和技术是和高速主轴、高速切削刀具以及高速刀具刀柄平行发展的。另外，整个主轴系统的自动动平衡技术也在不断发展中。

（8）高速冷却系统　冷却刀具的高速冷却系统已和主轴及刀柄集成在一起。同时，要改进切削液的过滤装置，以进一步提高机床的性能。

此外，还有新的刀具材料、刀具镀层等将出现或改进；换刀时间将继续缩短，非切削时间将继续减少。

2. 当前多轴加工技术的发展热点

（1）速度与效能的提升　随着机械工艺的不断进步，多轴机床正变得更加快速和高效。高速电主轴、敏捷的进给系统、先进的数控技术和伺服系统的集成使得多轴机床的性能得到显著提升。这些高性能部件使得机床的主轴转速能够达到惊人的 15000~100000r/min，进给速度和切削速度分别可达 60~120m/min 和 60m/min，而加速度也达到了 10g 的水平。这些指标的提升极大地增强了多轴机床在各个领域的应用潜力。

（2）系统稳定性增强　多轴机床在加工复杂零件时对系统稳定性要求极高，通常要求平均无故障时间超过 20000h，并且配备多种安全报警和防护措施以降低意外故障的影响。在国际上，一些驱动装置的平均无故障时间已经可以达到 30000h，从而确保了生产的连续性和机床的长期稳定运行。

（3）加工精度的革新　CAM 系统的进步为多轴机床的加工精度的提升带来了飞跃。目前，常规数控机床的加工精度已经达到 5~10μm，精密级加工中心和超精密加工中心更是能够达到 1~1.5μm 和纳米级的精度。高精度的概念也在不断演变，不仅包括尺寸精度的提升，还涵盖了表面粗糙度、几何精度之间的协调性。

（4）多功能一体化　为了满足日益复杂的零件加工需求，多轴机床正向多功能一体化方向发展。复合型机床能够减少多次装夹带来的误差，提高加工效率和精度，缩短生产周期。市场对于个性化和小批量生产的需求增加，促使多轴联动加工中心向更加灵活和多功能化方向发展。

（5）智能化与网络化　工业 4.0 的兴起带动了多轴机床向智能化和网络化迈进。自适应控制、智能故障诊断、数字化伺服驱动等技术的应用，使得机床操作更加智能和精确。远程监控、网络设计和云数据管理等技术的应用，使得多轴机床能够更好地融入全球生产网络。

（6）环保理念的融入　"绿色机床"的概念强调了在生产过程中减少能源消耗和对环境的影响。这包括使用可回收材料制造机床部件、减轻机床质量和体积、降低能耗和减少废物产生。绿色机床的目标是实现生产过程的可持续发展，减少环境的负担。

多轴加工技术的发展热点是向高速、高效、稳定、精准、多功能、智能网络化以及环保可持续的方向前进。这些技术的融合和应用将极大地推动制造业的发展，满足未来生产的复杂和多样化需求。

3. 未来多轴机床技术的发展方向

① 直线电动机技术将实现新飞跃。经过不断的优化与改进，直线电动机现已克服了易受干扰和产热量大的问题，展现出极高的稳定性和可靠性。其直线驱动、无传动链的特性，不仅使定位精度大幅提升，更在高速移动中展现出快速停止的能力。同时，直线电动机的动态性能优越，加速度超乎想象，为高效加工提供了强大的动力支持。

② 智能化技术将在多轴机床中扮演越来越重要的角色。通过集成智能化模块，机床能够实时感知加工状态，自动调整加工参数，以应对切削条件变化、刀具磨损等因素带来的挑战。此外，多轴联动误差自动分离与补偿技术，以及热变形补偿技术的引入，将进一步提升机床的精度和稳定性，确保加工质量。

③ 复合加工技术将成为多轴机床发展的一个重要方向。随着制造业对复杂形状工件加工需求的增加，复合加工技术将受到更多关注。通过将多道工序、不同加工方式集成于一台机床之上，复合加工技术将大幅提高生产效率，同时降低生产成本。例如，激光切割与铣削的复合加工、增材式激光局部堆焊技术的融入等，都将是未来多轴机床技术创新的亮点。

④ 高精度、高效率将是多轴机床技术持续追求的目标。通过优化机床结构、提升控制系统性能、改进刀具设计等手段，多轴机床将不断提升加工精度和效率，满足制造业日益增长

的需求。

⑤ 环保与可持续发展将成为多轴机床技术发展的重要考量。随着全球环保意识的提升，多轴机床在设计和制造过程中将更加注重节能减排和资源利用率的提升。采用环保材料、优化冷却系统、降低能耗等措施将成为未来多轴机床发展的重要趋势。

未来多轴机床技术的发展将涉及直线电动机技术的突破、智能化技术的应用、复合加工技术的创新、高精度高效率的追求以及环保与可持续发展的考量。这些新趋势和突破将共同推动多轴机床技术迈向新的高度，为制造业的发展注入新的活力。

知识点二　数控多轴加工的特点

一、多轴加工的特点及显著优势

在现代制造业中，多轴加工技术以其独特的加工能力和效率，逐渐成为众多高精度零件加工的首选。相较于传统的三轴联动加工，多轴加工展现出了多方面的特点和显著优势。

① 多轴加工在处理复杂型面零件时表现尤为出色。通过灵活调整刀轴或工件的姿态角，多轴机床能够一次性完成复杂型面零件的大部分甚至全部加工过程。这种加工方式不仅减少了装夹定位的次数，大幅节省了时间，而且有效提高了加工效率和精度。

② 多轴加工在改善切削状态和提高切削效率方面也有着显著优势。通过优化刀具姿态角，多轴机床能够避免过切和欠切现象的发生，实现切削接触点的灵活控制。这不仅提高了加工表面质量，还增大了接触点的线速度，使切削过程更加高效。

③ 多轴加工还能够简化刀具形状，降低刀具成本。通过多轴空间运行，可以使用更短的刀具进行更精确的加工，提高了刀具的刚性和切削速度。同时，多轴加工还使得夹具结构更为简单，能够实现端刃切削到侧刃切削的灵活变化，为复杂型面零件的加工提供了更多可能性。

④ 多轴加工的编程复杂性也是不可忽视的一点。由于加工过程中的工艺顺序和刀具路径需要精确控制，因此大多需要借助专业的 CAM 软件进行程序的自动编制。虽然这增加了加工的难度和成本，但同时也为高精度、高效率的加工提供了可能。

⑤ 五轴联动数控机床作为多轴加工的典型代表，其特点和优势更为突出。它能够实现对复杂零件的全方位加工，通过调整刀轴姿态角，轻松应对各种陡峭侧壁和深腔的加工需求。同时，五轴联动数控机床还能够提高加工系统的刚性，减少刀具数量和更换频率，从而降低生产成本。

⑥ 在生产制造方面，多轴加工也展现出了其独特的优势。通过主轴头偏摆进行侧壁加工，无需多次零件装夹，有效减少了定位误差和加工时间。这不仅提高了加工精度和效率，还降低了生产成本和周期。此外，多轴加工还能够缩短生产制造链，减少设备数量、工装夹具和车间占地面积，进一步提升了企业的竞争力和盈利能力。

多轴加工以其独特性和显著优势，在制造业中发挥着越来越重要的作用。随着技术的不断进步和应用领域的不断扩展，多轴加工技术将会在未来展现出更加广阔的应用前景和发展空间。

二、多轴加工技术的当前应用状况及深远影响

多轴加工技术，作为现代制造领域中的一项重要技术突破，其应用和发展日益受到广泛

关注。该技术以其独特的加工方式和高效精确的加工效果，在多个关键领域中发挥着举足轻重的作用。

① 多轴加工技术在处理具有复杂曲面的零件方面表现出色。诸如叶轮、叶片、船用螺旋桨以及大型柴油机曲轴等高精度部件，其加工难度极大，传统加工方式往往难以满足其精度和效率要求。然而，多轴加工技术通过其独特的多轴联动加工方式，能够实现对这些复杂曲面的高效、高精度加工。这不仅大大提高了零件的质量和性能，还为相关行业的技术进步和产业升级提供了有力支持。

② 多轴加工技术在军事、航空航天等关键领域的应用具有重要意义。这些领域对零件的加工精度和质量要求极高，而多轴加工技术正是满足这些需求的理想选择。多轴加工技术的应用可以实现对关键部件的高效、精确加工，提高武器装备的性能和可靠性，为国家的国防事业和航空航天事业提供有力保障。

③ 在模具制造业中，多轴加工技术的应用也取得了显著成效。传统的模具加工方式往往存在效率低下、精度不足等问题，而多轴加工技术的应用则能够显著提高模具的加工精度和表面质量。多轴机床对模具坯件进行一次性装夹的综合加工，不仅减少了加工时间和成本，还简化了生产工艺流程，提高了生产效率。这使得模具制造业能够更好地满足市场需求，提升竞争力。

④ 多轴加工技术的应用还推动了相关技术的不断创新和进步。为了充分发挥多轴加工技术的优势，需要不断研发和改进刀具、驱动、控制和机床等系统的关键技术。这些技术的不断进步，不仅提升了多轴加工技术的性能和效率，还为其他制造领域的发展提供了技术支持和借鉴。例如，短切削刀具的研发和应用，使得多轴加工能够更好地适应复杂曲面的加工需求，提高了加工质量和效率。

⑤ 多轴加工技术的应用也面临一些挑战和问题。首先，多轴加工设备和软件的成本较高，对于一些中小企业而言可能难以承受。此外，多轴加工技术的操作和维护也需要专业的技术人员进行，这对企业的技术水平和人才储备提出了更高要求。为了克服这些挑战，需要加强对多轴加工技术的研发和推广，降低其成本，提高其普及率。同时，还需要加强对技术人员的培训和教育，提高其在多轴加工技术方面的专业素养和技能水平。

轴加工技术以其独特的优势和广泛的应用领域，已经成为了现代制造业中的重要支撑技术。随着技术的不断进步和应用领域的不断拓展，多轴加工技术将在未来发挥更加重要的作用。它不仅能够推动制造业的转型升级和高质量发展，还能够为其他关键领域的技术进步和产业升级提供有力支持。

随着智能制造和工业互联网等技术的不断发展，多轴加工技术将与这些先进技术相结合，实现更加智能化、高效化的加工过程。同时，随着材料科学和工艺技术的不断创新，多轴加工技术也将不断拓展其应用领域，为更多行业和领域提供高质量、高效率的加工解决方案。

知识点三　数控多轴加工方式

一、多轴定向加工

多轴定向加工技术，作为现代制造领域的一大亮点，其精准度和效率均达到极高水平。

这种加工方式主要分为"3+2"和"4+1"两种类型，它们在多轴加工中占据着举足轻重的地位。在多轴数控机床的众多生产内容中，高达 75%~85%的工序都需要依赖定向加工来完成，因此，定向加工方式的实现与优化，无疑成为了评价多轴数控系统性能的关键指标。

科德 GNC60 系统以其卓越的 G10 定向功能，为多轴定向加工带来了前所未有的便捷与高效。这一功能将坐标系平移、旋转、再平移以及轴定位和轴复位等多种复杂操作，巧妙地集成于一个模块之中。这种集成化的设计不仅简化了编程过程，降低了操作难度，更使得定向加工的精度和效率得到了显著提升。

"3+2"或"4+1"定向加工，顾名思义，是指在多轴数控机床的加工过程中，部分进给轴（主要是旋转轴）主要起到改变刀具轴空间姿态或工件空间位置的作用。这些进给轴在加工过程中保持固定，不进行实际的进给运动，而另一部分进给轴则负责实施进给动作，确保切削运动的顺利进行。这种分工合作的加工方式，不仅保证了切削运动的有效性，更实现了多工序的集中处理，从而显著减少了工件装夹的次数。

工件装夹次数的减少，意味着定位误差的减少，进而保证了加工精度的稳定性。在现代制造业中，加工精度的稳定性是至关重要的。多轴定向加工技术通过优化加工方式，有效避免了定位误差对加工精度的不良影响，为制造业的高质量发展提供了有力保障。

二、多轴同步加工

多轴同步加工，这一高精度加工技术的代表，不仅展现了机床五个进给轴间的协同之美，更在制造领域书写了新的篇章。其中 RTCP 功能的作用至关重要。RTCP，即旋转刀具中心点，是机床控制系统中的一项核心技术。通过特定的指令激活 RTCP 功能，使得加工过程中的回转轴得到精确的补偿。这种补偿并非简单的调整，而是基于线性轴与回转轴的深度联动，确保刀具在切削过程中始终处于最佳状态，充分发挥其切削效能。

RTCP 功能的引入，犹如给多轴同步加工装上了一双慧眼，能够精准地识别并避免刀具制造误差和静点切削对零件尺寸和表面质量的影响。这不仅提高了加工的精度，更使得加工效率得到了显著的提升。

然而，在多轴机床的加工过程中，刀具中心与旋转主轴头中心之间的距离——枢轴中心距或摆长，给加工带来了不容忽视的挑战。这个距离的存在，使得刀具在旋转时会产生位移，从而影响到加工的精度。

为了克服这一挑战，需要对刀具中心进行精确的编程。然而，仅仅依靠编程是不够的。当旋转轴的角度发生变化时，即使保持枢轴上的主轴刀具与 Z 轴方向一致并使其平行于轨迹直线运动，刀尖仍然会因为刀轴的偏摆而呈现出弧形运动。这种弧形运动会导致刀尖的轨迹偏离预定的直线，成为一条曲线。

为了确保刀尖轨迹的直线性，必须对这一曲线进行精确的补偿。这需要根据刀尖点到旋转轴心的刀具摆长关系，对每一个插补点进行复杂的计算，得出旋转轴角度和旋转轴心点的精确坐标位置。通过这些计算，可以得出枢轴控制点的插补轨迹，然后依据这一轨迹调整控制枢轴的运动，从而确保刀尖严格按照预定的直线路径进行切削。

RTCP 控制功能的应用，不仅解决了多轴同步加工中的技术难题，更推动了加工技术的不断进步。

三、"3+2"五轴定向与同步加工：特性对比与加工策略优化

在五轴加工领域中，"3+2"五轴定向加工与五轴同步加工作为两种主流的加工方式，各

自拥有其特性和适用场景。正确理解和应用这两种加工方式，对于提高加工效率、降低加工成本以及保证加工质量具有至关重要的意义。

"3+2"五轴定向加工的主要特点在于，它在加工过程中保持刀具与工件之间的相对角度不变。这种固定的刀具路径使得编程变得相对简单，从而降低了编程成本。同时，由于主要依赖线性轴运动，动态限制较少，使得加工过程更为稳定。此外，定向加工具有较高的刚性，这有助于延长刀具的使用寿命，并提高加工表面的质量。

然而，"3+2"五轴定向加工也存在一些局限性。由于刀具路径固定，它可能无法适应所有工件的几何形状，特别是在处理具有复杂曲面的工件时。此外，当需要加工较深的型腔侧壁和底面时，可能需要使用较长的刀具，这可能会对加工质量和效率产生不利影响。同时，由于进刀位置较多，可能导致加工时间的延长和出现明显的过渡接刀痕迹。

相比之下，五轴同步加工则具有更为灵活的特点。在同步加工中，刀具路径可以根据工件的几何形状进行实时调整，从而实现对复杂曲面的高精度加工。这种加工方式不仅可以加工较深的型腔侧壁和底面，还可以采用较短的刀具进行紧凑装夹，提高加工效率。同时，由于刀具姿态的连续变化，加工表面质量更为均匀，无明显的过渡接刀痕迹。

然而，五轴同步加工也面临着一些挑战。首先，其编程过程相对复杂，需要更高的技术水平。同时，由于运动补偿的需要，加工时间可能会被延长。此外，多轴运动可能增加误差累积的风险，对机床的精度和稳定性提出更高的要求。

在实际应用中，需要根据工件的几何特性、加工要求以及机床的性能来灵活选择加工方式。一般来说，当工件的几何尺寸和机床的运动特性允许时，可以优先考虑采用"3+2"五轴定向加工进行粗加工和半精加工。当这些加工方式无法满足更高的加工要求时，可以转而采用五轴同步加工进行最终精加工。

为了进一步优化加工策略，还可以采取以下措施：一是加强刀具选择和管理，根据加工需求选择合适的刀具类型和规格；二是优化加工参数，包括切削速度、进给量等，以提高加工效率和表面质量；三是加强机床维护和保养，确保机床的稳定性和精度；四是加强技术培训，提高编程和操作水平。

"3+2"五轴定向加工与五轴同步加工各具特色，在实际应用中需要根据具体情况灵活选择和应用。

模块二

数控多轴机床基本操作

知识点一　四轴数控机床基本操作

一、四轴加工中心的坐标系统

1. 机床零点

立式四轴加工中心的机床通常由一台三轴加工中心附加一个回转工作台组成,机床零点默认在机床工作台的右上角,如图2-1所示。

2. 第四轴的方向判断

根据右手定则,如图2-2所示。大拇指指向 X 轴的正方向,其余四指指向 A 轴的正方向。

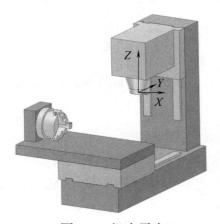

图 2-1　机床零点

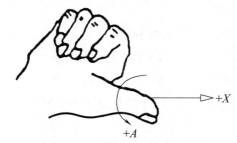

图 2-2　A 轴编程的正方向

二、工件装夹

通常圆柱类零件可直接用三爪卡盘装夹,对于细长轴类零件可采用一夹一顶的方式装夹。

三、四轴加工中心的对刀

1. XY 平面的对刀操作（以 FANUC 0i MF 系统为例）

① 模式按钮选择"HANDLE",主轴上安装好找正器,如以 ϕ10mm 的机械寻边器找正。

② 按下主轴正转按钮"CW",主轴默认以上次运行的转速正转。

③ 按下 MDI 功能键 POS,再按下软键[相对]。

④ 选择相应的轴选择按钮,摇动手摇脉冲发生器,使其接近 Y 轴方向的一条侧边(图 2-3),降低手动进给倍率,使找正器慢慢接近工件侧边,使找正器正确找正侧边 A 点处,按下"Y",在屏幕下方按下软键[起源],设该点为 Y_1(Y_1=0)。

⑤ 用同样的方法找正侧边 B 点处,记录下尺寸 Y_2 值(假设 Y_2=-100mm)。

⑥ 计算出工件坐标系原点的 Y 值,Y=(Y_1+Y_2)/2。

⑦ 正确找正侧边 C 点处,按下软键 [综合],记录机械坐标系的 X 值(假设 X=-268.756)。

2. Z 轴方向的对刀

① 将主轴停转,换上切削用铣刀。

② 按下主轴正转按钮"CW",主轴默认以上次运行的转速正转。

③ 将刀具快速靠近工件 Z 轴方向最大外圆直径处,通过试切方式,触碰工件,将工件旋转一周,调整刀具相对工件外圆 Z 轴方向的合理位置,记录机床坐标系的 Z 值,设为 Z_1(假设 Z_1=-123.456mm)。如图 2-4 所示。

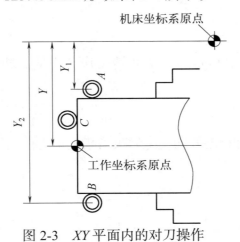

图 2-3 XY 平面内的对刀操作

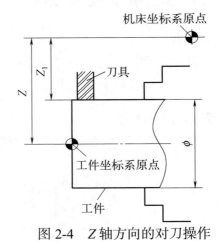

图 2-4 Z 轴方向的对刀操作

3. 工件坐标系的设定

将工件坐标系设定在 G54 参数中,其设定过程如下。

① 按下 OFFSET SETTING 键。

② 按下屏幕下方的软键[坐标系],向下移动光标,在 G54 坐标系 X 处,输入前面记录的 X 值,X=-268.756+5(5 为刀具半径值),按下[INPUT]键。

③ 将光标移到 G54 坐标系 Y 处,输入前面计算出的 Y 值,按下[测量]键。

④ 将光标移到 G54 坐标系 Z 处,输入前面记录的 Z 值,Z=Z_1-ϕ/2(ϕ 为工件外圆直径值),按下[INPUT]键。

⑤ 将光标移到 G54 坐标系 A 处,可将当前位置设置为 A_0,输入 A_0 按下[测量]键测量。也可以工件的一个平面特征作为 A_0 的位置,通过百分表找正方式,拉表找到 A_0 的位置,如

图 2-5（a）、图 2-5（b）所示。

（a） （b）

图 2-5 工件坐标系的设定

知识点二　五轴数控机床基本操作

一、工件坐标系

对于具有转台结构的五轴机床，工件与回转工作台固结，即工件坐标系（WRCS）与回转工作台固结。当工作台旋转后，工件坐标系（WRCS）必须相应地旋转。此后工件坐标系的 XYZ 与原机床坐标系（MCS）XYZ 方向不再一致，五轴插补算法需要随时自动完成工件坐标系的旋转，保证正确的刀具运行轨迹，如图 2-6 所示。

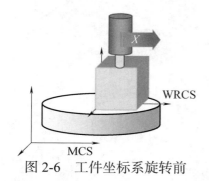 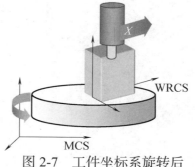

图 2-6　工件坐标系旋转前　　　　　图 2-7　工件坐标系旋转后

由于工件坐标系随转台一起旋转，GNC62 在手动非 RTCP 操作模式时是在初始状态的 WRCS 下运动的，初始状态的 WRCS 是指以转台上表面中心为原点，XYZ 轴与 MCS 坐标系的 XYZ 轴平行的坐标系。如果用户选择了手动 RTCP 操作，而且转台已经旋转，则手动操作将按照旋转后的坐标轴方向运动。以 C 轴转台为例：如果 C 轴已由初始的 0°，逆时针旋转 45°后，用户选择手动 RTCP 模式下运动 X 轴，数控机床的 XY 轴会联动，走 X—Y 平面 45°斜线，如图 2-7 所示。上述行为对于工件的寻边和手动定位加工很方便，不需要顾及转台转了多少度，只要依据图纸上工件坐标系所示的方向操作即可。在自动加工模式下，所有的 G92，

G54~G59，G52 都是在 WRCS 下设定的，都会跟随 WRCS 旋转而旋转。

自动加工中应注意：退刀前建议处于非 RTCP 状态，再按照初始状态 WRCS 执行退刀动作；否则就要想清楚当前 WRCS 与 MCS 的角度关系，例如，C 轴为 0°时与 180°时，WRCS 正好方向相反，进刀起始位置 C 为 0°，XY 为 WRCS 绝对值正值的话，退刀位置时 C 为 180°，再想回到起始点就要回到 WRCS 绝对值负值了。如图 2-8 所示。

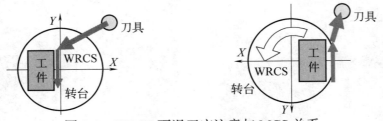

图 2-8　WRCS 下退刀应注意与 MCS 关系

二、工件装夹

工件装夹是五轴加工的基础，其质量直接影响加工精度、表面质量和生产效率。合理的装夹方法可以提高工件的定位精度，减少加工变形，降低刀具磨损，提高生产效率。

对于圆柱形零件，典型的装夹方案是采用三爪卡盘装夹。

三、对刀

以科德数控系统为例。该系统支持手动对刀和自动对刀。应当注意，所有对刀操作均需建立在正确的机床坐标系中，因此需确保执行对刀操作前执行完返回参考点操作。以下介绍手动对刀方式。

1. XY 平面的对刀操作（以 X 轴举例说明，Y 轴同理）

① 操作手轮使刀具位于毛坯负向，刀具位置大致如图 2-9 所示。

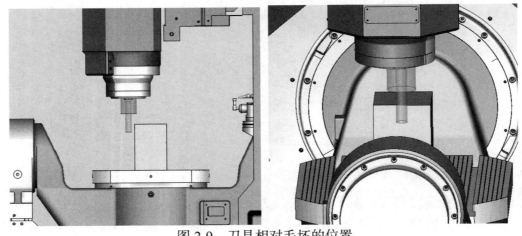

图 2-9　刀具相对毛坯的位置

② 在 MDI 中输入指令使刀具低速旋转，一般 500r/min 即可，如图 2-10 所示。

③ 操作手轮同时观察手轮倍率，当刀具距离毛坯较近时，切换较小的手轮进给倍率，直至有细小的碎屑产生，如图 2-11 所示。

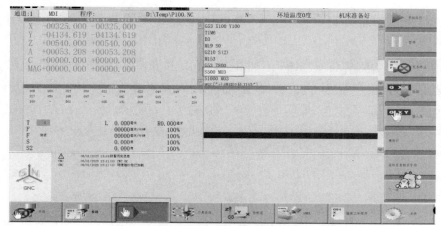

图 2-10　MDI 刀具低速旋转

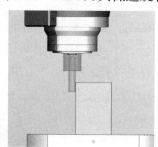

图 2-11　刀具与毛坯接触

④ 主轴停转，将模式切换回手动，将相对位置清零，如图 2-12（a）、图 2-12（b）所示。

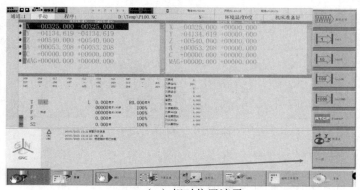

（a）相对位置清零

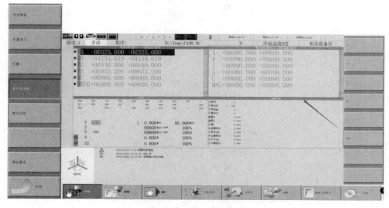

（b）相对坐标清零

图 2-12　相对位置和坐标清零

⑤ 操作手轮抬起 Z 轴至安全位置,将刀具移至毛坯的另一侧,重复以上序号②、序号③中的操作步骤。

⑥ 将主轴停转,读取相对坐标中 X 轴的数值,例如图中数值为 200,则 200/2=100,遂操作手轮先将 Z 轴抬至安全高度后,移动 X 轴至相对坐标数值为 100 处,记录此处 X 轴机械坐标,该值即为工件坐标系的 X 轴零点位置,如图 2-13 所示。

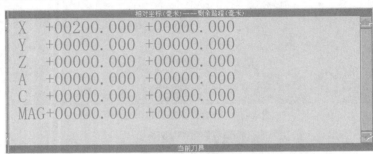

图 2-13 X 轴零点位置

⑦ 将该数值填入对应工件坐标系中的表格 X 中,如图 2-14 所示。

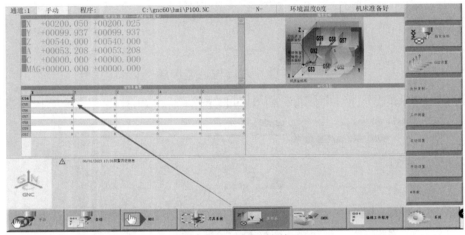

图 2-14 输入数值

2. Z 轴方向的对刀

① 将要测量的刀具手动在前门装夹至主轴上,如图 2-15 所示。

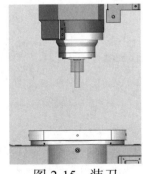

图 2-15 装刀

② 在刀具列表中新建一把刀具,如图 2-16(a)、图 2-16(b)所示。根据实际使用情况命名刀具名称,如图 2-16(c)所示。移动至主轴上后刀具参数暂时不需要填写,如图 2-16(d)所示。

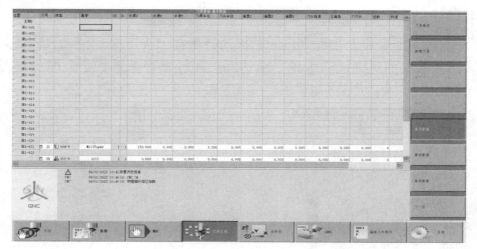
(a)新建刀具

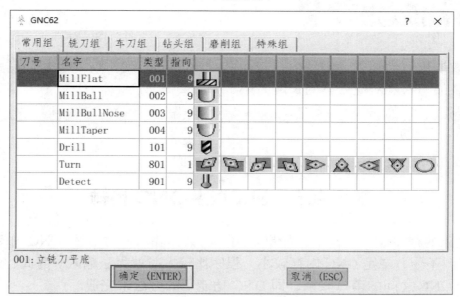
(b)选择刀具类型

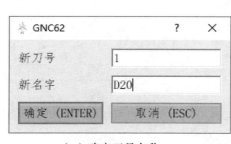
(c)确定刀具名称

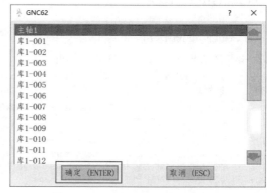
(d)选择主轴1确定

图 2-16 新建刀具

③ 将 A 轴回零。

④ 准备一个大于 150mm 长的量块，放置于转台上任意平坦位置，如图 2-17 所示。

⑤ 摇动手轮使刀尖缓慢靠近量块上表面，并逐渐切换手轮倍率至小倍率。切记移动手轮

时量块不要位于刀尖正下方。

⑥ 刀尖大致移动到量块上表面高度时，移动量块在刀尖下来回滑动，感觉两者之间是否有轻微摩擦感，若感觉不对则摇动手轮直至达到上述轻微摩擦感状态，即为对刀完成，如图 2-18 所示。

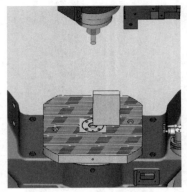
图 2-17　放置量块

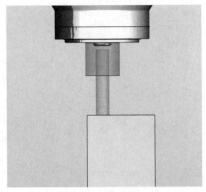
图 2-18　对刀

⑦ 此时读取机械坐标下 Z 轴数值，并计算刀长（机械坐标 Z 值–量块高度=刀长）。

⑧ 将该数值写入到对应刀具的长度 Z 中，如图 2-19 所示。

位置	刀号	类型	名字	ST	D	长度Z	长度X	长度Y	刀具半径	刀尖半径
主轴1	1	001-9	D20	1	1	0.000	0.000	0.000	0.000	0.000

图 2-19　输入数值

知识点三　加工程序 DNC 传输

在数控机床的程序输入操作中，如果采用手动数据输入的方法往 CNC 中输入，一是操作、编辑及修改不便；二是 CNC 内存较小，程序比较大时就无法输入。为此，必须通过传输（电脑与数控 CNC 之间的串口联系，即 DNC 功能）的方法来完成。

一、加工前准备工作

① 安装机床通信软件。

② 准备后处理文件，如图 2-20 所示。

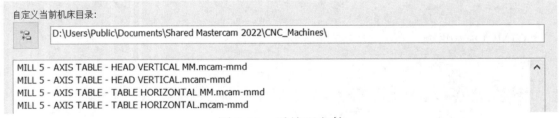
图 2-20　后处理文件

二、Mastercam 程序后处理

① 鼠标选择需要加工的程序，单击"G1"后处理按钮。

② 单击"选择后处理（P）"按钮，选择"机床对应后处理文件"，设置"NC 文件扩展名"为".NC"，单击"确认"按钮，文件可命名为"O0001"，如图 2-21 所示。

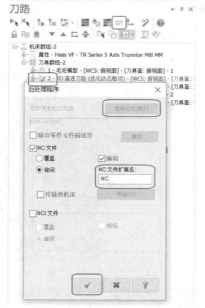

图 2-21　程序设置

三、传输加工程序

1. 网线传送方式

（1）机床端准备（FANUC 系统）　机床处于"编辑"状态—PROG→输入 O 开头的 4 位文件名→READ（读入）→执行→屏幕显示"标头 SKP（输入）"处于等待状态，如图 2-22 所示。

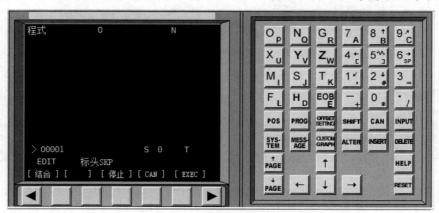

图 2-22　系统程序输入

（2）CIMCO 端准备

① 文件→打开，打开 NC 程序。

② 单击仿真，可以用窗口文件仿真当前打开的程序，如图 2-23 所示。

③ 机床通信→发送，选择相应的机床进行 NC 程序的传输。

2. U 盘传输方式

① 正确地插入 U 盘，并在手动输入方式（MDI）下修改设定界面 I/O 通道为<17>，如图 2-24 所示。

② 选择编辑方式，按系统面板<PROG>键，按 LED 屏幕下方对应的软键，选择<目录>，并按<操作>，如图 2-25 所示。

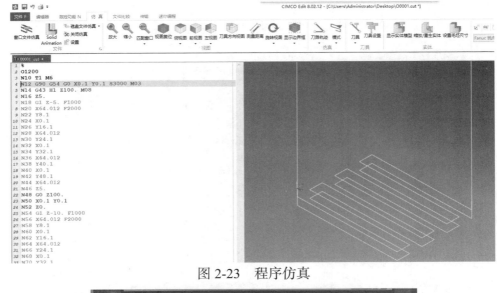

图 2-23　程序仿真

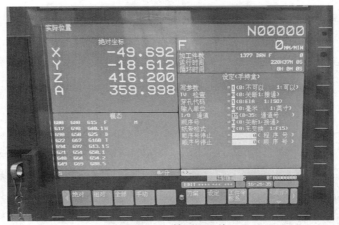

图 2-24　修改通道

图 2-25　目录→操作

③ 按<选择设备>，如图 2-26 所示。

图 2-26　选择设备

④ 按<扩展>（屏幕下边软键最右边三角键），并选择<USB>，如图 2-27 所示。

图 2-27　选择 USB

⑤ 显示 U 盘内的程序文件，按<扩展>找到<读入>，如图 2-28 所示。

图 2-28　读入

⑥ 按<读入>，并输入想要输入程序文件的文件名（如 O0001.NC，注意：文件名必须完整，包含小数点和后缀！），按<F 设定>，再给一个程序名（如 0001），按<P 设定>，按<执行>，屏幕右下角就会出现<输入>闪烁，等闪烁的输入消失，程序即已读取到系统当前目录，如图 2-29 所示。

图 2-29　程序导入成功

知识点四　多轴数控加工工艺

一、多轴数控加工工艺流程

1. 创建模型

在产品的设计与制造过程中，随着计算机辅助技术的介入，涉及许多有关产品的工程信息，如几何造型信息、加工工艺信息等，都是以数字形式存取和交换的。

随着计算机技术的高速发展，计算机集成制造系统（CIMS）应运而生。在 CIMS 中，CAD、CAE、CAM、CAPP 的集成是关键技术之一，而 CAE、CAM、CAPP 技术在很大程度上都是依赖于 CAD 三维建模的功能，因此三维建模功能是整个 CIMS 的基础。

计算机辅助设计中的创建模型，就是对产品的工程信息的数字化，即产品模型的描述在计算机内部构成数字化产品，以数字化的形式对产品的几何形状进行确切的定义，并赋予一定的数学描述，再以一定的数据结构形式在计算机内部存储，从而构造出一个数字化产品的模型。这样才使得计算机辅助技术的各个环节：产品设计、计算、结构分析、运动分析、工艺规划、仿真、数控加工、生产管理、检测等，在 CIMS 中使用同一个产品数据模型，共享数据信息，从而实现系统的集成。

2. 工艺分析

工艺分析的目的：保证加工的正确性和合理性，并且在保证零件质量要求的前提下，尽量以最低的成本、最高的效率、最简单便捷的方法实现加工生产。其主要内容包括：加工方法的选择、数控加工的合理性分析、零件的工艺性分析、工艺过程和工艺路线的确定、零件装夹方法的确定、刀具的选择、切削用量的确定、进给路线的处理等。

数控加工工艺是采用数控机床加工零件时所运用的各种方法和技术手段的总和，应用于整个数控加工工艺过程。数控加工工艺是伴随着数控机床的产生、发展而逐步完善起来的一种应用技术，它是人们大量数控加工实践的经验总结。数控加工工艺过程是利用切削刀具在数控机床上直接改变加工对象的形状、尺寸、表面位置、表面状态等，使其成为成品或半成品的过程。

3. CAM 编程

CAM（Computer Aided Manufacturing，计算机辅助制造）的核心是计算机数值控制技术（简称数控技术），是将计算机应用于制造生产过程的系统。

CAM 编程：是利用计算机来进行生产设备管理控制和操作的过程。它的输入信息是零件的模型、工艺路线和工序内容，输出信息是刀具加工时的运动轨迹（刀位文件）和数控程序。

CAM 可以理解为使用计算机对零件数控加工的刀轨进行自动运算和 NC 编程。市面上常用的软件有：UG NX、Pro/NC、CATIA、MasterCAM、HyperMILL 等等。

4. 生成刀具轨迹

生成刀具轨迹：在 CAM 软件中，根据用户所定义的工艺路线和工序方法，借助计算机的强大计算能力，自动计算出零件加工时刀具相对于工件的正确运动轨迹。

CAM 在生成刀具轨迹过程中自动进行零件检查，使刀具自动避开夹具检查体和工件实体，使加工过程中不产生零件的过切或欠切的现象。

当所生成的刀具轨迹不能满足零件既不过切又不欠切的要求时（一般是因为工艺方法不合理），系统会自动以不过切优先进行计算。

生成刀具轨迹完成后，系统会产生刀轨数据和信息报告，根据信息报告情况可以初步确定刀轨的可行性。

5. 加工仿真

加工仿真是为了在正式上机床加工之前，先在计算机上对刀具运动轨迹的正确性、安全性和可行性进行检查，以保证正式加工时安全可靠。同时，当加工仿真过程中发现刀具运动轨迹有误或不够合理时，可以及时对编程进行调整和优化。

目前，CAM 软件一般自身带有刀具轨迹仿真功能，例如 UG 软件中的"刀轨可视化"功能，能支持 2D 动态、3D 动态、重播动态等仿真方法，利用这些功能一般能对刀具的安全性、工件加工的正确性进行检查。

除了 CAM 软件自带的仿真功能外，目前还有一些专业的仿真软件能更好地进行数控加工仿真。例如：CIMCO 软件对三轴加工程序的仿真非常方便；VERICUT 软件仿真不仅能检查刀具的安全性、工件加工的正确性，还能对机床、夹具等进行检查和仿真，是非常著名的多轴加工仿真软件。

6. 生成 NC 代码

CAM 软件生成的刀轨数据文件是不能直接被数控系统所识别和使用的。生成 NC 代码就是利用"后处理程序"对刀轨数据进行处理和转换，使其生成能被数控系统识别和执行的特定格式的 NC 程序数据文件。

CAM 软件生成的刀轨数据能够适应同一类机床的不同数控系统的需要，而不同的数控系统可能具有不同的 NC 数控程序代码格式要求。

因此，在生成 NC 代码时所使用的"后处理程序"就决定了最终生成的 NC 代码格式，所以在生成 NC 代码时，所使用或定制的后处理程序是非常重要的，定制后处理程序也是特殊机床自动生成 NC 代码过程中非常重要的步骤。

7. 机床准备

机床准备，就是零件在准备上机床进行实际加工时所做的一切操作事项，主要包括机床检查、刀具准备、工件安装、对刀准备、程序传入、加工过程监控和检查等。

多轴数控加工的操机工作比三轴机床复杂很多，因此多轴数控加工的操机一般要求由具有丰富经验、工作细致、责任心强的人员进行。

8. 加工操作

将工件装夹在工作台上，调整好刀具和工件的相对位置。启动数控系统，按照程序进行加工。

9. 质量控制与检测

加工完成后，可利用三坐标测量仪、三维扫描仪等工具对零件的精度和质量进行检验，确保加工精度和表面质量满足要求。必要时，对工艺参数进行调整以消除加工误差。

10. 清洗入库

包括去毛刺、清洗防锈、包装、入库等。精密零件的清洗一般必须使用专用的清洗剂，清洗效果好，易挥发，零件不会生锈。普通零件的清洗可以用水洗，但必须加入零件清洗剂，以防生锈，清洗之后风干即可。

二、多轴数控加工特点

与三轴联动数控机床相比，利用多轴联动数控机床进行加工，多轴数控加工有以下特点。

（1）减少基准转换，提高加工精度　多轴数控加工的工序集成化不仅提高了工艺的有效性，而且由于零件在整个加工过程中只需一次装夹，加工精度更容易得到保证。

（2）减少工装夹具数量和占地面积　尽管多轴数控加工中心的单台设备价格较高，但由于过程链的缩短和设备数量的减少，工装夹具数量、车间占地面积和设备维护费用也随之减少。

（3）缩短生产过程链，简化生产管理　多轴数控机床的完整加工大大缩短了生产过程链，而且由于只把加工任务交给一个工作岗位，不仅使生产管理和计划调度简化，而且透明度明显提高。工件越复杂，它相对传统工序分散的生产方法的优势就越明显。同时由于生产过程链的缩短，在制品数量必然减少，可以简化生产管理，从而降低生产运作和管理的成本。

（4）缩短新产品研发周期　对于航空航天、汽车等领域的企业，有的新产品零件及成型模具形状很复杂，精度要求也很高，因此具备高柔性、高精度、高集成性和完整加工能力的多轴数控加工中心可以很好地解决新产品研发过程中复杂零件加工的精度和周期问题，大大缩短研发周期和提高新产品的成功率。

三、多轴加工工艺规划的原则

多轴加工工艺与常规加工工艺有很大的不同。多轴加工要求从整体上考虑每一道工序的协调问题，要求能记录前一道工序加工后的材料余量，指导后续的加工。对于一个多轴加工任务来说，要把粗加工、半精加工和精加工作为一个整体来考虑，设计出一个合理的加工方案，从总体上达到高效率和高质量的要求，充分发挥多轴加工的优势。多轴加工工艺规划要遵循的原则如下。

1. 粗加工工艺安排的原则

① 尽可能用平面加工或三轴加工去除较大余量，这样做的好处是切削效率高，可预见性强。

② 分层加工，留够精加工余量。分层加工可以使零件的内应力均衡，防止变形过大。

③ 遇到难加工材料或者加工区域窄小、刀具长径比较大的情况时，粗加工可采用插铣方式。叶轮加工开槽时，最好不要一次开到底，应根据情况分步完成，即开到一定深度后先做半精加工，然后再继续开槽。

2. 半精加工工艺安排的原则

① 半精加工是为精加工均化余量而安排的，因此其给精加工留下的余量应小而均匀。

② 保证精加工时零件具有足够的刚性。

3. 精加工工艺安排的原则

① 分层、分区域、分散精加工。精加工顺序最好是由浅到深、从上而下。对于整体式叶片及叶轮类零件，精加工应先从叶面、叶背开始，然后再到轮毂，以确保加工叶型悬臂时其根部有足够的刚性。

② 模具、叶片、叶轮等零件的加工顺序应遵循曲面→清根→曲面的顺序反复进行，切忌两相邻曲面的余量相差过大，造成在加工大余量时，刀具向相邻而余量又较小的曲面方向让刀，从而造成相邻曲面过切。

③ 尽可能采用高速加工。高速加工不仅可以提高精加工效率，而且可改善和提高工件精度和表面质量，同时有利于使用小直径刀具，有利于薄壁零件的加工。

对多曲面交接的复杂曲面加工，为避免五轴 CAD 编程计算时抬刀、下刀次数过多而出现扎刀过切，可先简化曲面建模，或尝试改变 Z 轴下刀的方向、改变刀路策略，或使用稍小直径的刀具及锥度球头铣刀，以减少抬刀和下刀的次数，使刀路轨迹连续顺接。

实操篇

模块三　六角螺母四轴加工
模块四　偏心轴四轴加工
模块五　圆柱凸轮四轴加工
模块六　大力神杯四轴加工
模块七　五角星五轴加工
模块八　六方阁五轴加工
模块九　人体雕像五轴加工
模块十　奖杯五轴加工
模块十一　叶轮五轴加工

模块三

六角螺母四轴加工

学习目标

技能目标：

1. 能运用 Mastercam 软件完成六角螺母的模型造型。
2. 能运用 Mastercam 软件完成六角螺母的编程与仿真加工。
3. 能操作四轴机床完成六角螺母零件加工。

知识目标：

1. 掌握 Mastercam 软件实体造型基本操作。
2. 基本掌握 2D 动态加工、钻孔加工设置。
3. 基本掌握加工通用参数设置。

素养目标：

1. 培养科学精神和创新意识。
2. 提高实践能力和团队协作能力。

模块描述

以 MC 数控程序员的身份进入企业制造部门，根据如图 3-1 所示的典型零件，单件生产，

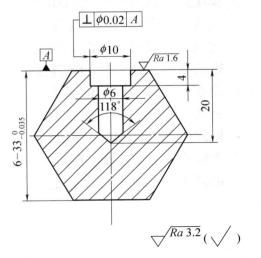
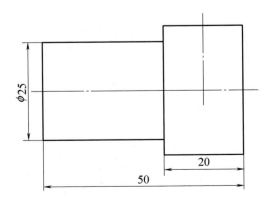

图 3-1　六角螺母零件图

铝合金材质。根据图样要求制订合理的工艺路线，应用 Mastercam 软件创建动态铣削、区域加工、钻孔加工，设置必要且合理的加工参数，生成刀具路径，检查刀具路径是否合理、正确，并对操作过程中存在的问题进行研讨和交流，通过相应的后处理生成数控加工程序，并运用机床加工零件。

任务一　加工工艺分析

一、零件技术要求及毛坯

六角螺母毛坯采用 ϕ40mm×52mm 的 2A12 铝合金，在普通车床上加工 25mm 阶台及 50mm 长度。在四轴机床上加工六角螺母，螺母六表面的表面粗糙度值为 Ra1.6μm，其他表面粗糙度值为 Ra3.2μm。

二、零件图分析

该零件左端是回转体圆柱 ϕ25mm×30mm，右端是平行边距为 33mm 的六角螺母，螺母顶面 ϕ10mm，沉头孔深度 4mm，螺钉孔 ϕ6 深度 20mm。

三、工艺分析

该零件六角平行边的尺寸精度和表面粗糙度要求较高，铣削加工时须保证较高的孔中心对上表面的垂直度，在四轴机床上加工效果较好。通过以上分析，决定在四轴机床上用三爪卡盘装夹加工。

1. 定位基准的确定

工件坐标系选择在工件右端面中心处，即将 Y、Z 选择在工件的中心，将 X 选择在工件右端面上。

2. 加工难点

① CAM 软件的 2D 动态编程。
② CAM 软件的孔加工编程。
③ 公差为 0.035mm 的尺寸精度。

3. 加工方案

① 粗加工螺母六个面。
② 粗加工沉头孔。
③ 钻定位孔。
④ 钻 ϕ6 孔。
⑤ 精加工螺母六个面。
⑥ 精加工沉头孔。

4. 加工工艺卡片

加工工艺卡片如表 3-1 所示。

表 3-1　加工工艺卡片

序号	工步	刀具名称	规格	主轴转速/（r/min）	进给速度/（mm/min）	备注
1	依次粗加工螺母六个面	平底铣刀	φ10	2600	1500	
2	粗加工沉头孔	平底铣刀	φ6	4200	2500	
3	钻定位孔	定位钻	φ8	3200	2000	
4	钻φ6孔	麻花钻	φ6	800	130	
5	精加工螺母六个面	平底铣刀	φ10	3800	1500	
6	精加工沉头孔	平底铣刀	φ6	6400	2500	

任务二　六角螺母建模

一、六角螺母二维线框绘制

六角螺母二维线框绘制步骤如表 3-2 所示。

表 3-2　六角螺母二维线框绘制步骤

软件操作步骤	操作过程图示
（1）启动软件：在 Windows 系统中依次选择【开始】、【所有程序】、【Mastercam2020】，进入初始界面	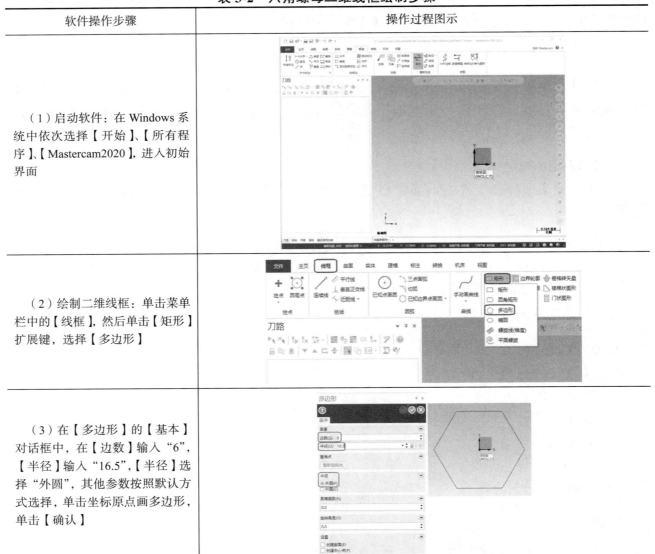
（2）绘制二维线框：单击菜单栏中的【线框】，然后单击【矩形】扩展键，选择【多边形】	
（3）在【多边形】的【基本】对话框中，在【边数】输入"6"，【半径】输入"16.5"，【半径】选择"外圆"，其他参数按照默认方式选择，单击坐标原点画多边形，单击【确认】	

续表

软件操作步骤	操作过程图示
（4）单击菜单栏中的【线框】，然后单击【已知点画圆】	
（5）在【已知点画圆】的【基本】对话框中，在【直径】输入"25"，其他参数按照默认方式选择，单击坐标原点画圆，单击【确认】	
（6）单击菜单栏中的【转换】，然后单击【投影】	
（7）在【投影】的【基本】对话框中，在【图素方式】选择"移动"，【投影到】选择"深度"输入"-20"，其他参数按照默认方式选择，选择图素圆，单击【确认】	
（8）在绘图区空白区域右击，在弹出的下拉菜单中选择【前视图】	
（9）单击菜单栏中的【线框】，单击【已知点画圆】，单击【空格】键，在弹出的框格内输入"0,-10"，然后单击回车键	
（10）在【已知点画圆】的【基本】对话框中，在【直径】输入"6"，其他参数按照默认方式选择，单击【应用】	

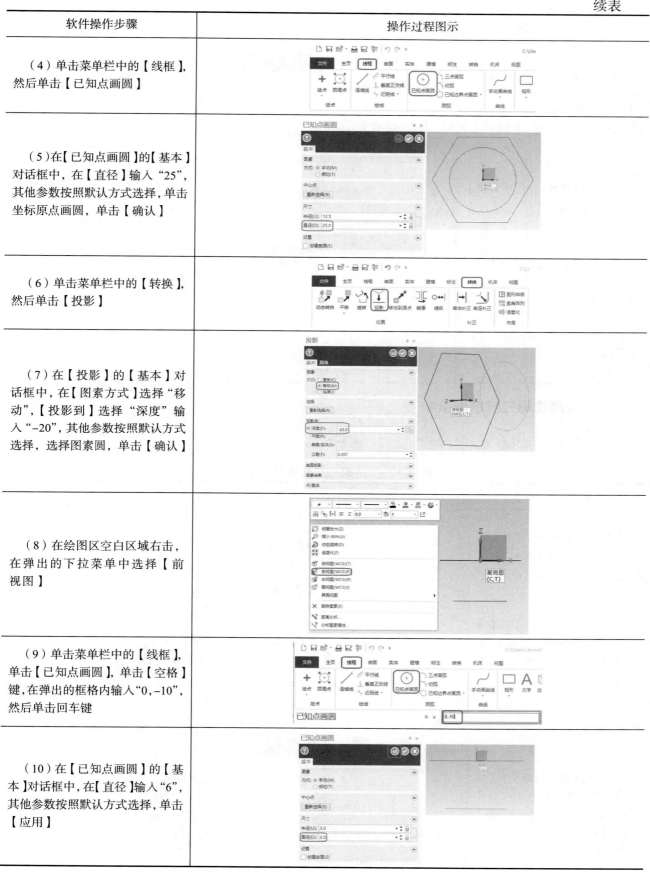

续表

软件操作步骤	操作过程图示
（11）在【已知点画圆】的【基本】对话框中，在【直径】输入"10"，选择已绘制圆的圆心绘图，其他参数按照默认方式选择，单击【确定】	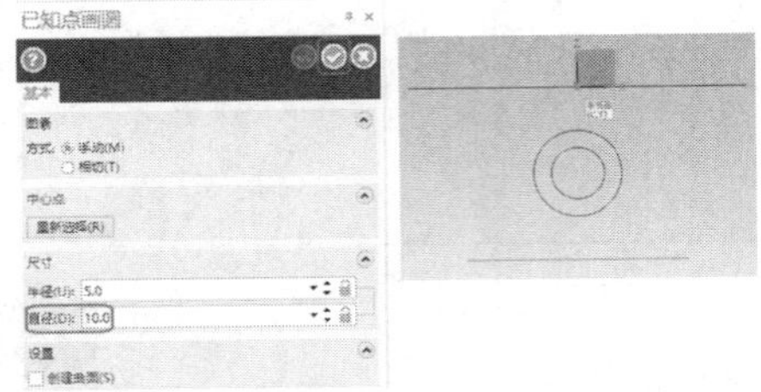
（12）单击菜单栏中的【转换】，然后单击【投影】	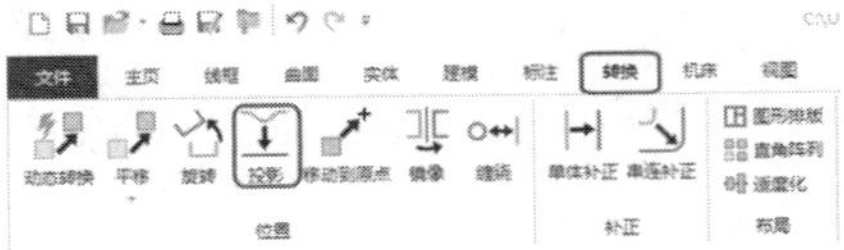
（13）在【投影】的【基本】对话框中，在【图素】的【方式】下选择"移动"，【投影到】选择【深度】输入"16.5"，其他参数按照默认方式选择，选择图素圆，单击【确认】	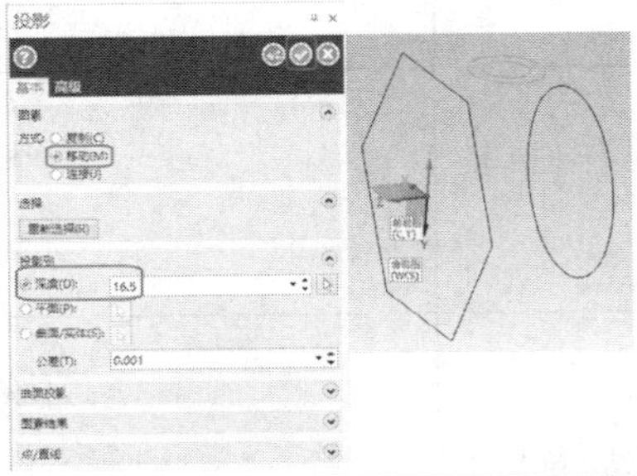

二、六角螺母三维模型绘制

六角螺母三维模型绘制步骤如表 3-3 所示。

表 3-3　六角螺母三维模型绘制步骤

软件操作步骤	操作过程图示
（1）单击菜单栏中的【实体】，然后单击【拉伸】	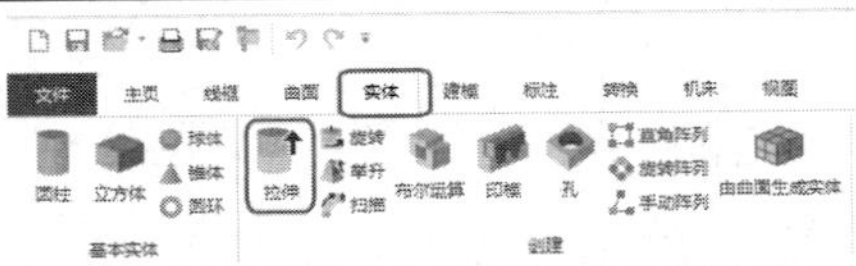
（2）在【线框串连】的【模式】对话框中选择【线框】，在【选择方式】对话框中选择【串连】，选择矩形框，单击【确认】	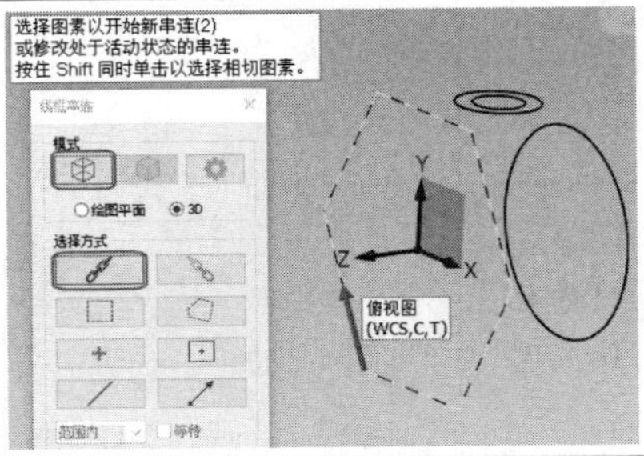
（3）在【实体拉伸】的【串连】对话框中选择【反向】，在【距离】对话框中输入"20.0"，单击【应用】	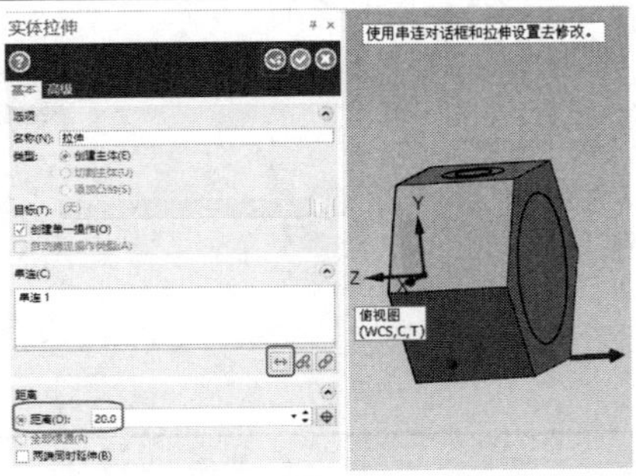

续表

软件操作步骤	操作过程图示
（4）在【线框串连】的【模式】对话框中选择【线框】，在【选择方式】对话框中选择【串连】，选择右侧圆，单击【确认】	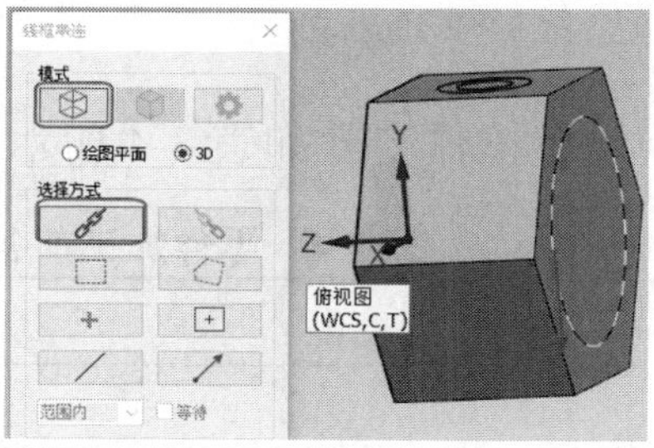
（5）在【实体拉伸】的【类型】对话框中选择"添加凸台"，在【距离】对话框中输入"30"，单击【应用】	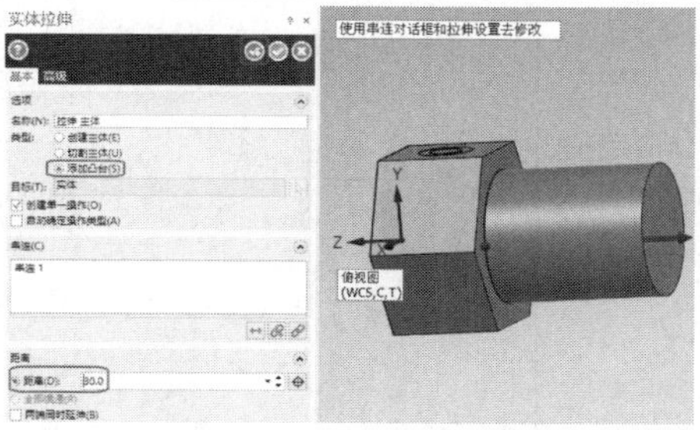
（6）在【线框串连】的【模式】对话框中选择【线框】，在【选择方式】对话框中选择【串连】，选择上端大圆，单击【确认】	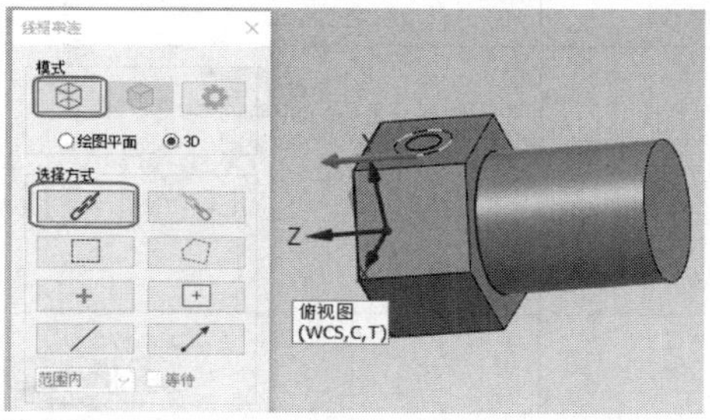
（7）在【实体拉伸】的【类型】对话框中选择"切割主体"，在【距离】对话框中输入"4"，单击【应用】	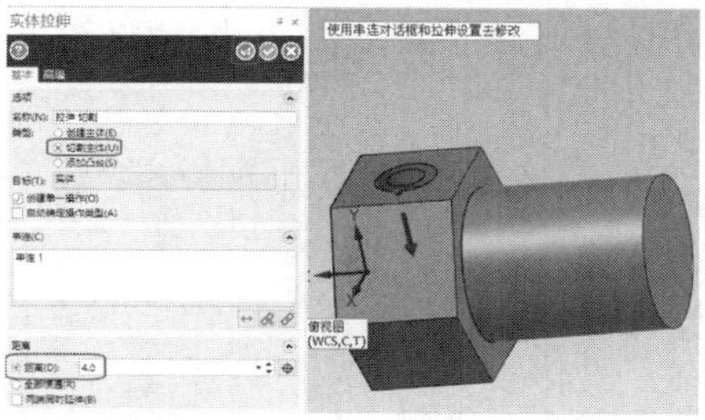
（8）在【线框串连】的【模式】对话框中选择【线框】，在【选择方式】对话框中选择【串连】，选择上端小圆，单击【确认】	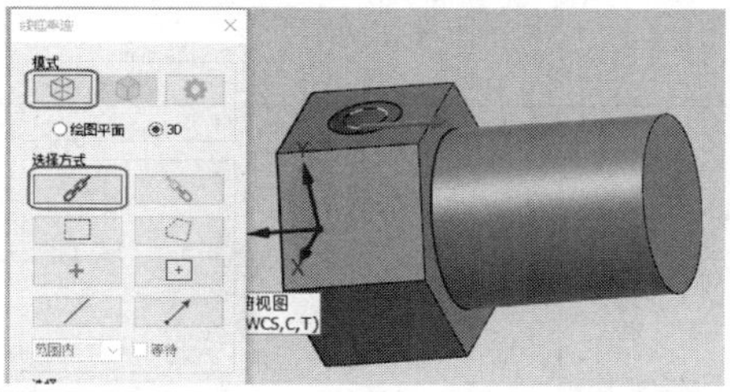
（9）在【实体拉伸】的【类型】对话框中选择"切割主体"，在【距离】对话框中输入"20"，单击【确定】	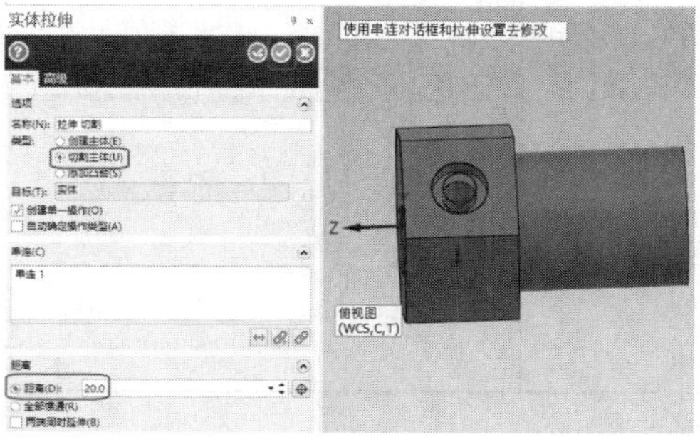

任务三　六角螺母编程加工

一、加工准备

零件加工前各项设置操作步骤如表 3-4 所示。

表 3-4　零件加工前各项设置操作步骤

软件操作步骤	操作过程图示
（1）坐标转换：在绘图空白区域单击右键，在弹出的下拉菜单中选择【前视图】	
（2）单击菜单栏中的【转换】，单击【旋转】	
（3）在弹出的对话框中依照提示框选"所有图素"，单击【结束选择】，在旋转对话框中【方式】选择"移动"，【实例】"角度"输入"90"，单击【确认】	
（4）新建平面：单击左侧功能区【平面】，在切换的显示页面单击【新建平面】，选择【依照实体面】	

续表

软件操作步骤	操作过程图示
（5）在弹出的对话框中单击【向右键】，切换到如图所示坐标轴方向，单击【确定】	
（6）在弹出的【新建平面】对话框中单击【原点】，均输入"0"，其他参数如图所示选择，单击【确定】	
（7）新建机床：单击菜单栏中的【机床】，然后单击【铣床】，在弹出的扩展菜单中单击【默认】	
（8）创建毛坯：单击左侧功能区【刀路】，在切换的显示页面单击【属性】，选择【毛坯设置】	
（9）在弹出的对话框中【形状】选择"圆柱体"，【轴向】选择"X"，直径输入"40"，长度输入"52"，单击【确定】	

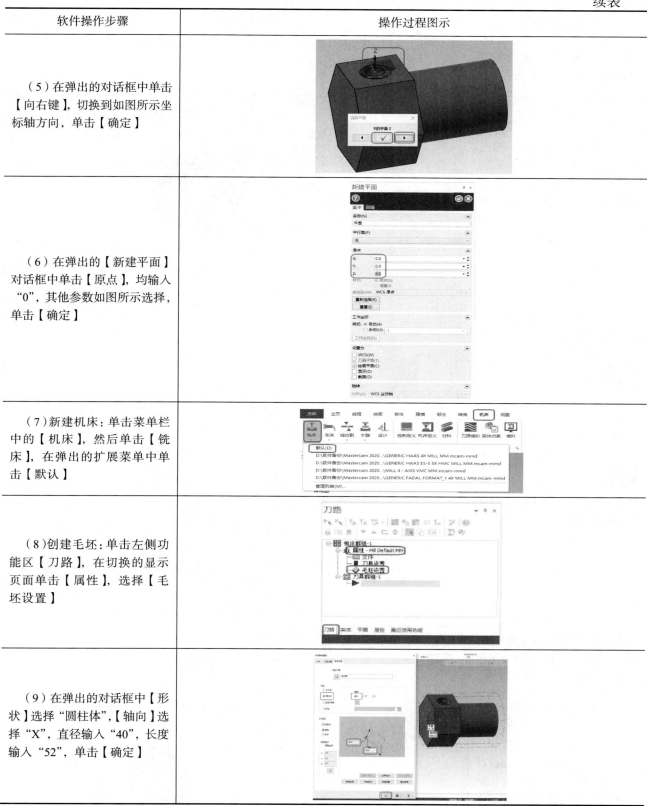

二、创建加工刀具路径

工序 1 螺母粗加工操作步骤如表 3-5 所示。

表 3-5　螺母粗加工操作步骤

软件操作步骤	操作过程图示
（1）单击菜单栏中的【刀路】，然后单击【动态铣削】	
（2）在弹出的对话框中单击【加工范围】，在弹出的对话框中选择【实体】，再选择【串连】，然后按照提示选择六角螺母上表面轮廓线，然后单击【确定】	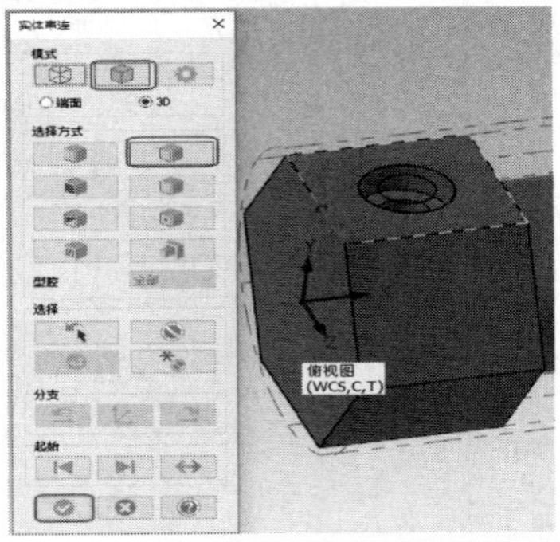
（3）在【串连选项】对话框中选择【加工范围】后，选择【加工区域策略】下的【开放】，其他参数如图所示选择，单击【确定】	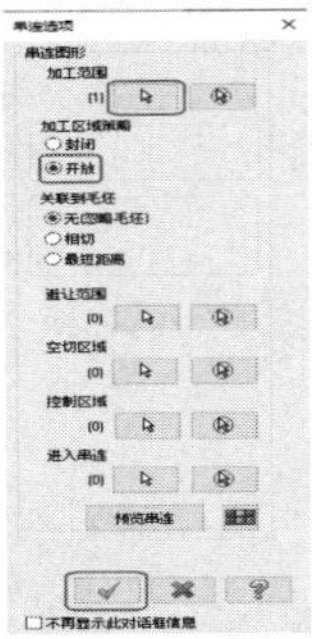
（4）在弹出的【动态铣削】对话框中单击【刀具】，单击【选择刀具库刀具】，在弹出的对话框中选择【直径10】平底刀，单击【确定】	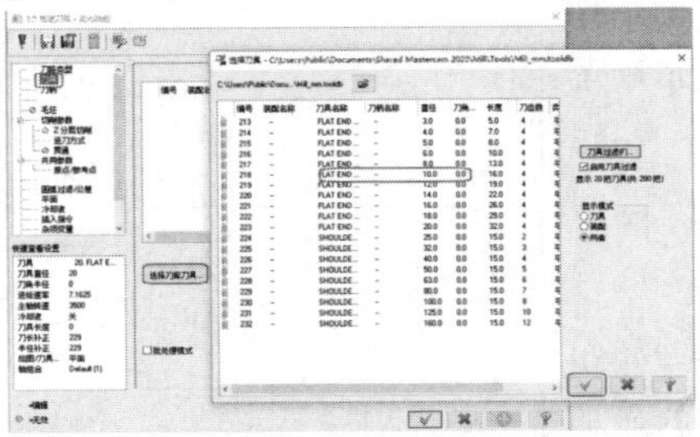
（5）在刀具切削参数页面按照工艺卡片参数设置，【进给速率】输入"1000"，【主轴转速】输入"2600"，【下刀速率】输入"2000"，其他参数如图所示	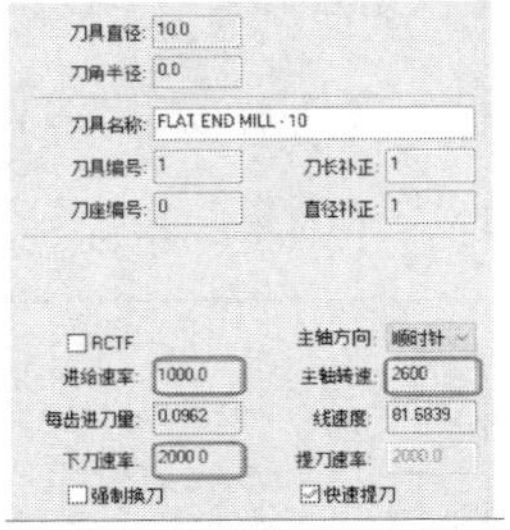
（6）在【动态铣削】对话框单击【切削参数】，【壁边预留量】输入"0"，【底面预留量】输入"0.2"，其他参数如图所示	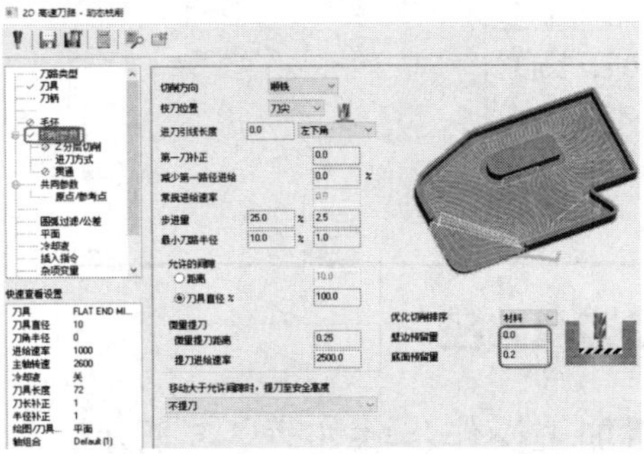

续表

软件操作步骤	操作过程图示
（7）在【动态铣削】对话框单击【共同参数】，如图所示选择共同参数	
（8）在【动态铣削】对话框单击【平面】，单击【刀具平面】中的选择刀具平面，单击【绘图平面】中的选择绘图平面，二者均选择【平面】，单击【确定】	
（9）在【动态铣削】对话框单击【确定】，刀路计算结果如图所示	
（10）在左侧辅助工具栏空白处右击，在弹出的下拉菜单中依次单击【铣床刀路】、【路径转换】	

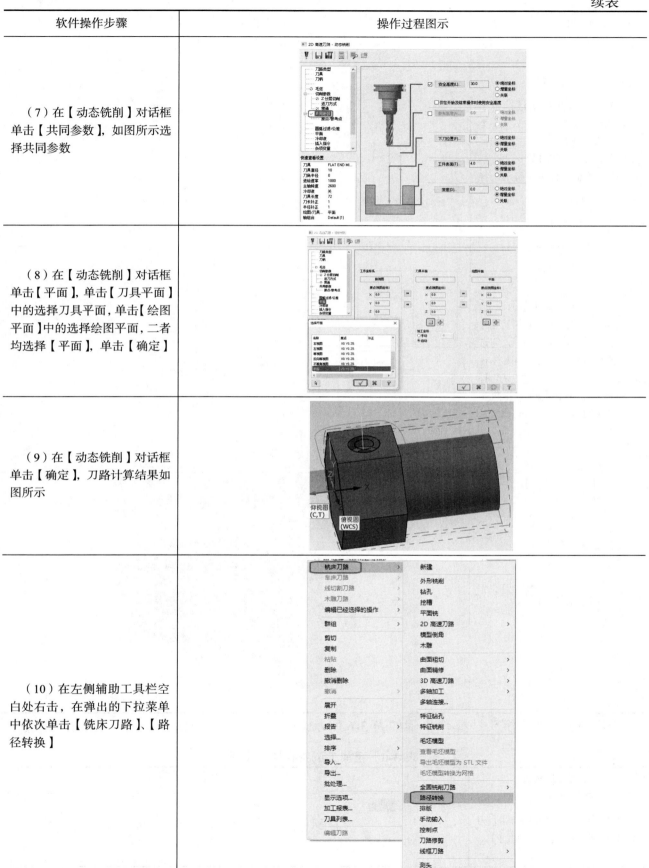

续表

软件操作步骤	操作过程图示
（11）在弹出的对话框中单击【刀路转换类型与方式】,【类型】选择【旋转】,【方式】选择【刀具平面】,同时勾选"包括起点",其他参数如图所示选择	
（12）单击【旋转】选项卡,【实例】输入"5",【起始角】和【夹角】均输入"60",勾选"旋转视图",单击【选择视图】,在弹出的对话框中选择【右视图】,单击【确定】,再单击【旋转】选项卡中的【确定】	
（13）最终六角螺母粗加工刀路计算结果如图所示	

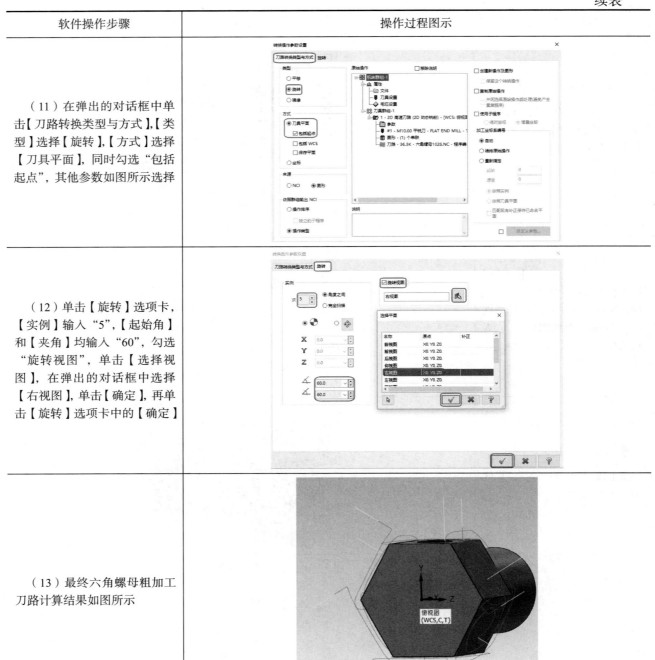

工序2粗加工沉头孔操作步骤如表3-6所示。

表3-6 粗加工沉头孔操作步骤

软件操作步骤	操作过程图示
（1）单击菜单栏中的【刀路】,然后单击【动态铣削】	

续表

软件操作步骤	操作过程图示
（2）在弹出的对话框中单击【加工范围】，在弹出的对话框中选择【实体】，再选择【串连】，然后按照提示选择"沉头孔轮廓线"，然后单击【确定】	
（3）在【串连选项】对话框中选择【加工范围】后，选择【加工区域策略】下"封闭"，其他参数如图所示选择，单击【确定】	
（4）在弹出的【动态铣削】对话框中单击【刀具】，单击【选择刀库刀具】，在弹出的对话框中选择【直径6】平底刀，单击【确定】	
（5）在刀具切削参数页面按照工艺卡片参数设置，【进给速率】输入"1000"，【主轴转速】输入"3800"，【下刀速率】输入"2000"，其他参数如图所示	

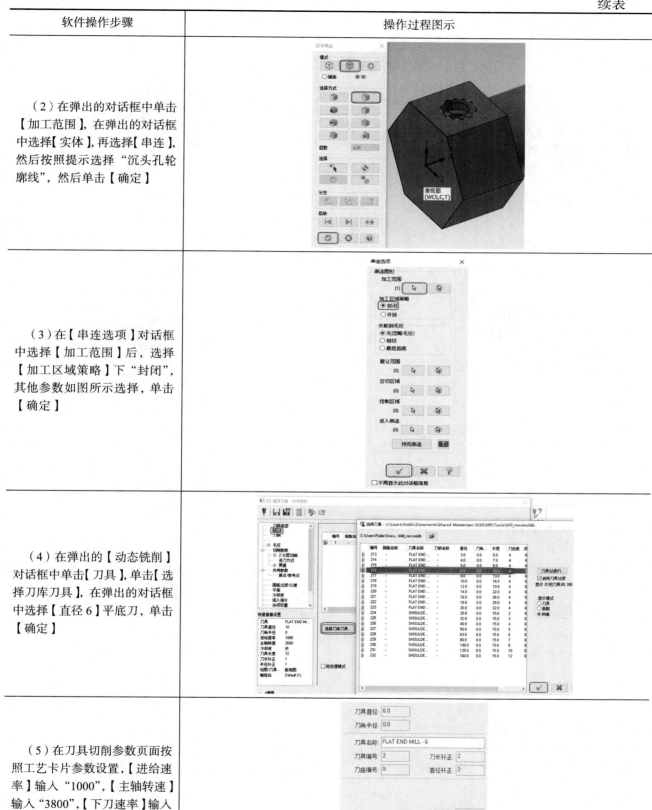

续表

软件操作步骤	操作过程图示
（6）在【动态铣削】对话框单击【切削参数】，【壁边预留量】输入"0.2"，【底面预留量】输入"0.2"，其他参数如图所示	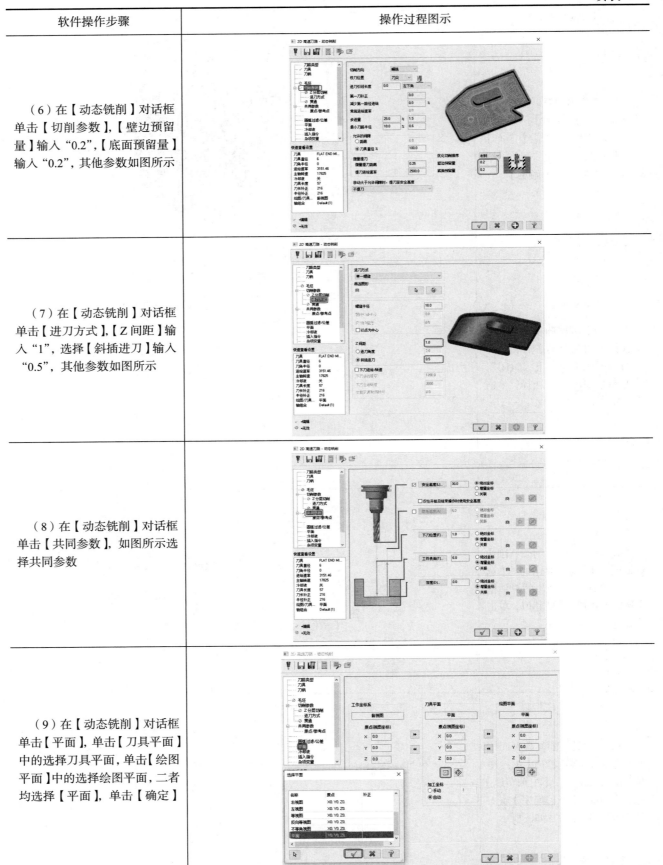
（7）在【动态铣削】对话框单击【进刀方式】，【Z间距】输入"1"，选择【斜插进刀】输入"0.5"，其他参数如图所示	
（8）在【动态铣削】对话框单击【共同参数】，如图所示选择共同参数	
（9）在【动态铣削】对话框单击【平面】，单击【刀具平面】中的选择刀具平面，单击【绘图平面】中的选择绘图平面，二者均选择【平面】，单击【确定】	

续表

软件操作步骤	操作过程图示
（10）在【动态铣削】对话框单击【确定】，刀路计算结果如图所示	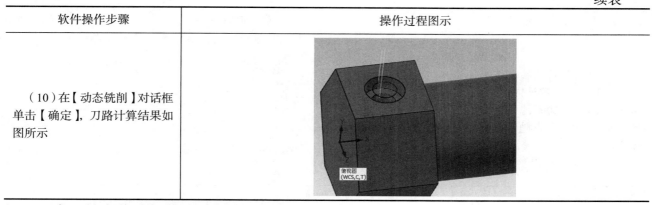

工序 3 钻定位孔操作步骤如表 3-7 所示。

表 3-7　钻定位孔操作步骤

软件操作步骤	操作过程图示
（1）单击菜单栏中的【刀路】，单击【展开刀路列表】，然后单击【钻孔】	
（2）根据绘图区提示选择，在弹出的对话框中选择"沉头孔底轮廓线"，其他参数如图所示，然后单击【确定】	
（3）在弹出的【钻孔】对话框中单击【刀具】，单击【选择刀库刀具】，在弹出的对话框中选择【直径 8】定位钻，单击【确定】	

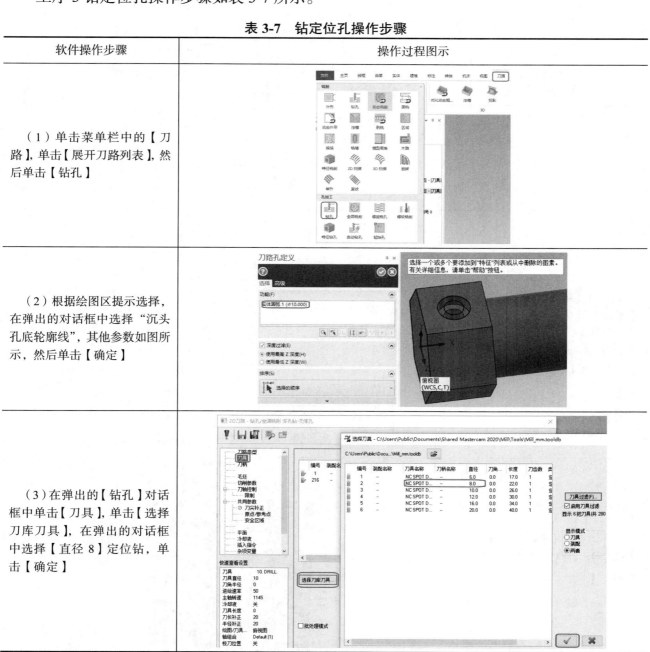

续表

软件操作步骤	操作过程图示
（4）在刀具切削参数页面按照工艺卡片参数设置，【进给速率】输入"200"，【主轴转速】输入"4000"，其他参数如图所示	
（5）在【钻孔】对话框单击【共同参数】，如图所示选择共同参数	
（6）在【钻孔】对话框单击【平面】，单击【刀具平面】中的选择刀具平面，单击【绘图平面】中的选择绘图平面，二者均选择【平面】，单击【确定】	
（7）在【钻孔】对话框单击【确定】，刀路计算结果如图所示	

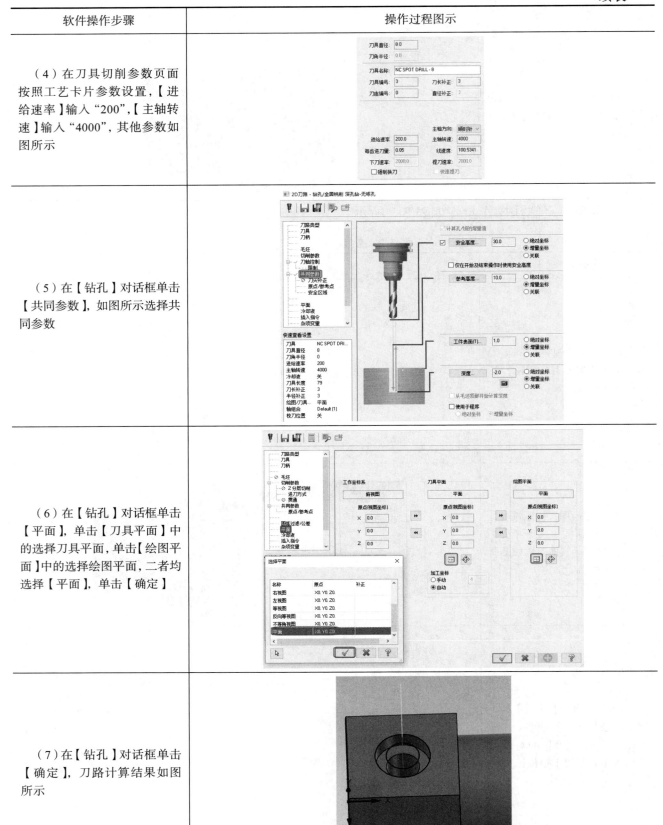

工序 4 钻 φ6 孔操作步骤如表 3-8 所示。

表 3-8　钻 φ6 孔操作步骤

软件操作步骤	操作过程图示
（1）单击菜单栏中的【刀路】，单击【展开刀路列表】，然后单击【钻孔】	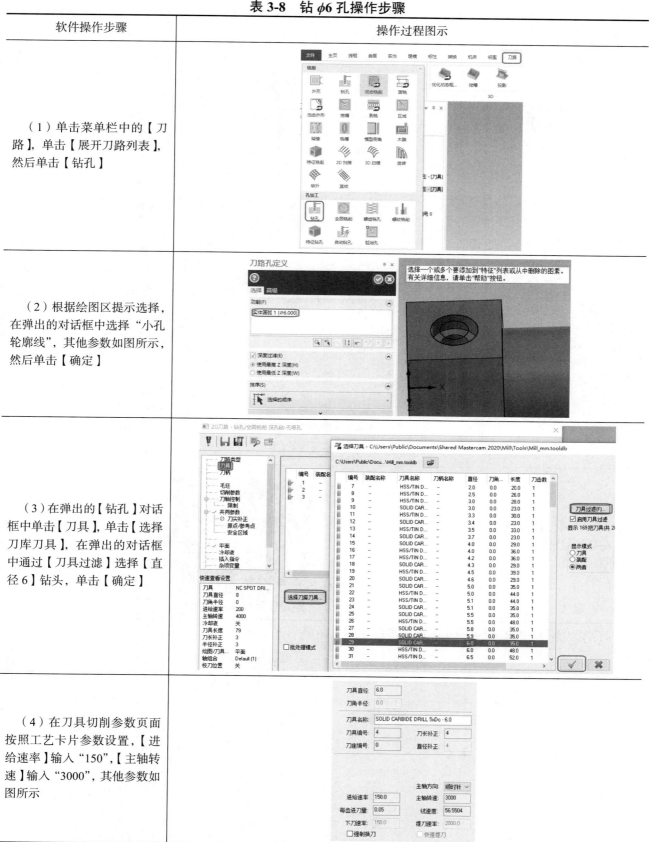
（2）根据绘图区提示选择，在弹出的对话框中选择"小孔轮廓线"，其他参数如图所示，然后单击【确定】	
（3）在弹出的【钻孔】对话框中单击【刀具】，单击【选择刀库刀具】，在弹出的对话框中通过【刀具过滤】选择【直径6】钻头，单击【确定】	
（4）在刀具切削参数页面按照工艺卡片参数设置，【进给速率】输入"150"，【主轴转速】输入"3000"，其他参数如图所示	

续表

软件操作步骤	操作过程图示
（5）在【钻孔】对话框单击【共同参数】，如图所示选择共同参数	
（6）在【钻孔】对话框单击【平面】，单击【刀具平面】中的选择刀具平面，单击【绘图平面】中的选择绘图平面，二者均选择【平面】，单击【确定】	
（7）在【钻孔】对话框单击【确定】，刀路计算结果如图所示	

工序 5 精加工螺母六个面操作步骤如表 3-9 所示。

表 3-9　精加工螺母六个面操作步骤

软件操作步骤	操作过程图示
（1）单击菜单栏中的【刀路】，单击【展开刀路列表】，然后单击【区域】	

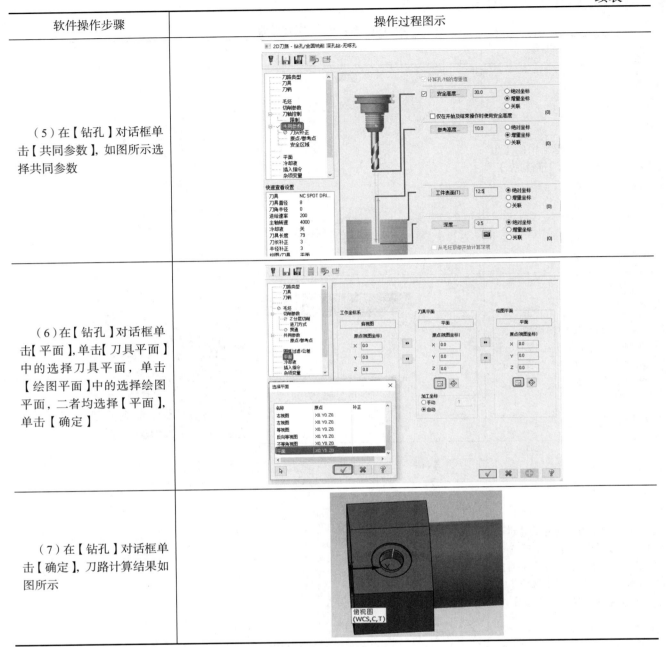

续表

软件操作步骤	操作过程图示
（2）单击【加工范围】，在弹出的【实体串连】对话框中选择【实体】，再选择【串连】，然后按照提示选择"六角螺母上孔轮廓线"，然后单击【确定】	
（3）在【串连选项】对话框中选择【加工范围】后，选择【加工区域策略】"开放"，其他参数如图所示选择，单击【确定】	
（4）在弹出的【区域】对话框中单击【刀具】，单击【选择刀库刀具】，在弹出的对话框中通过【刀具过滤】选择【直径10】平底刀，单击【确定】	
（5）在刀具切削参数页面按照工艺卡片参数设置，【进给速率】输入"800"，【主轴转速】输入"3800"，其他参数如图所示	

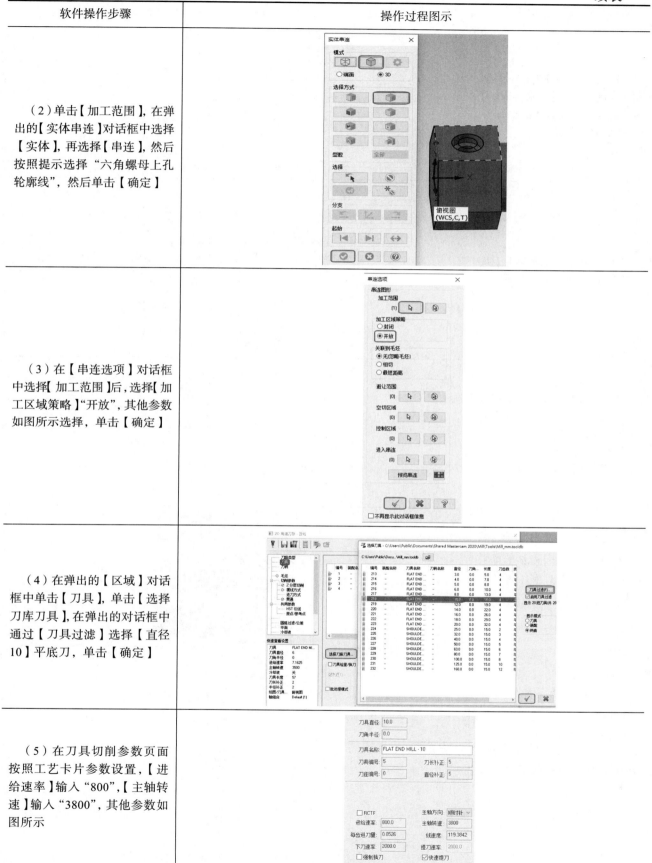

续表

软件操作步骤	操作过程图示
（6）在【区域】对话框中单击【切削参数】,【壁边预留量】和【底面预留量】均输入"0", 其他参数如图所示	
（7）在区域对话框单击【共同参数】, 其他参数如图所示	
（8）在【区域】对话框单击【平面】, 单击【刀具平面】中的选择刀具平面, 单击【绘图平面】中的选择绘图平面, 二者均选择【平面】, 单击【确定】	
（9）在【区域】对话框单击【确定】, 刀路计算结果如图所示	
（10）在左侧辅助工具栏空白处右击, 在弹出的下拉菜单依次单击【铣床刀路】【路径转换】	

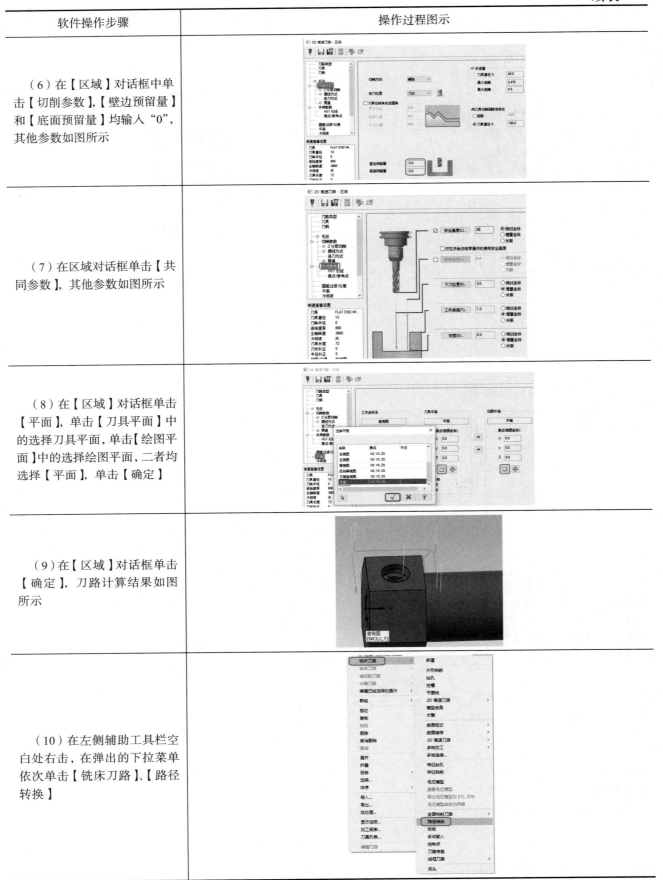

续表

软件操作步骤	操作过程图示
（11）在弹出的对话框中单击【刀路转换类型与方式】中【类型】选择"旋转"，【方式】选择"刀具平面"，同时勾选"包括起点"，其他参数如图所示选择	
（12）单击【旋转】选项卡，【实例】输入"5"，【起始角】和【夹角】均输入"60"，勾选"旋转视图"，单击【选择视图】，在弹出的对话框中选择【右视图】，单击【确定】，再单击【转换操作参数设置】选项卡中的【确定】	
（13）最终精加工六角螺母六个面加工刀路计算结果如图所示	

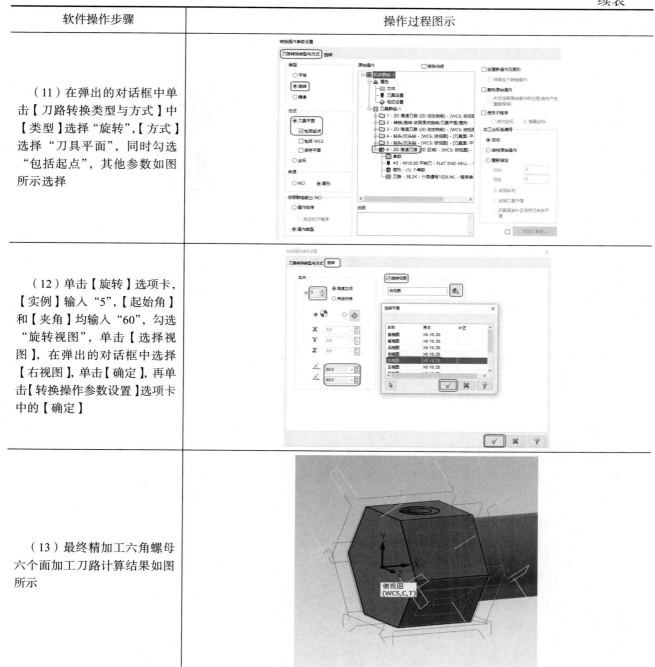

工序 6 精加工沉头孔操作步骤如表 3-10 所示。

表 3-10　精加工沉头孔操作步骤

软件操作步骤	操作过程图示
（1）单击菜单栏中的【刀路】，然后单击【外形】	

续表

软件操作步骤	操作过程图示
（2）在弹出的【模式】对话框中选择【实体】，单击【串连】，选择"沉头孔底轮廓"，选择"逆时针"，单击【确定】	
（3）在【外形】对话框中单击【刀具】，单击【选择刀库刀具】，在弹出的对话框中通过【刀具过滤】选择【直径6】平底刀，单击【确定】	
（4）在刀具切削参数页面按照工艺卡片参数设置，【进给速率】输入"800"，【主轴转速】输入"5000"，其他参数如图设置	
（5）在【外形】对话框中单击【切削参数】，参数如图所示	
（6）在【外形】对话框中单击【进/退刀设置】，【重叠量】输入"1"，【长度】输入"0"，【进刀】和【退刀】"半径"均输入"1"，其他参数如图所示	

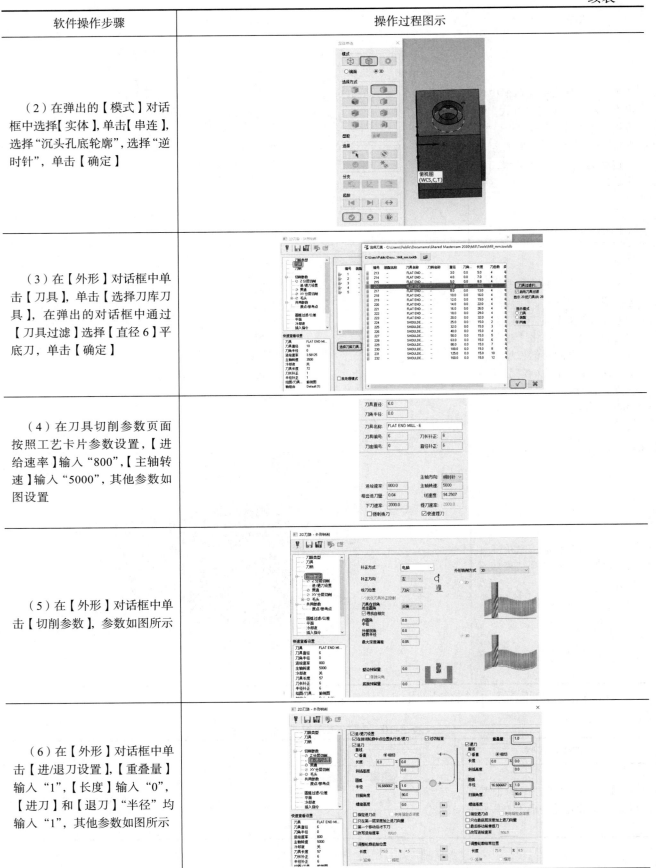

续表

软件操作步骤	操作过程图示
（7）在【外形】对话框中单击【共同参数】，参数如图所示	
（8）在【外形】对话框单击【平面】，单击【刀具-平面】中的选择刀具平面，单击【绘图平面】中的选择绘图平面，二者均选择【平面】，单击【确定】	
（9）在【外形】对话框单击【确定】，刀路计算结果如图所示	

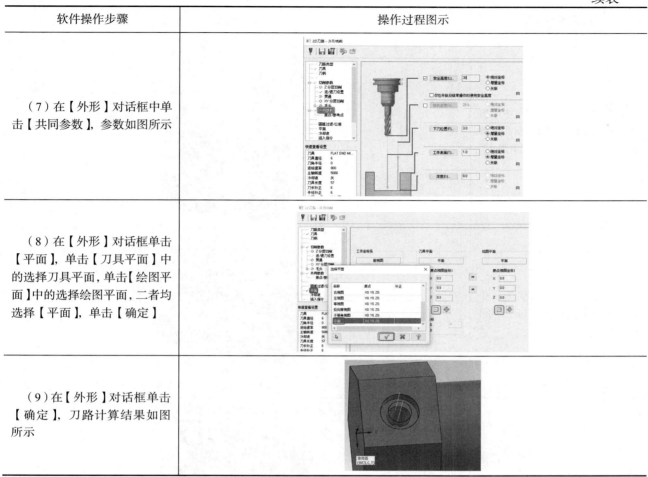

三、仿真加工

刀具路径模拟仿真加工操作步骤如表 3-11 所示。

表 3-11　刀具路径模拟仿真加工操作步骤

软件操作步骤	操作过程图示
（1）单击辅助工具栏左下角【刀路】选项卡，单击【刀具群组】，单击【验证已选择的操作】	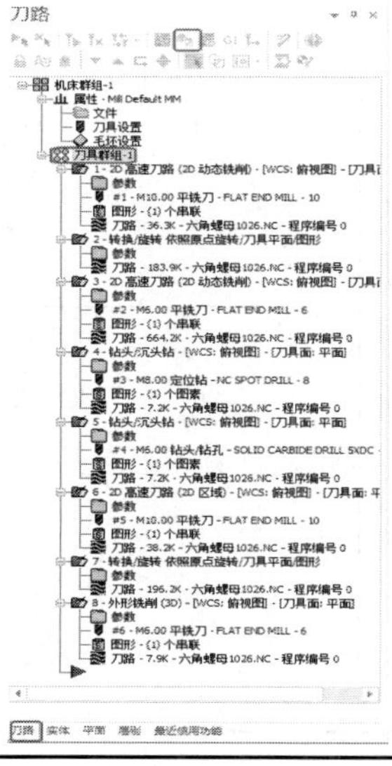

续表

软件操作步骤	操作过程图示
（2）在弹出的对话框中单击【验证】，单击【颜色循环】，单击【3/4】，单击【第一象限】	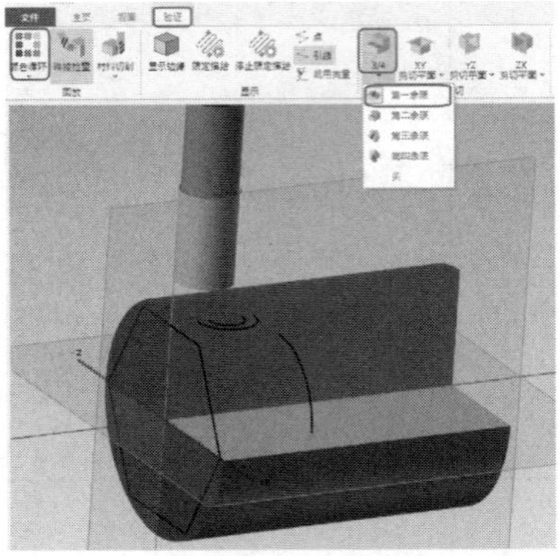
（3）单击模拟播放工具条中【下一个操作】，完成工序1模拟	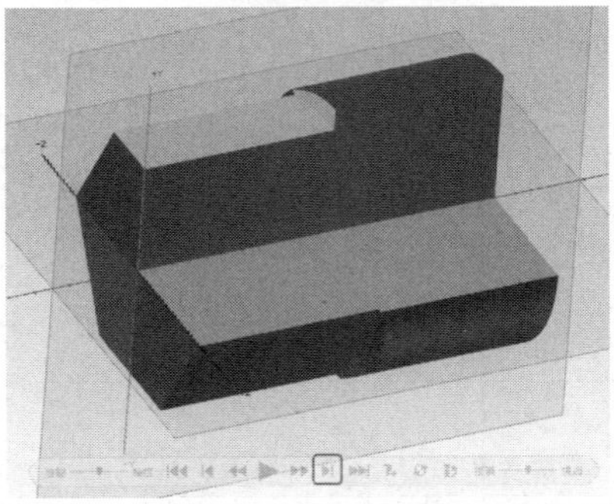
（4）单击模拟播放工具条中【下一个操作】，完成工序2模拟	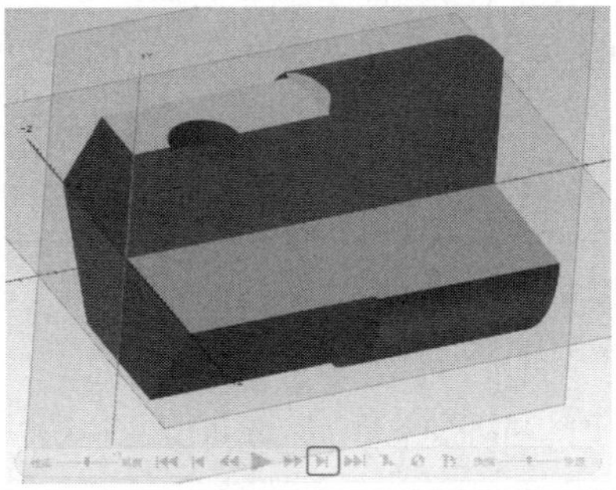
（5）单击模拟播放工具条中【下一个操作】，完成工序3模拟	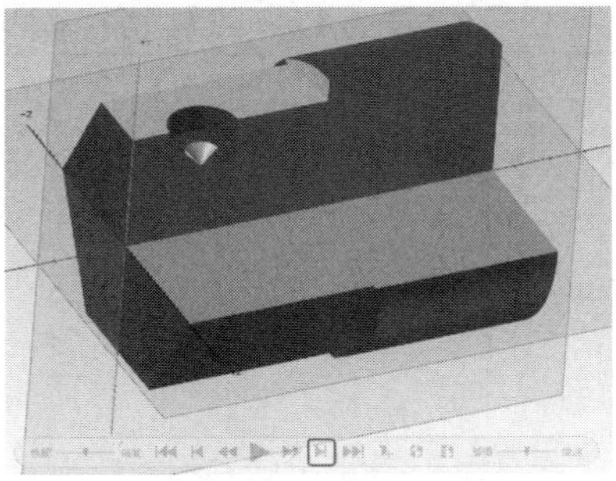
（6）单击模拟播放工具条中【下一个操作】，完成工序4模拟	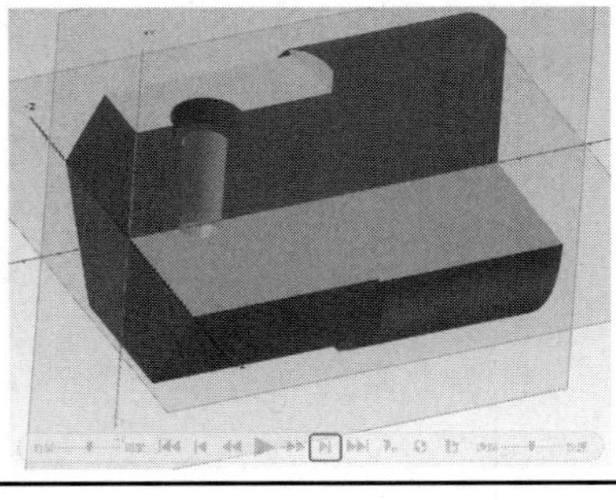

续表

软件操作步骤	操作过程图示
（7）单击模拟播放工具条中【下一个操作】，完成工序5模拟	
（8）单击模拟播放工具条中【下一个操作】，完成工序6模拟	
（9）单击模拟加工右侧辅助工具栏【移动列表】可查看加工时间和进给长度等加工信息，单击【碰撞报告】可查看碰撞次数和碰撞位置等信息	

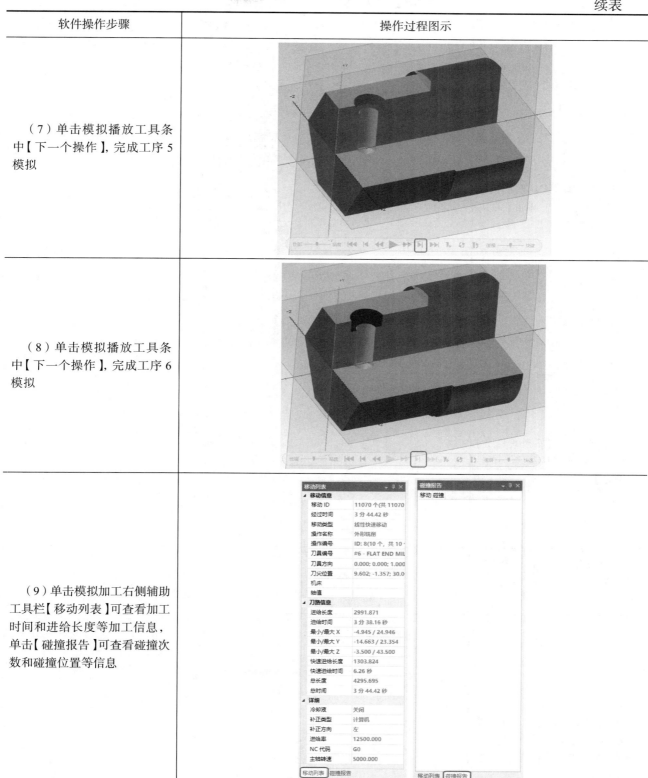

四、后置处理

NC 程序后置处理操作步骤如表 3-12 所示。

表 3-12　NC 程序后置处理操作步骤

软件操作步骤	操作过程图示
（1）单击辅助工具栏左下角的【刀路】选项卡，单击【刀具群组】，单击【G1】	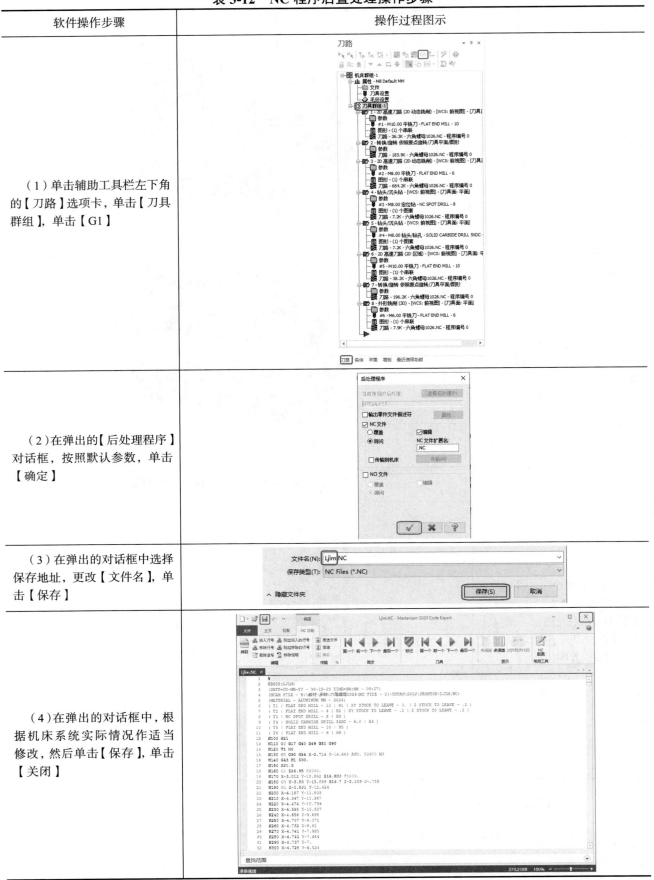
（2）在弹出的【后处理程序】对话框，按照默认参数，单击【确定】	
（3）在弹出的对话框中选择保存地址，更改【文件名】，单击【保存】	
（4）在弹出的对话框中，根据机床系统实际情况作适当修改，然后单击【保存】，单击【关闭】	

评价单

完成本模块的三个任务后，应做到：

① 根据零件图样及技术要求完成工艺卡的正确编写。

② 工装夹具设计的选择与设计。

③ 能使用 Mastercam 软件编写典型零件的加工程序。

④ 能完成零件的程序验证仿真。

模块三　评价单

项目	任务内容	分值	自评	教师评价
专业能力	零件分析（课前预习）	10		
	工艺卡编写	10		
	夹具选择	10		
	程序的编写	10		
	合理的切削参数	10		
	程序的正确仿真	10		
关键能力	遵守课堂纪律	10		
	积极主动学习	10		
	团队协作能力	10		
	安全意识强	10		
合计		100		

综合评价：_____	评价等级： A：优秀（85~100 分）；B：良好（70~84 分）；C：一般（60~69 分）

检查评价	教师评语：			
	评定等级		日期	
	学生签字		教师签字	

注：评定等级为优、良、一般。

拓展提升

1. 编写图 3-2、图 3-3、图 3-4 零件的工艺卡。
2. 以本模块案例为参考，完成图 3-2、图 3-3、图 3-4 零件的程序，并完成程序的仿真验证。

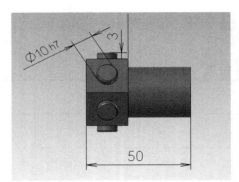
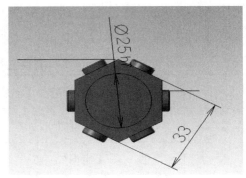

图 3-2　六面轴

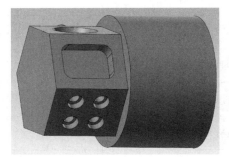

图 3-3　六角轴

图 3-4　六面体

模块三　拓展提升模型

模块四

偏心轴四轴加工

学习目标

技能目标：
1. 能运用 Mastercam 软件完成偏心轴的模型设计。
2. 能运用 Mastercam 软件完成偏心轴的工艺流程设计、编程、仿真加工。
3. 能操作四轴数控机床完成偏心轴零件加工。

知识目标：
1. 掌握 Mastercam 软件实体造型偏心轴识图和建模。
2. 基本掌握 2D 动态铣削、2D 挖槽、转换、钻孔加工设置。
3. 基本掌握切削刀具加工参数设置。

素养目标：
1. 培养工艺创新意识。
2. 提高软件实践能力。
3. 提高团队协作能力。

模块描述

根据企业设计部门的要求生产偏心轴零件，生产制造部门安排 MC 数控程序员进行加工，根据如图 4-1 所示的图纸，单件生产，铝合金材质。依据图样要求制订合理的工艺路线，应用 Mastercam 软件创建 2D 动态铣削、2D 挖槽、转换、钻孔加工，设置必要且合理的加工参数，生成刀具路径，检查刀具路径是否合理、正确，通过相应的后处理生成数控加工程序，并使用多轴数控机床加工零件。

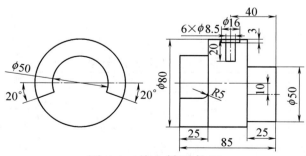

图 4-1 偏心轴零件图

任务一　加工工艺分析

一、零件技术要求及毛坯

偏心轴毛坯采用 ϕ80mm×87mm 的 2A12 铝合金，在普通车床上加工 25mm 阶台及 50mm 长度。在四轴机床上加工偏心轴，偏心轴表面粗糙度值为 Ra1.6μm，其他表面粗糙度值为 Ra3.2μm。

二、零件图分析

该零件右端是偏心轴回转体圆柱 ϕ50mm×25mm，中间 ϕ80 圆柱体均匀分布着 6 个沉头孔，左端圆柱 ϕ80mm×25mm 上铣削出 ϕ50mm×25mm 槽。

三、工艺分析

该零件偏心轴表面的尺寸精度和表面粗糙度要求较高，铣削加工时须保证较高的孔中心对上表面的垂直度，在四轴机床上加工效果较好。

1. 定位基准的确定

工件坐标系选择在工件右端面中心处，即将 Y、Z 选择在工件的中心，将 X 选择在工件右端面上。

2. 加工难点

（1）CAM 软件的 2D 动态编程。
（2）CAM 软件的孔加工编程。
（3）公差为 0.035mm 的尺寸精度。

3. 加工方案

（1）粗加工偏心轴。
（2）精加工偏心轴。
（3）粗加工槽。
（4）精加工槽。
（5）铣沉头孔 ϕ16mm。
（6）钻沉头孔 ϕ8.5mm。

4. 加工工艺卡片

加工工艺卡片如表 4-1 所示。

表 4-1　加工工艺卡片

序号	工步	刀具名称	规格	主轴转速/(r/min)	进给速度/(mm/min)	备注
1	粗加工偏心轴	平底铣刀	ϕ10	2600	1500	
2	粗加工槽	平底铣刀	ϕ10	2600	1500	
3	粗加工沉头孔	平底铣刀	ϕ6	4200	2500	
4	钻定位孔	定位钻	ϕ8.5	4500	200	

续表

序号	工步	刀具名称	规格	主轴转速/(r/min)	进给速度/(mm/min)	备注
5	精加工螺母偏心轴	平底铣刀	φ10	3800	1500	
6	精加工沉头孔	平底铣刀	φ6	6400	2500	

任务二　偏心轴建模

一、偏心轴二维线框绘制

偏心轴二维线框绘制步骤如表 4-2 所示。

表 4-2　偏心轴二维线框绘制步骤

软件操作步骤	操作过程图示
（1）启动软件：在 Windows 系统中依次选择【开始】、【所有程序】、【Mastercam2020】，进入初始界面	
（2）单击菜单栏中的【线框】，选择【已知点画圆】，【直径】输入"80"，选择【连续线】，【长度】输入"10"，选择【已知点画圆】，【直径】输入"50"，删掉辅助线	
（3）选择【连续线】，【长度】输入"37"，选择后视图，选择【已知点画圆】，【直径】输入"16"，选择【已知点画圆】，【直径】输入"8.5"	

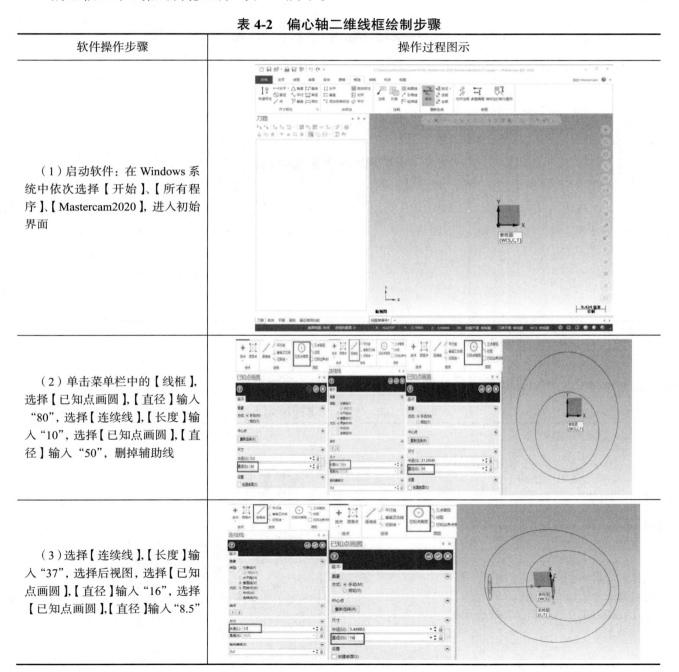

续表

软件操作步骤	操作过程图示
（4）选择【已知点画圆】，【直径】输入"85"，选择【已知点画圆】，【直径】输入"50"	
（5）选择【连续线】，【角度】输入"-20"，选择【连续线】，【角度】输入"200"，选择【修剪到要素】，【修剪两物体】	
（6）选择【转换】，【平移】输入"-85"，【平移】输入"-40"，删掉辅助线	

二、偏心轴三维模型绘制

偏心轴三维模型绘制步骤如表 4-3 所示。

表 4-3　偏心轴三维模型绘制步骤

软件操作步骤	操作过程图示
（1）单击菜单栏中的【实体】，然后单击【拉伸】	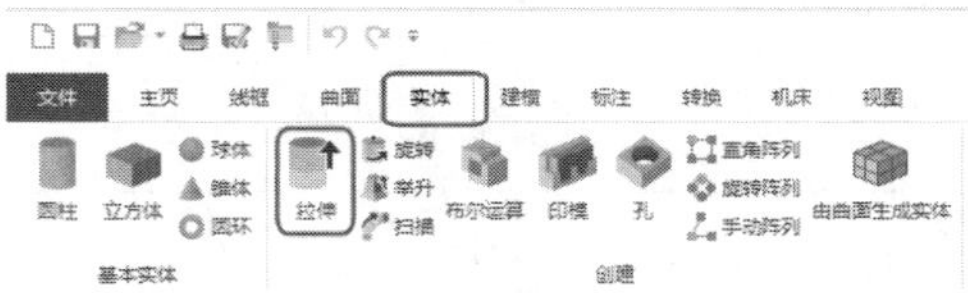
（2）在【线框串连】的【模式】对话框中选择【线框】，在【选择方式】对话框中选择【串连】，选择 φ50 的偏心圆，单击【确认】	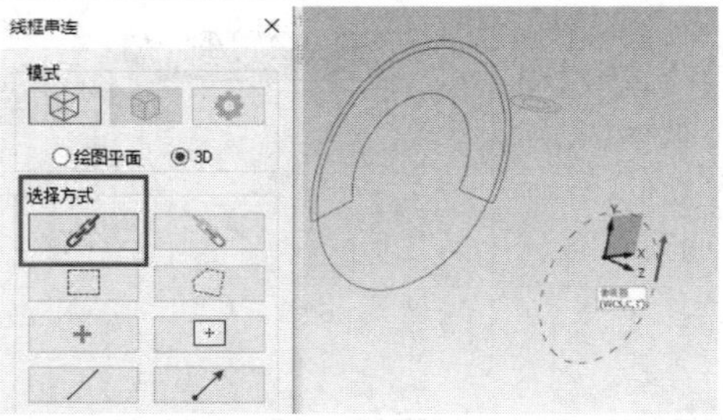

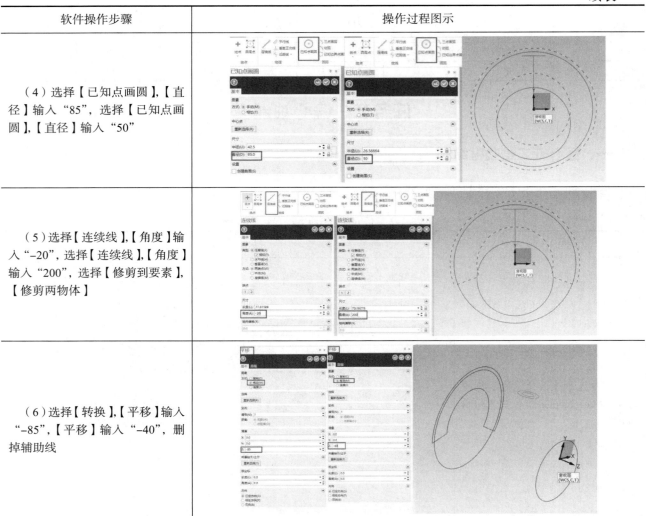

续表

软件操作步骤	操作过程图示
（3）在【实体拉伸】选择创建实体，距离"25"，【实体拉伸】选择添加凸台，距离"60"	
（4）在【实体拉伸】选择切割主体，距离"25"	
（5）用【显示线框】展现实体图，在【实体拉伸】选择 φ16 切割主体，方向向上，在【实体拉伸】选择 φ8.5 切割主体，方向向下，距离"17"	
（6）单击【旋转阵列】，实体选择沉头孔，阵列次数"5"，角度"60"，在【固定半倒圆角】选择线，半径"5"，过程及结果如图所示	

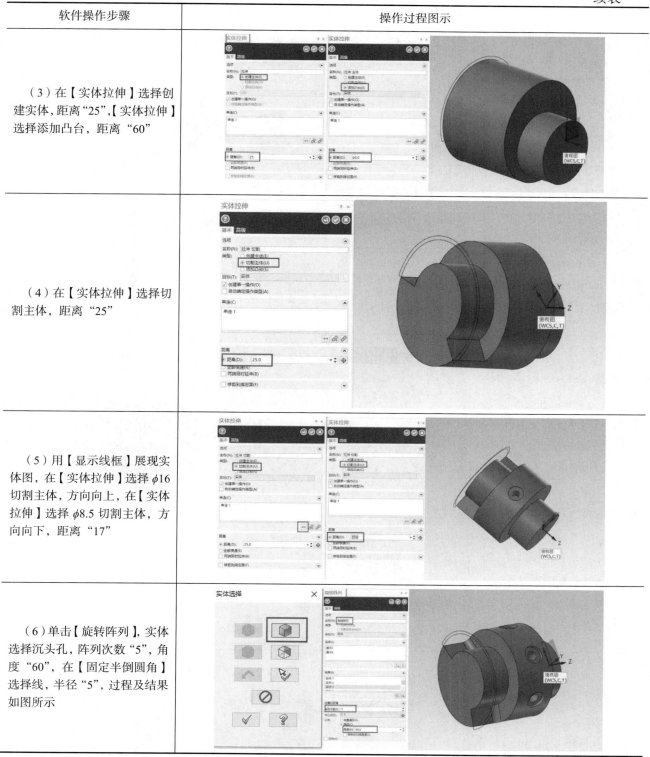

任务三　偏心轴编程加工

一、加工准备

零件加工前各项设置操作步骤如表 4-4 所示。

表 4-4　零件加工前各项设置操作步骤

软件操作步骤	操作过程图示
（1）调整坐标轴，框选偏心轴，在菜单栏中【工具】单击【动态】。坐标轴原点放置在原地，调整坐标轴 X 轴在偏心轴轴线上，调整完成后单击【完成】	
（2）单击菜单栏中的【机床】，单击【铣床】，选择 4-AXIS VMC	
（3）在【机床群组】下【属性】中单击【毛坯设置】，选择圆柱体，X 轴直径"80"，长度"85"	
（4）在圆中心找到中心点，单击中心点向后拉，长度输入"105"	
（5）单击【层别】号码"1"	
（6）【线框】中，单击【修改长度】，单击直线红框处距离输入"5"	

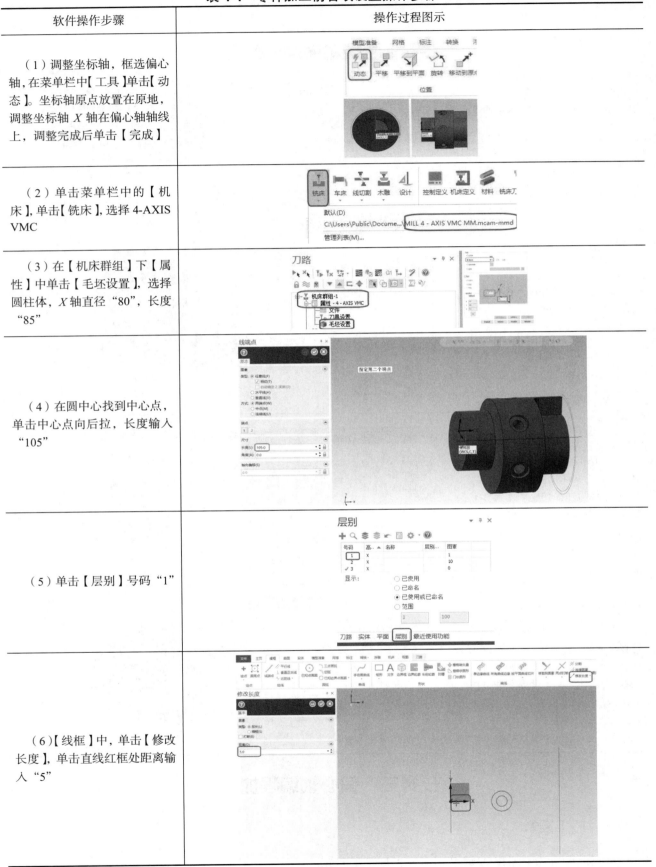

续表

软件操作步骤	操作过程图示
（7）单击【层别】中绿色加号建立层别，单击【号码】中"3"一栏，输入"曲面"	
（8）单击【曲面】中【由实体生成曲面】，依次单击三个红框面	
（9）单击【线框】中【单边缘曲线】，单击线，单击【确定】	
（10）单击【曲面】中【拉伸】，单击线，高度输入"60"	

续表

软件操作步骤	操作过程图示
（11）单击【层别】中绿色加号建立新层别，单击【号码】中"4"一栏，输入"毛坯"	
（12）单击【实体】中【圆柱】，半径输入"40"，高度输入"85"，轴向选择X轴	
（13）单击【刀路】中【刀具管理】，进入界面，右键界面空白处，在弹出菜单中单击创建刀具	
（14）单击【平铣刀】，单击【下一步】	

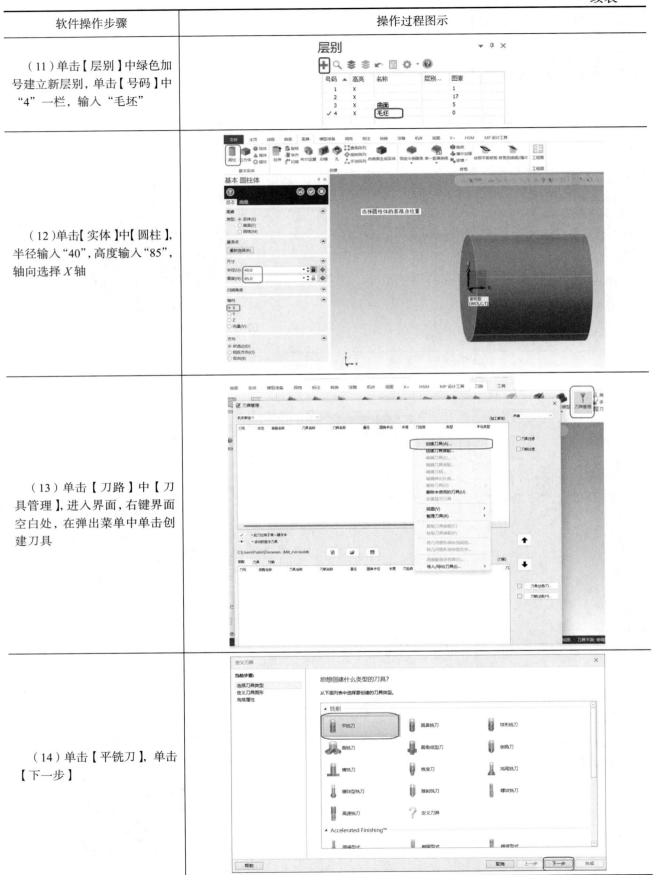

续表

软件操作步骤	操作过程图示
（15）【刀齿长度】输入"35"，单击【下一步】	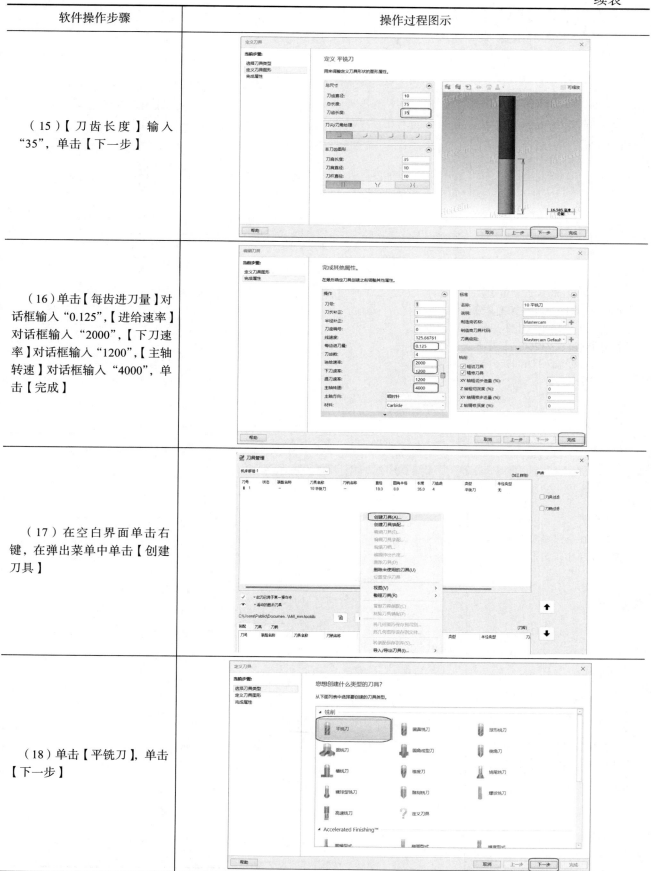
（16）单击【每齿进刀量】对话框输入"0.125"，【进给速率】对话框输入"2000"，【下刀速率】对话框输入"1200"，【主轴转速】对话框输入"4000"，单击【完成】	
（17）在空白界面单击右键，在弹出菜单中单击【创建刀具】	
（18）单击【平铣刀】，单击【下一步】	

续表

软件操作步骤	操作过程图示
（19）单击【刀齿直径】对话框输入"6"，单击【下一步】	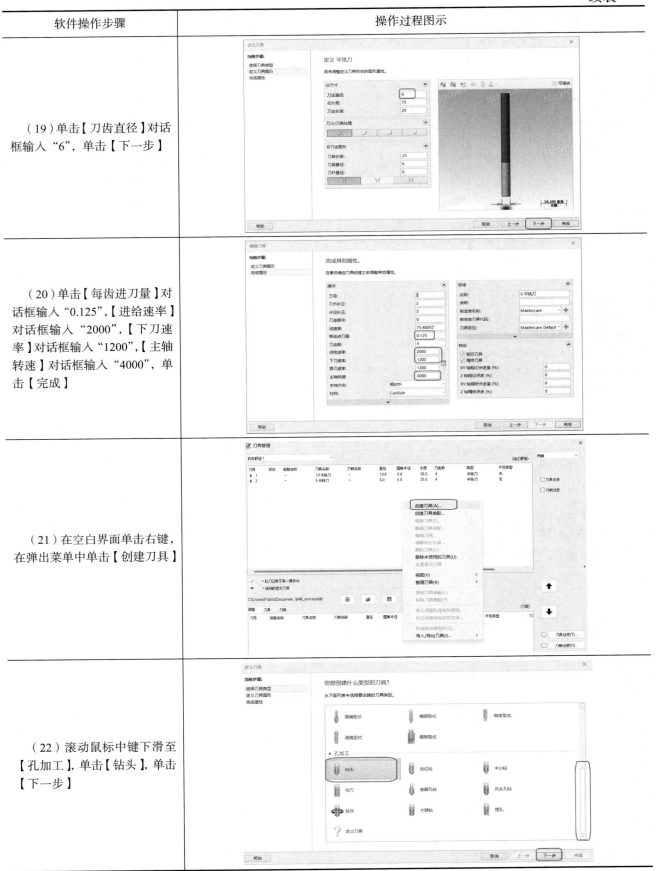
（20）单击【每齿进刀量】对话框输入"0.125"，【进给速率】对话框输入"2000"，【下刀速率】对话框输入"1200"，【主轴转速】对话框输入"4000"，单击【完成】	
（21）在空白界面单击右键，在弹出菜单中单击【创建刀具】	
（22）滚动鼠标中键下滑至【孔加工】，单击【钻头】，单击【下一步】	

续表

软件操作步骤	操作过程图示
（23）单击【钻头直径】对话框输入"8.5"，单击【完成】	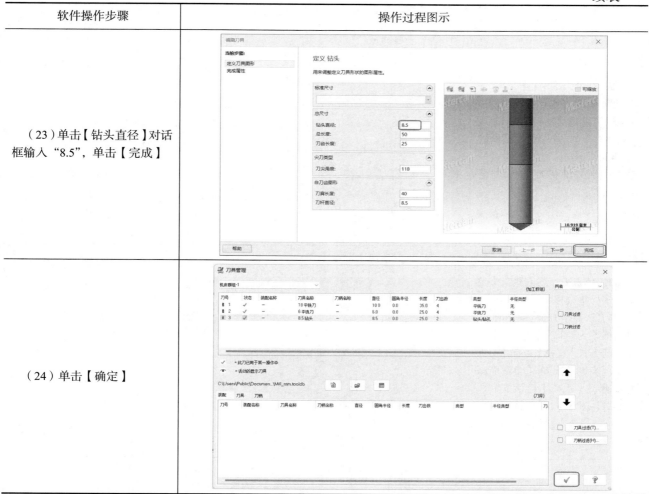
（24）单击【确定】	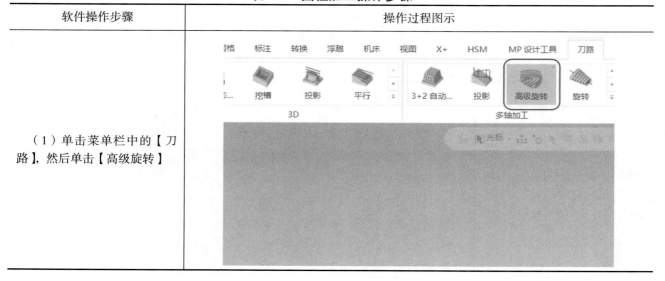

二、创建加工刀具路径

工序 1 圆柱加工操作步骤如表 4-5 所示。

表 4-5　圆柱加工操作步骤

软件操作步骤	操作过程图示
（1）单击菜单栏中的【刀路】，然后单击【高级旋转】	

续表

软件操作步骤	操作过程图示
（2）在弹出的对话框中单击【刀具】，单击【10平铣刀】，【进给速率】对话框输入"2000"，【主轴转速】对话框输入"4000"，【下刀速率】对话框输入"1200"，【提刀速率】对话框输入"1200"	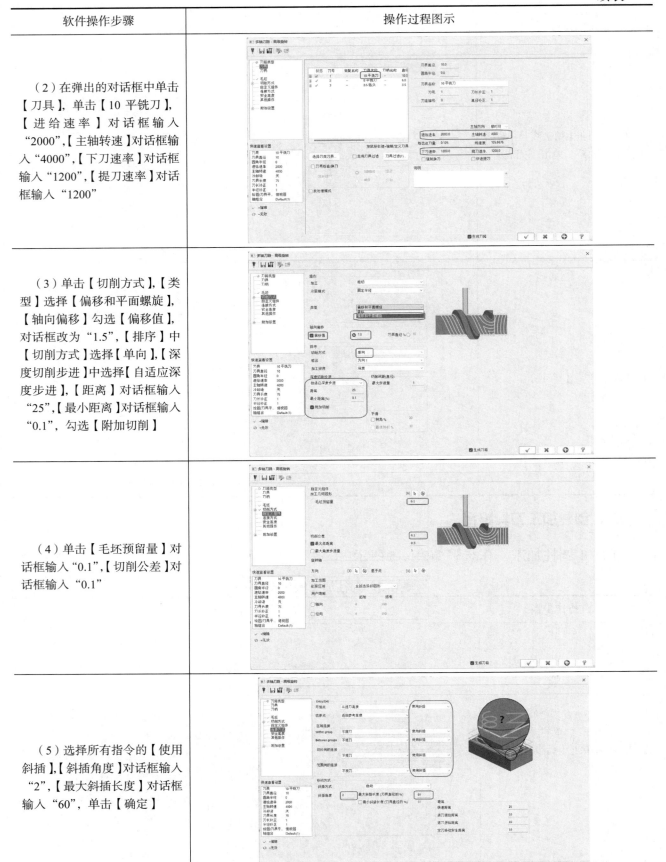
（3）单击【切削方式】，【类型】选择【偏移和平面螺旋】，【轴向偏移】勾选【偏移值】，对话框改为"1.5"，【排序】中【切削方式】选择【单向】，【深度切削步进】中选择【自适应深度步进】，【距离】对话框输入"25"，【最小距离】对话框输入"0.1"，勾选【附加切削】	
（4）单击【毛坯预留量】对话框输入"0.1"，【切削公差】对话框输入"0.1"	
（5）选择所有指令的【使用斜插】，【斜插角度】对话框输入"2"，【最大斜插长度】对话框输入"60"，单击【确定】	

续表

软件操作步骤	操作过程图示
（6）单击菜单栏中的【刀路】，然后单击【高级旋转】	
（7）在弹出的对话框中单击【刀具】，单击【10平铣刀】，【进给速率】对话框输入"2000"，【主轴转速】对话框输入"4000"，【下刀速率】对话框输入"1200"，【提刀速率】对话框输入"1200"	
（8）单击【切削方式】，【类型】选择【偏移和平面螺旋】，【轴向偏移】勾选【偏移值】，对话框改为"1.5"，【排序】中【切削方式】选择【单向】，【深度切削步进】中选择【自适应深度步进】，【距离】对话框输入"25"，【最小距离】对话框输入"0.1"，勾选【附加切削】，【最大步进量】对话框输入"0.5"	
（9）单击【毛坯预留量】对话框输入"0.1"，【切削公差】对话框输入"0.1"	

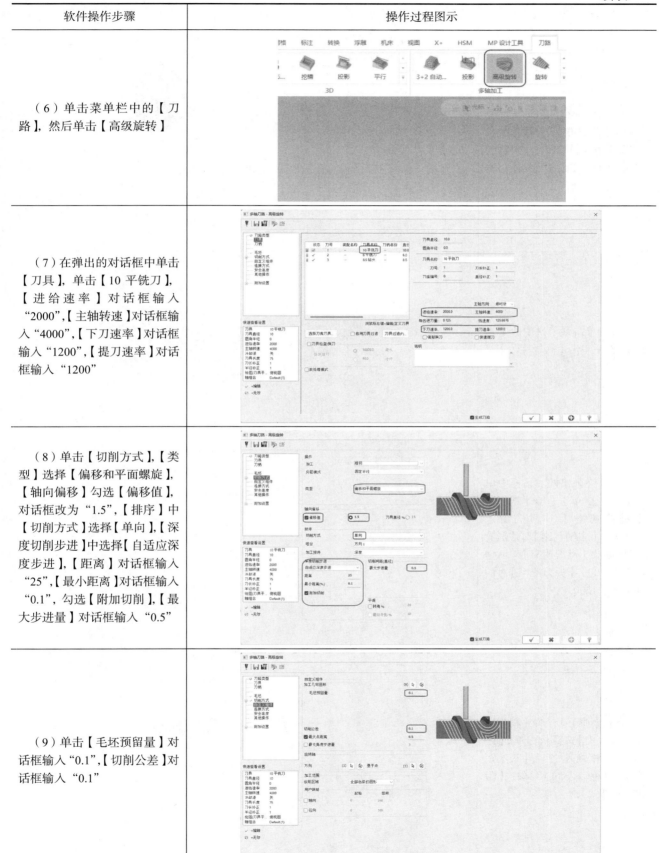

续表

软件操作步骤	操作过程图示
（10）选择所有指令的【使用斜插】,【斜插角度】对话框输入"2",【最大斜插长度】对话框输入"60",单击【确定】	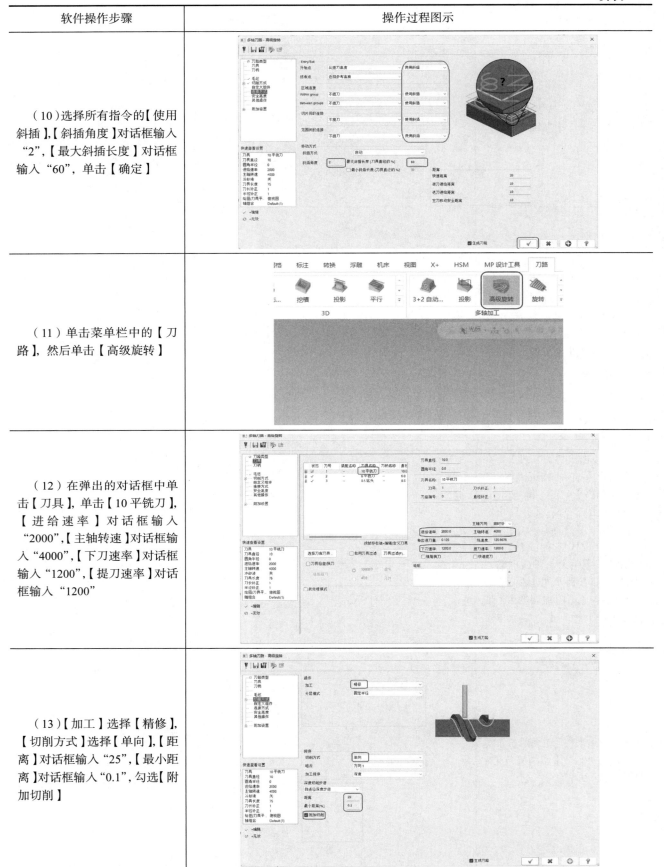
（11）单击菜单栏中的【刀路】,然后单击【高级旋转】	
（12）在弹出的对话框中单击【刀具】,单击【10平铣刀】,【进给速率】对话框输入"2000",【主轴转速】对话框输入"4000",【下刀速率】对话框输入"1200",【提刀速率】对话框输入"1200"	
（13）【加工】选择【精修】,【切削方式】选择【单向】,【距离】对话框输入"25",【最小距离】对话框输入"0.1",勾选【附加切削】	

续表

软件操作步骤	操作过程图示
（14）【毛坯预留量】对话框输入"0"，【切削公差】对话框输入"0.1"，勾选【最大点距离】，对话框输入"0.5"	
（15）选择所有指令的【使用斜插】，【斜插角度】对话框输入"2"，【最大斜插长度】对话框输入"60"，单击【确定】	

工序 2 槽加工准备操作步骤如表 4-6 所示。

表 4-6　槽加工准备操作步骤

软件操作步骤	操作过程图示
（1）单击【层别】中的加号建立新层别	
（2）按住左键不松手，框选建模松开按键，弹出【动态】，单击【动态】	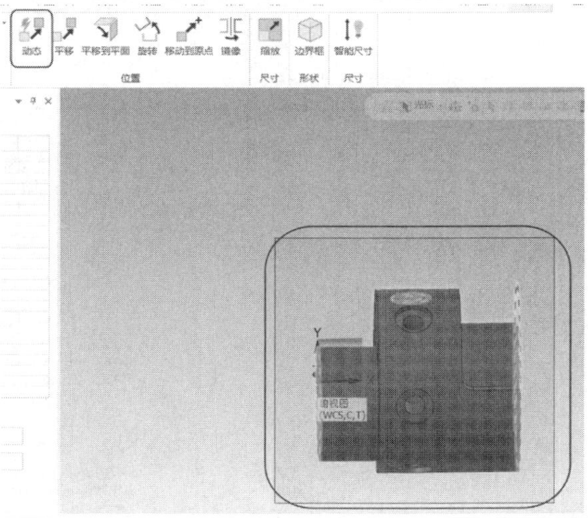

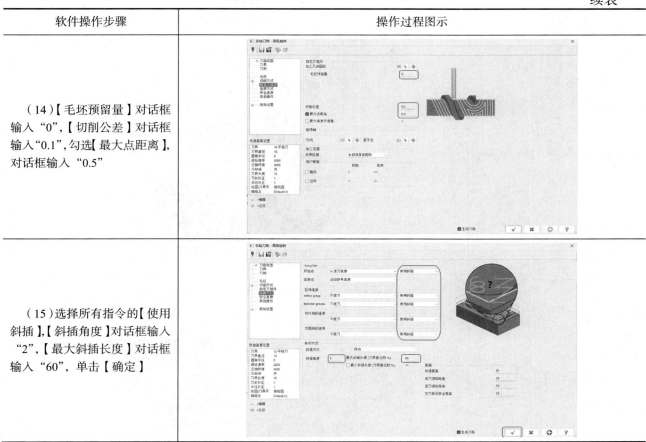

续表

软件操作步骤	操作过程图示
（3）单击右端【半圆】曲线	
（4）旋转180°	
（5）移动X轴至坐标点	
（6）在【刀路】空白界面单击右键，单击【群组】，单击【新建机床群组】，单击【铣削】，单击【确定】	

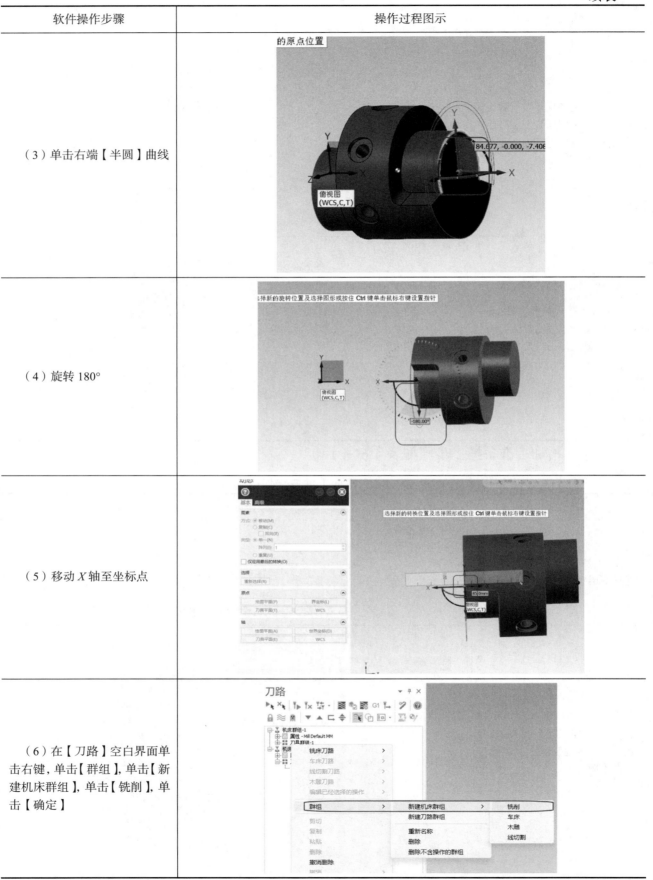

续表

软件操作步骤	操作过程图示
（7）单击加号新增层别【6】	
（8）在【线框】对话框单击【投影】选择线，单击【确定】	
（9）单击加号新增层别【7】	
（10）在【线框】对话框单击【所有曲线边缘】，选择曲面，单击【确定】	

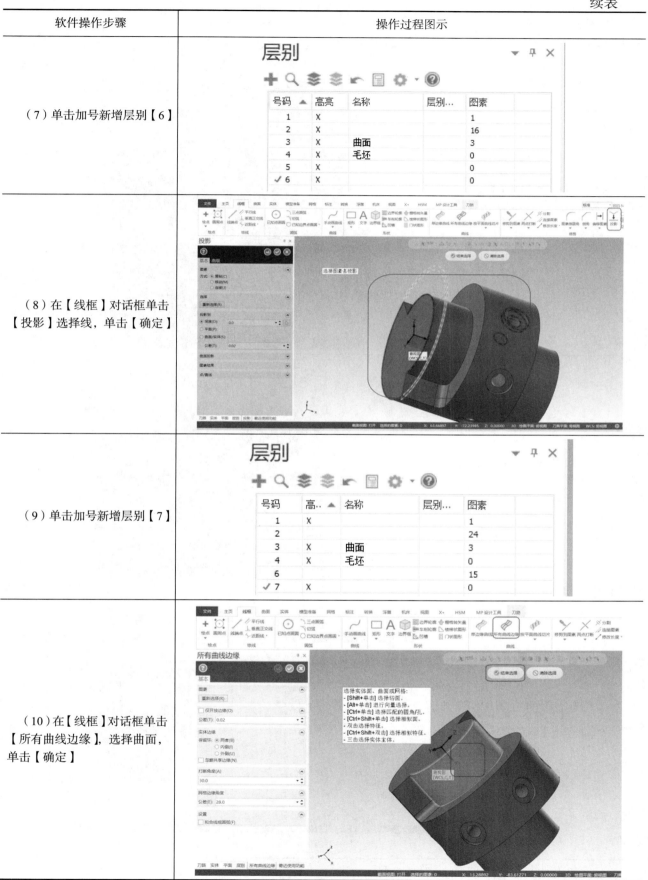

软件操作步骤	操作过程图示
（11）单击线，弹出对话框，单击【缠绕】	
（12）弹出对话框，选择曲线，单击【确定】	
（13）单击【角度】对话框输入"-90"，单击【确定】	

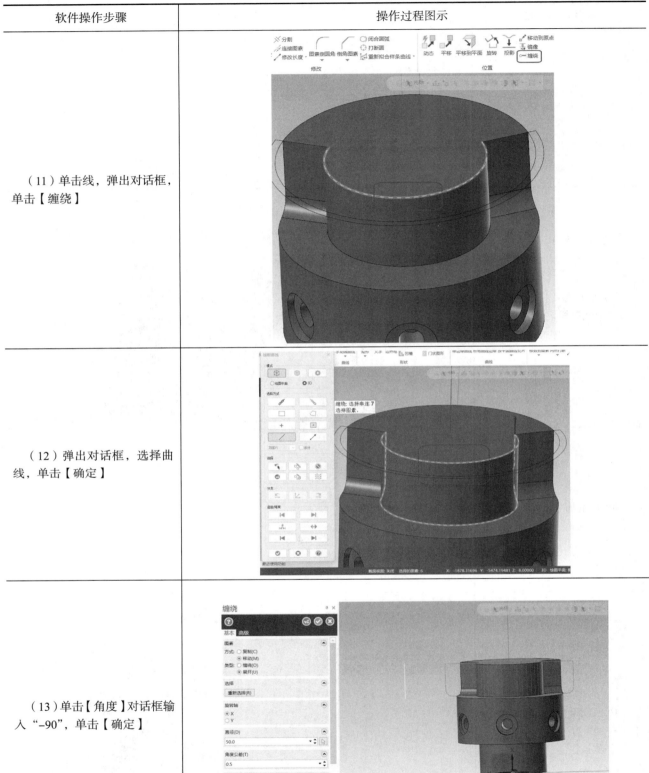

工序 3 槽加工操作步骤如表 4-7 所示。

表 4-7 槽加工操作步骤

软件操作步骤	操作过程图示
（1）单击【刀路】，单击【动态铣削】，弹出对话框单击【加工范围】	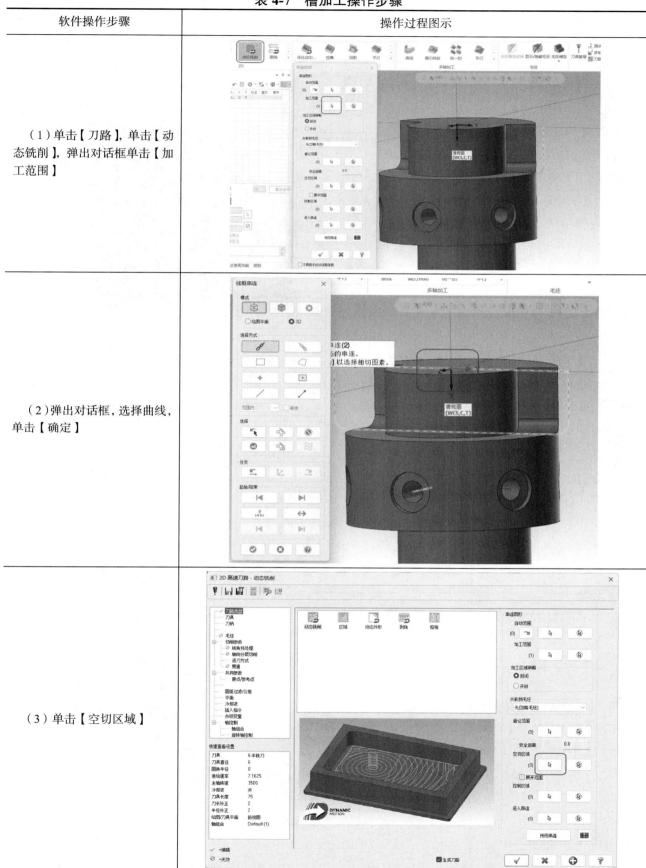
（2）弹出对话框，选择曲线，单击【确定】	
（3）单击【空切区域】	

续表

软件操作步骤	操作过程图示
（4）弹出对话框，单击【选择方式】中【单体】，单击线，单击【确定】	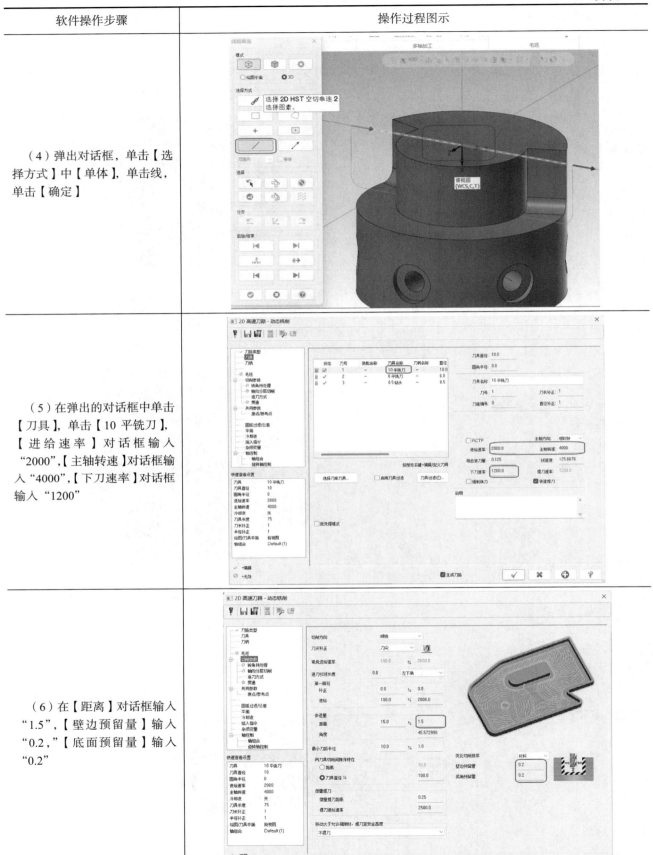
（5）在弹出的对话框中单击【刀具】，单击【10平铣刀】，【进给速率】对话框输入"2000"，【主轴转速】对话框输入"4000"，【下刀速率】对话框输入"1200"	
（6）在【距离】对话框输入"1.5"，【壁边预留量】输入"0.2"，【底面预留量】输入"0.2"	

续表

软件操作步骤	操作过程图示
（7）在【Z间距】对话框输入"1"，【进刀角度】对话框输入"1"	
（8）在【毛坯顶部】对话框输入"0"	
（9）在【切削公差】百分比对话框输入"50"，勾选【线/圆弧过滤设置】，单击【确定】	

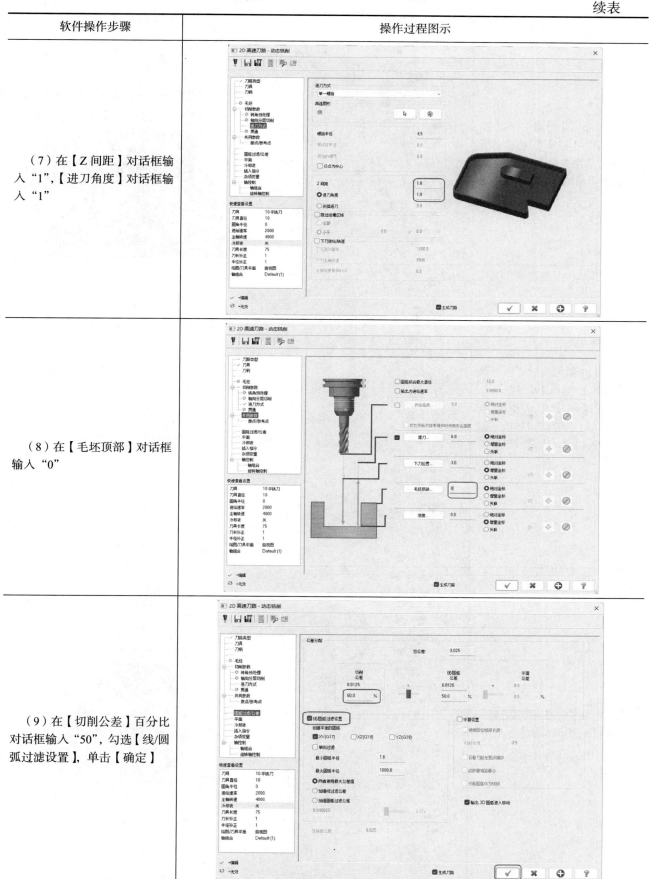

软件操作步骤	操作过程图示
（10）单击【刀路】，在【铣削】中单击【挖槽】，弹出对话框，在【适用方式】中单击【串连】，单击曲线，单击【确定】	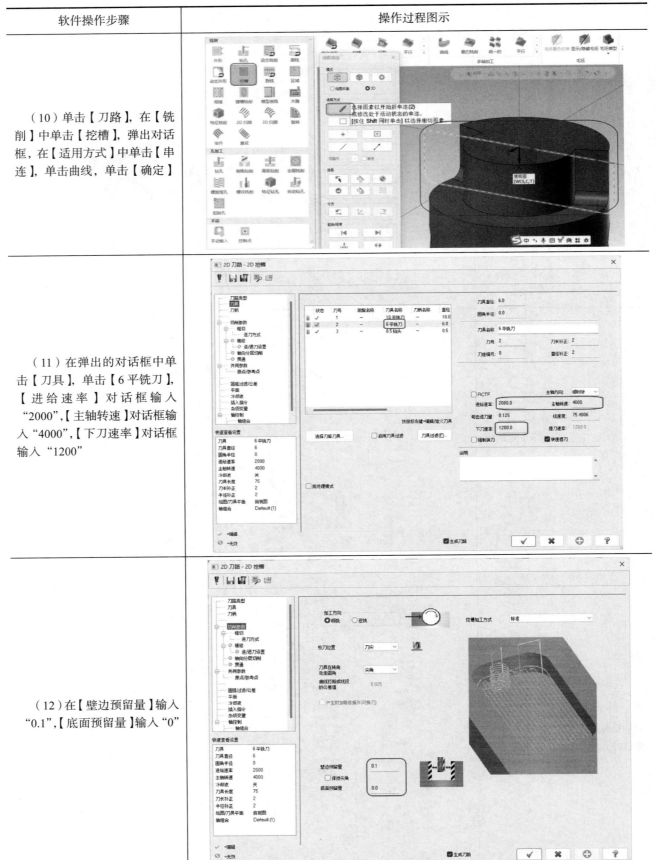
（11）在弹出的对话框中单击【刀具】，单击【6平铣刀】，【进给速率】对话框输入"2000"，【主轴转速】对话框输入"4000"，【下刀速率】对话框输入"1200"	
（12）在【壁边预留量】输入"0.1"，【底面预留量】输入"0"	

续表

软件操作步骤	操作过程图示
（13）在【切削间距】对话框输入"0.5"，【切削方式】单击【双向】，勾选【刀路最佳化】	
（14）在【最大半径】对话框输入"3"	
（15）取消【精修】	

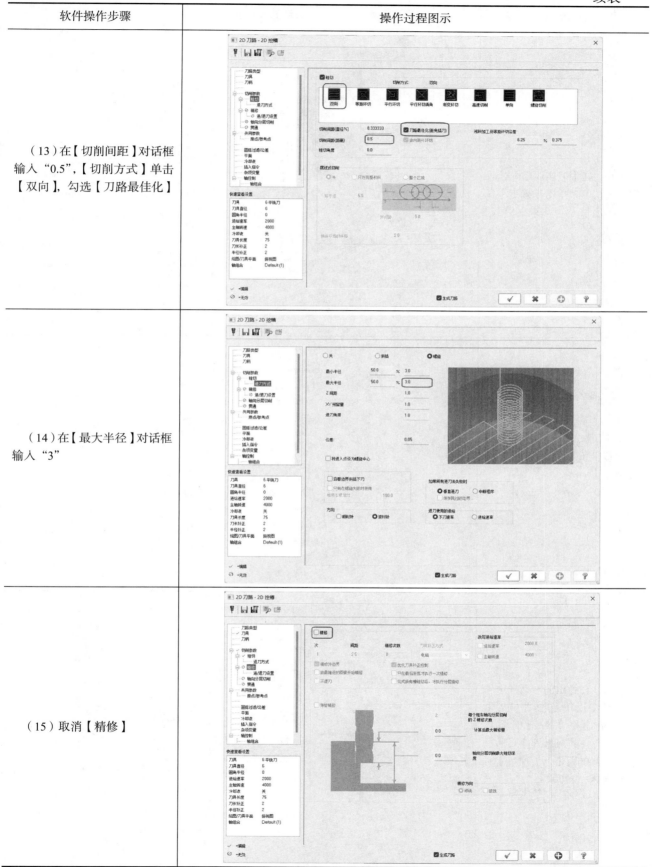

续表

软件操作步骤	操作过程图示
（16）在【毛坯顶部】对话框输入"0"，单击【确定】	
（17）在【刀路】中，单击【沿边】	
（18）在弹出的对话框中单击【刀具】，单击【6平铣刀】，【进给速率】对话框输入"2000"，【主轴转速】对话框输入"4000"，【下刀速率】对话框输入"1200"	

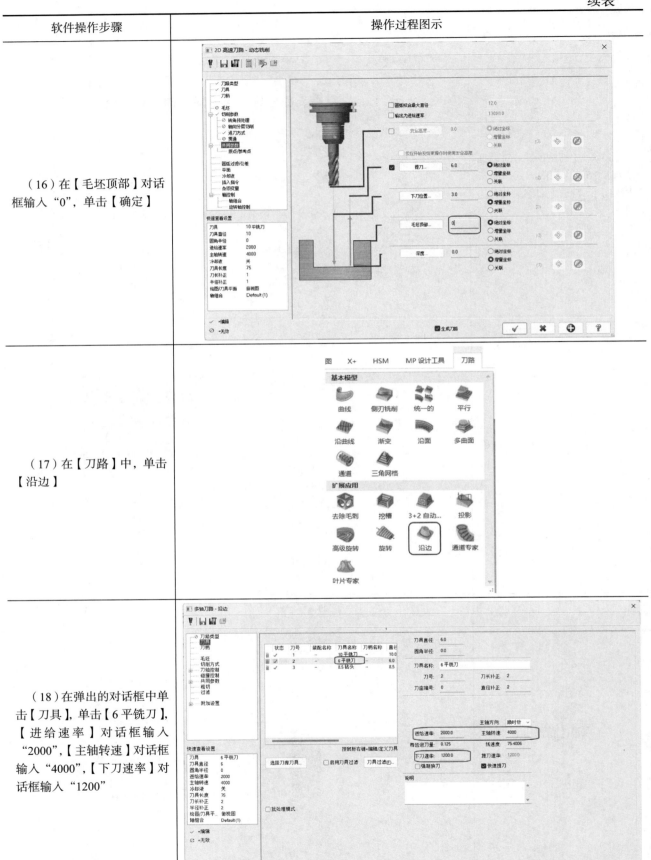

续表

软件操作步骤	操作过程图示
（19）单击按键	
（20）进入选取曲面界面，单击所需曲面，单击【确定】	
（21）勾选曲面，【预留量】对话框输入"0.02"，单击【补正曲面】，单击【确定】	
（22）单击【安全高度】对话框输入"120"，单击【确定】	

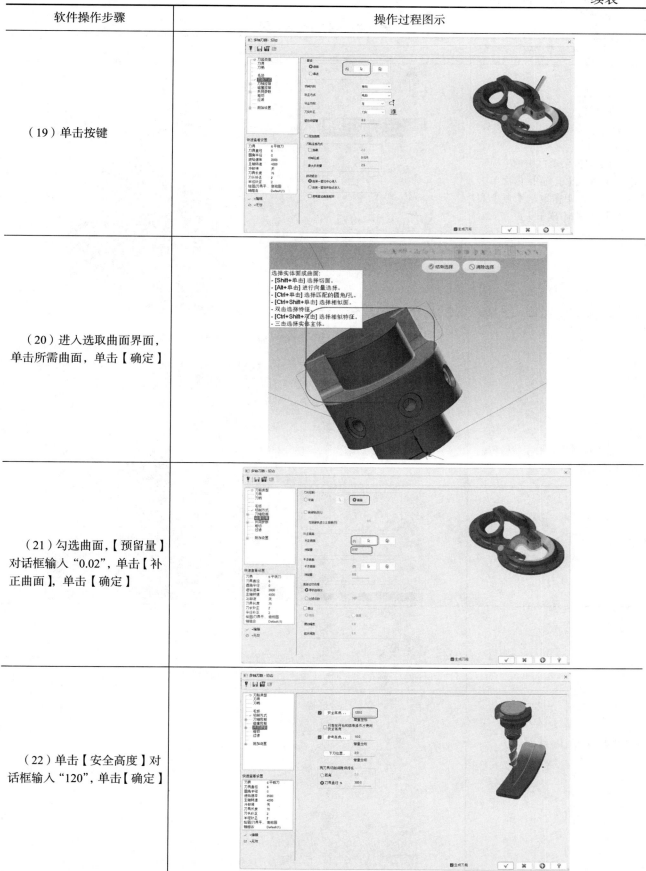

工序 4 转孔操作步骤如表 4-8 所示。

表 4-8 转孔操作步骤

软件操作步骤	操作过程图示
（1）单击菜单栏中的【模型准备】，单击【孔轴】，依次单击六个孔面，单击取消【点】和【圆】，单击【确定】	
（2）单击【外形】，选择线，单击【确定】	
（3）选择【6平铣刀】	

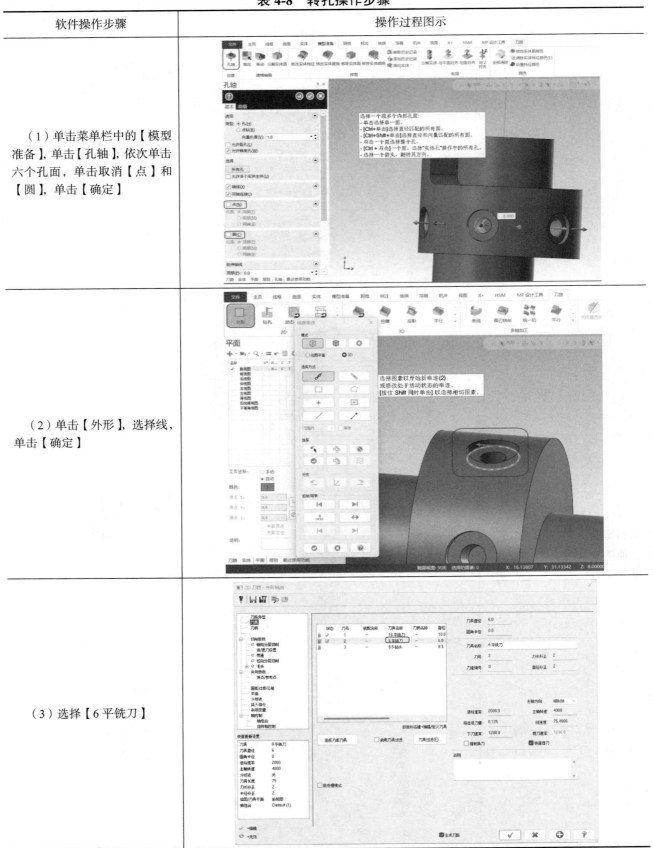

续表

软件操作步骤	操作过程图示
（4）单击【外形铣削方式】对话框，单击【斜插】，【斜插方式】选择【深度】，【斜插深度】对话框输入"1"，勾选【在最终深度处补平】，单击【确认】	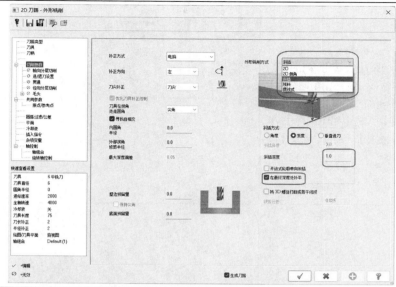
（5）单击【毛坯顶部】对话框输入"41"，单击【确定】	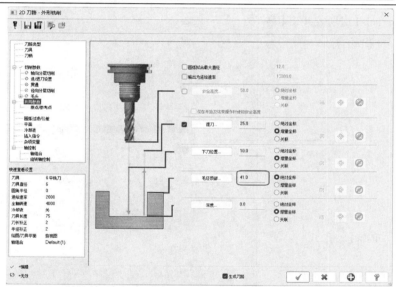
（6）在【刀路】中单击【刀路转换】，弹出界面，【类型】单击【旋转】，【方式】单击【刀具平面】并勾选【包括起点】，【来源】单击【NCI】，单击【复制原始操作】	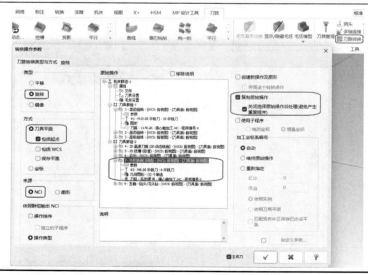

续表

软件操作步骤	操作过程图示
（7）单击【旋转】，单击【次】对话框输入"5"，【角度图标】对话框均输入"60"，勾选【旋转视图】，勾选【视图图标】，单击【右视图】，单击【确定】	
（8）单击【层别】，单击【高亮1】对话框	
（9）单击【钻孔】	
（10）框选六条线，单击【确定】	

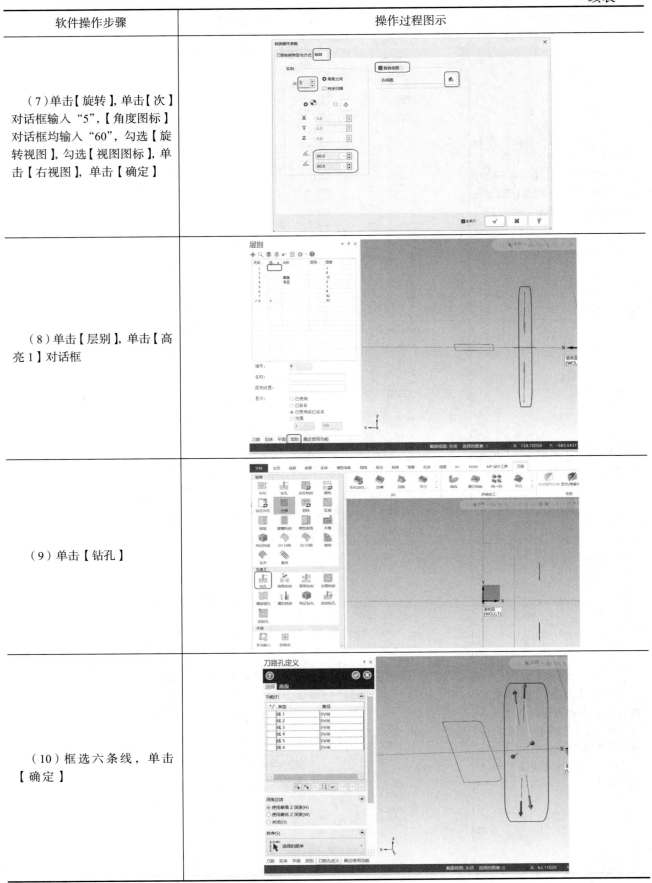

续表

软件操作步骤	操作过程图示
（11）单击【8.5钻头】，单击【进给速率】对话框输入"84.72"，【主轴转速】对话框输入"706"	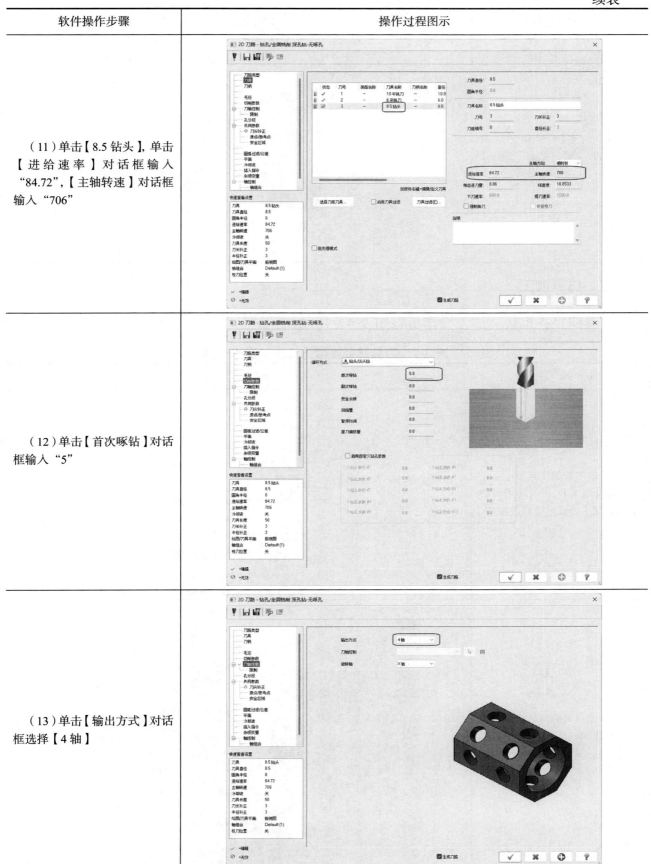
（12）单击【首次啄钻】对话框输入"5"	
（13）单击【输出方式】对话框选择【4轴】	

续表

软件操作步骤	操作过程图示
（14）勾选【安全高度】，对话框输入"40"，单击【确认】	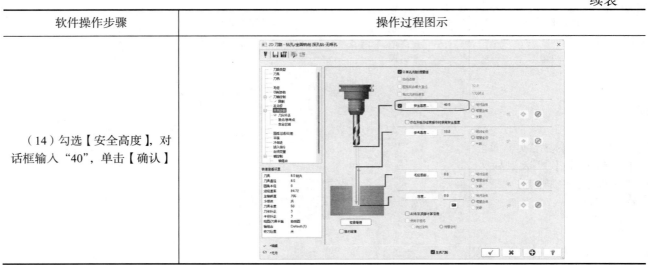

三、仿真加工

刀具路径模拟仿真加工操作步骤如表 4-9 所示。

表 4-9　刀具路径模拟仿真加工操作步骤

软件操作步骤	操作过程图示
（1）单击辅助工具栏左下角【刀路】选项卡，单击【刀具群组】，单击【验证已选择的操作】	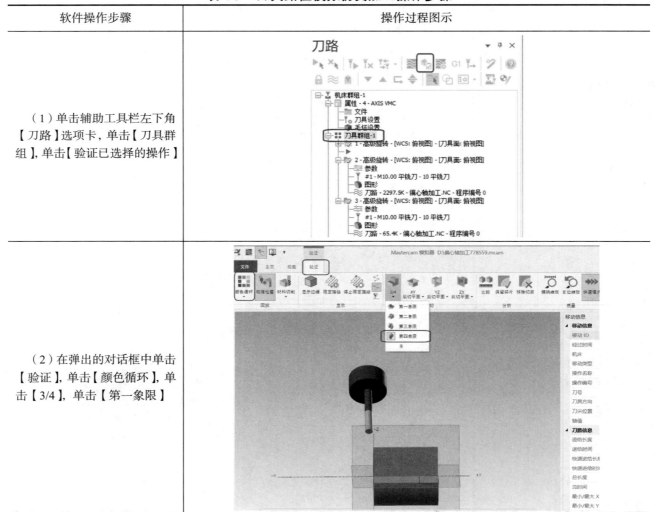
（2）在弹出的对话框中单击【验证】，单击【颜色循环】，单击【3/4】，单击【第一象限】	

续表

软件操作步骤	操作过程图示
（3）单击模拟播放工具条中【下一个操作】，完成工序1模拟	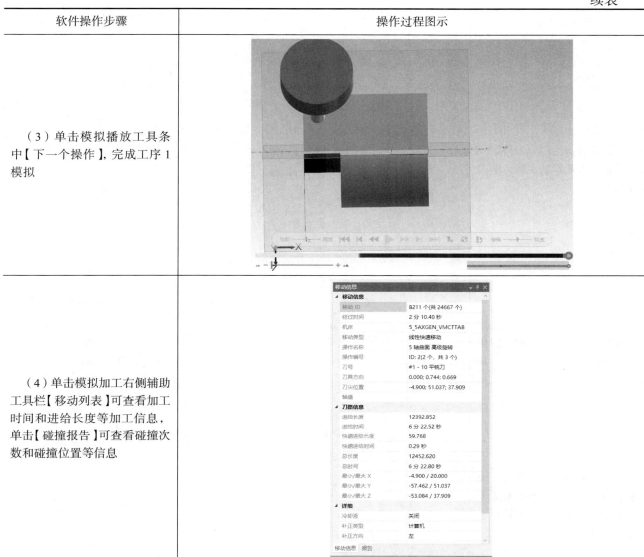
（4）单击模拟加工右侧辅助工具栏【移动列表】可查看加工时间和进给长度等加工信息，单击【碰撞报告】可查看碰撞次数和碰撞位置等信息	

四、后置处理

NC 程序后置处理操作步骤如表 4-10 所示。

表 4-10　NC 程序后置处理操作步骤

软件操作步骤	操作过程图示
（1）单击辅助工具栏左下角的【刀路】选项卡，单击【刀具群组】，单击【G1】	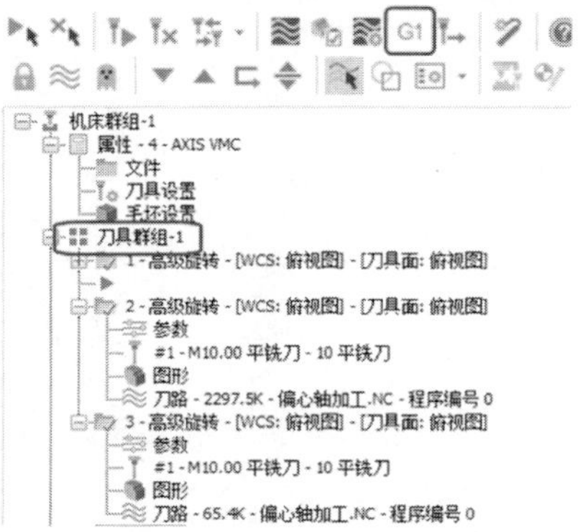

续表

软件操作步骤	操作过程图示
（2）在弹出的【后处理程序】对话框，按照默认参数，单击【确定】	
（3）在弹出的对话框中选择保存地址，更改【文件名】，单击【保存】	
（4）在弹出的对话框中，根据机床系统实际情况作适当修改，然后单击【保存】，单击【关闭】	

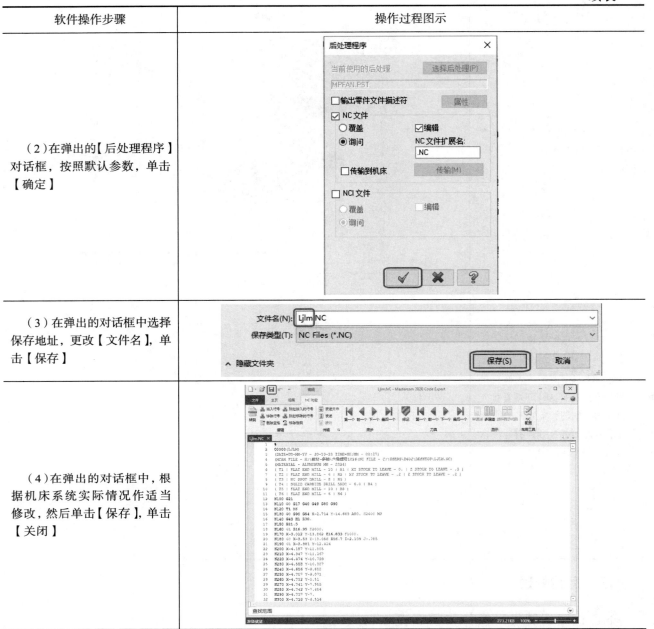

评价单

完成本模块的三个任务后,应做到:
① 根据零件图样及技术要求完成工艺卡的正确编写。
② 工装夹具设计的选择与设计。
③ 能使用 Mastercam 软件编写典型零件的加工程序。
④ 能完成零件的程序验证仿真。

模块四　评价单

项目	任务内容	分值	自评	教师评价
专业能力	零件分析(课前预习)	10		
	工艺卡编写	10		
	夹具选择	10		
	程序的编写	10		
	合理的切削参数	10		
	程序的正确仿真	10		
关键能力	遵守课堂纪律	10		
	积极主动学习	10		
	团队协作能力	10		
	安全意识强	10		
合计		100		

综合评价: _____	评价等级: A:优秀(85~100分);B:良好(70~84分);C:一般(60~69分)

检查评价	教师评语:			
	评定等级		日期	
	学生签字		教师签字	

注:评定等级为优、良、一般。

拓展提升

1. 编写图 4-2~图 4-4 零件的工艺卡。
2. 以本模块案例为参考，完成图 4-2~图 4-4 零件的程序，并完成程序的仿真验证。

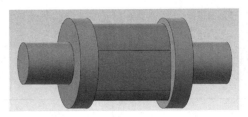

图 4-2　凸轮

图 4-3　把手

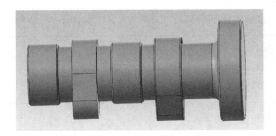

图 4-4　凸轮轴

模块四　拓展提升模型

模块五

圆柱凸轮四轴加工

学习目标

技能目标：
1. 能运用 Mastercam 软件完成圆柱凸轮的编程与仿真加工。
2. 能操作四轴机床完成圆柱凸轮零件加工。

知识目标：
1. 掌握 Mastercam 软件的基本操作指令的使用。
2. 掌握外形、挖槽的粗、精加工刀路创建和参数设置。
3. 掌握模拟仿真加工的操作步骤。
4. 掌握 NC 程序后置处理操作步骤。

素养目标：
1. 培养创新意识和工匠精神。
2. 培养实践操作能力和团队协作能力。
3. 培养综合职业素养。

图 5-1 圆柱凸轮零件

模块描述

学生以 MC 数控程序员的身份进入企业制造部门，根据如图 5-1 所示的典型零件，单件生产，铝合金材质。根据图样要求制订合理的工艺路线，应用 Mastercam 软件创建动态铣削、区域加工、槽加工、槽壁加工，设置必要且合理的加工参数，生成刀具路径，检查刀具路径是否合理、正确，并对操作过程中存在的问题进行研讨和交流，通过相应的后处理生成数控加工程序，并运用机床加工零件。

任务一 加工工艺分析

一、零件技术要求及毛坯

圆柱凸轮采用 ϕ100mm×85mm 的 2A12 铝合金，在普通车床上加工 ϕ96mm×80mm 的圆

柱。在四轴机床上加工凸轮，凸轮表面粗糙度值为 Ra3.6μm，其他表面粗糙度值为 Ra6.3μm。

二、零件图分析

该零件是回转体圆柱 ϕ96mm×80mm，圆柱面上有 3 个 20mm×4mm、10mm×10mm、9mm×5mm 的槽。

三、工艺分析

该零件对圆柱凸轮的尺寸精度和表面粗糙度要求较高，铣削加工时须保证较高的圆柱度，在四轴机床上加工效果较好。通过以上分析，决定在四轴机床上用三爪卡盘装夹加工。

1. 定位基准的确定

工件坐标系选择在圆柱凸轮上端圆柱面右端中心处，即将 Y、Z 选择在工件的中心，将 X 选择在圆柱凸轮轴心上，方向从上往下。

2. 加工难点

① CAM 软件的 2D 动态编程。
② CAM 软件的轮廓壁边加工编程。
③ 槽壁公差为 0.033mm 的尺寸精度。

3. 加工方案

① 粗加工左端轮廓。
② 粗加工左端槽。
③ 粗加工右轮廓。
④ 精加工左端轮廓底面。
⑤ 精加工左端轮廓壁边。
⑥ 精加工槽底。
⑦ 精加工槽壁。
⑧ 精加工右端。

4. 加工工艺卡片

加工工艺卡片如表 5-1 所示。

表 5-1 加工工艺卡片

序号	工步	刀具名称	规格	主轴转速/（r/min）	进给速度/（mm/min）	备注
1	粗加工左端轮廓	平底铣刀	ϕ8	3200	2000	
2	粗加工左端槽	平底铣刀	ϕ8	3200	2000	
3	粗加工右轮廓	平底铣刀	ϕ8	3200	2000	
4	精加工左端轮廓底面	平底铣刀	ϕ8	4800	2000	
5	精加工左端轮廓壁边	平底铣刀	ϕ8	4800	2000	
6	精加工槽底	平底铣刀	ϕ8	4800	2000	
7	精加工槽壁	平底铣刀	ϕ8	4800	2000	
8	精加工右端	平底铣刀	ϕ8	4800	2000	

任务二 圆柱凸轮编程加工

一、加工准备

零件加工前各项设置操作步骤如表 5-2 所示。

表 5-2 零件加工前各项设置操作步骤

软件操作步骤	操作过程图示
（1）新建层别：单击左侧功能区【层别】，在切换的显示页面单击【+】，勾选新建层别"3"	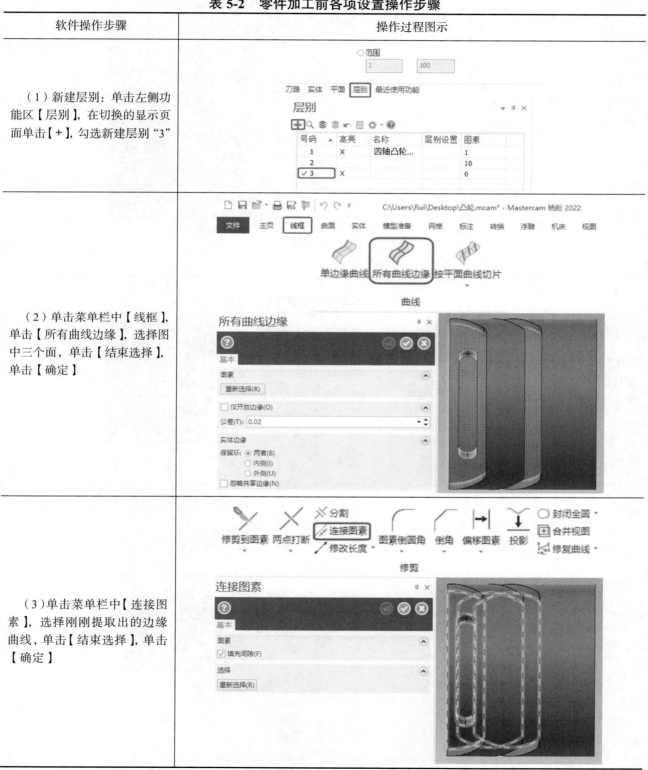
（2）单击菜单栏中【线框】，单击【所有曲线边缘】，选择图中三个面，单击【结束选择】，单击【确定】	
（3）单击菜单栏中【连接图素】，选择刚刚提取出的边缘曲线，单击【结束选择】，单击【确定】	

续表

软件操作步骤	操作过程图示
（4）单击菜单栏中【转换】，单击【缠绕】，选择方式【串连】，选择曲线，单击【确定】	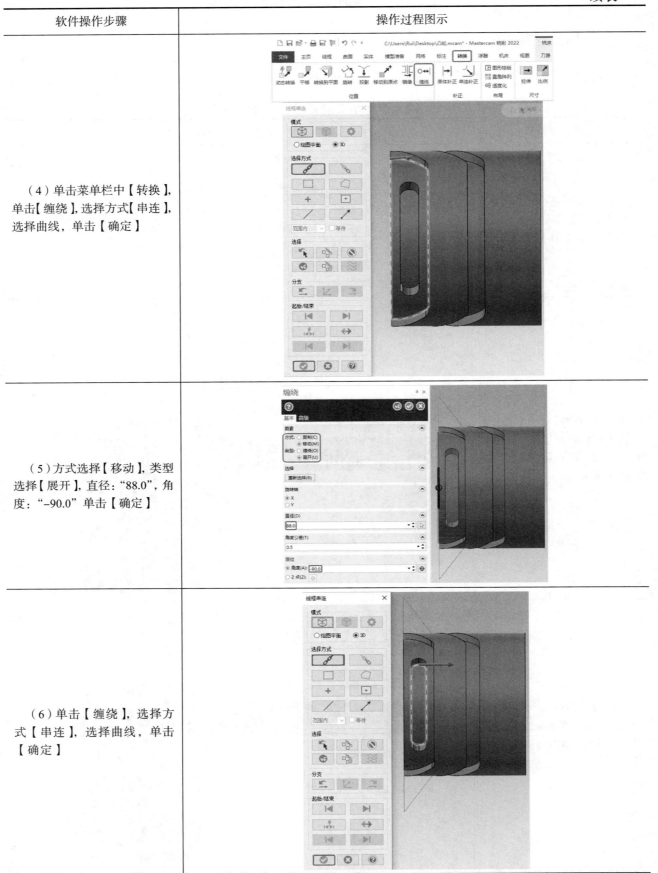
（5）方式选择【移动】，类型选择【展开】，直径："88.0"，角度："-90.0"单击【确定】	
（6）单击【缠绕】，选择方式【串连】，选择曲线，单击【确定】	

软件操作步骤	操作过程图示
（7）方式选择【移动】，类型选择【展开】，直径："76.0"，角度："-90.0"，单击【确定】	
（8）单击【缠绕】，选择方式【串连】，选择曲线，单击【确定】	
（9）方式选择【移动】，类型选择【展开】，直径："86.0"，角度："-90.0"，单击【确定】	

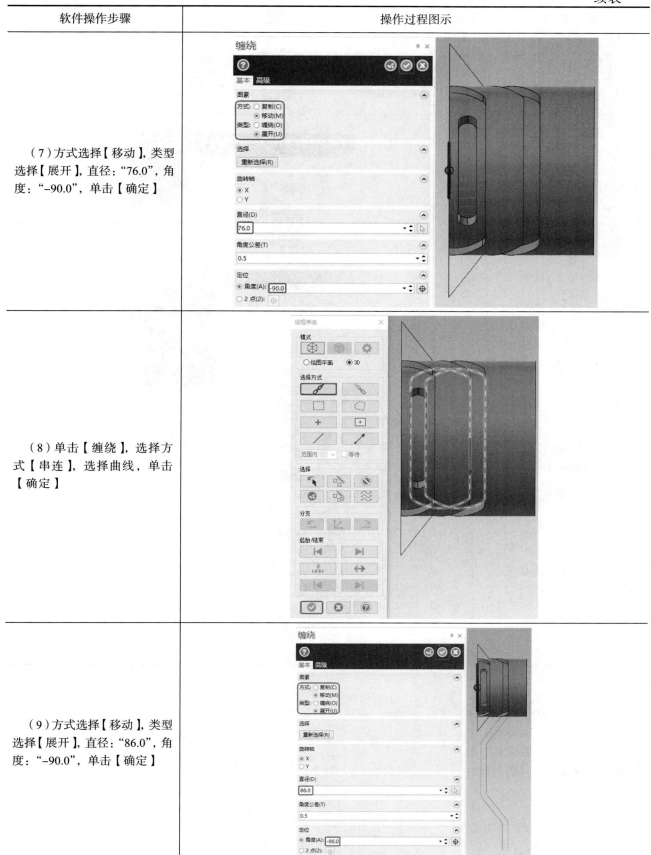

续表

软件操作步骤	操作过程图示
（10）单击菜单栏中的【线框】，单击【修改长度】	
（11）类型选择【加长】，距离："2.0"，选择两条边线，单击【确定】	
（12）单击【线端点】，两条边线相连，选中原来的线，按键盘上的【Delete】	
（13）单击【机床】，单击【铣床】，选择四轴机床	
（14）单击左侧功能区【刀路】，单击【毛坯设置】	
（15）形状选择【圆柱体】，轴向选择【X】，单击【所有实体】，单击【确定】	

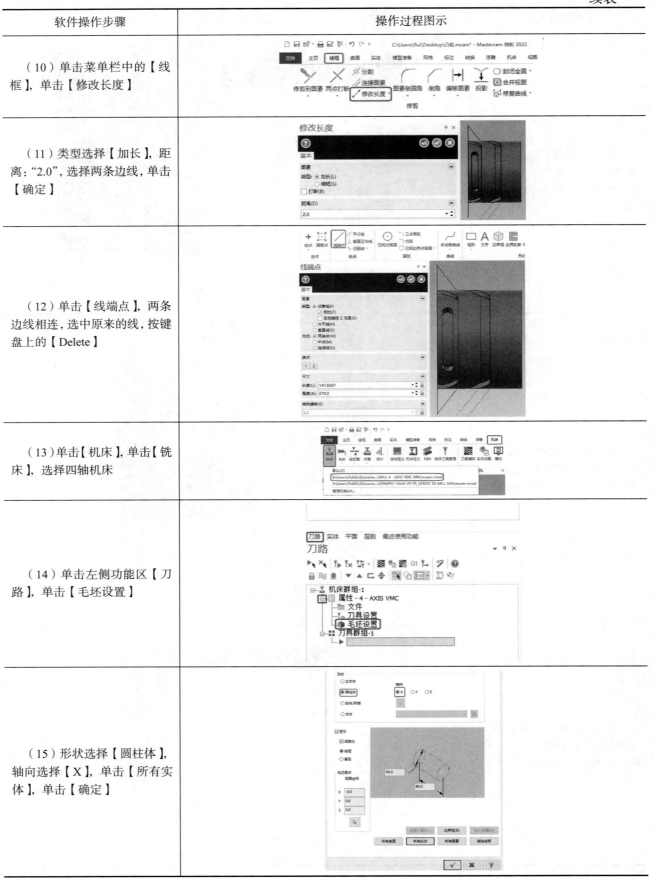

二、创建加工刀具路径

工序 1 粗加工左端轮廓操作步骤如表 5-3 所示。

表 5-3　粗加工左端轮廓操作步骤

软件操作步骤	操作过程图示
（1）单击【动态铣削】，单击【加工范围】	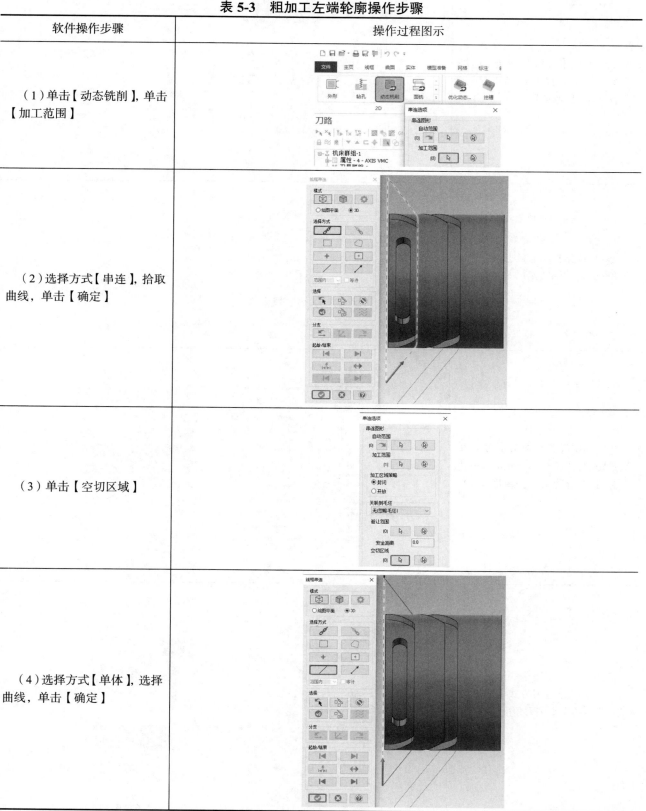
（2）选择方式【串连】，拾取曲线，单击【确定】	
（3）单击【空切区域】	
（4）选择方式【单体】，选择曲线，单击【确定】	

续表

软件操作步骤	操作过程图示
（5）单击【刀具】，单击【选择刀库刀具】，选择【217-8.0，平铣刀】，单击【确定】	
（6）单击【刀具】，进给速率："900.0"，主轴转速："3200.0"	
（7）单击【切削参数】，更改步进量距离："12.5" % "1.0"，壁边预留量："0.1"，底面预留量："0.1"	
（8）单击【进刀方式】，Z间距："1.0"，选择【进刀角度】："1.0"	

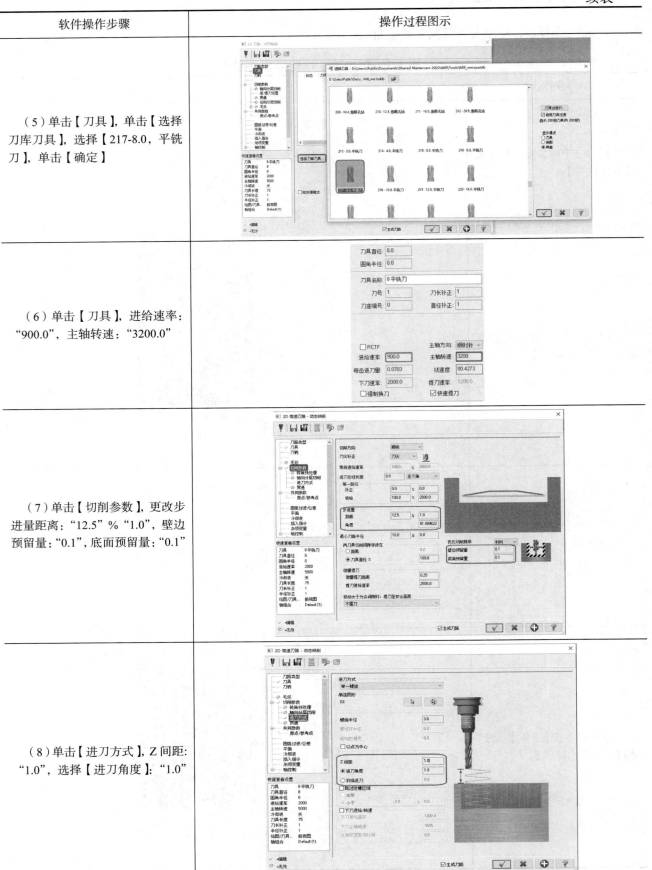

续表

软件操作步骤	操作过程图示
（9）单击【共同参数】，提刀："6.0"，下刀位置："3.0"，毛坯顶部："0.0"，深度："0.0"	
（10）单击【圆弧过滤/公差】，切削公差："50.0"，勾选【线/圆弧过滤设置】	
（11）单击【旋转轴控制】，旋转方式选择【替换轴】，替换轴选择【替换 Y 轴】，旋转方向选择【顺时针】，旋转直径："88"，单击【确定】	

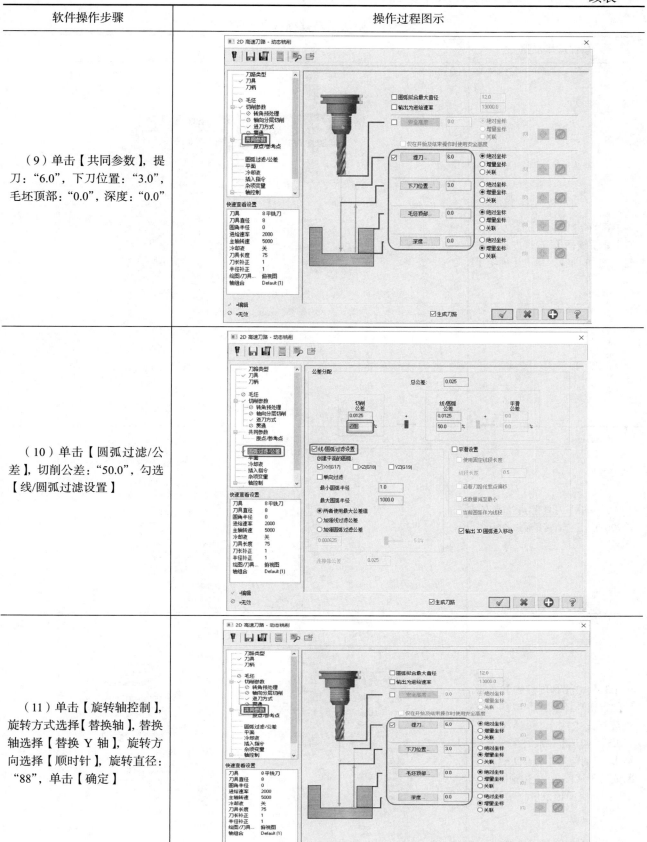

工序 2 粗加工左端槽，操作步骤如表 5-4 所示。

表 5-4 粗加工左端槽操作步骤

软件操作步骤	操作过程图示
（1）单击【外形】，下方状态栏【显示线框】，选择方式【串连】，选择曲线，单击【确定】	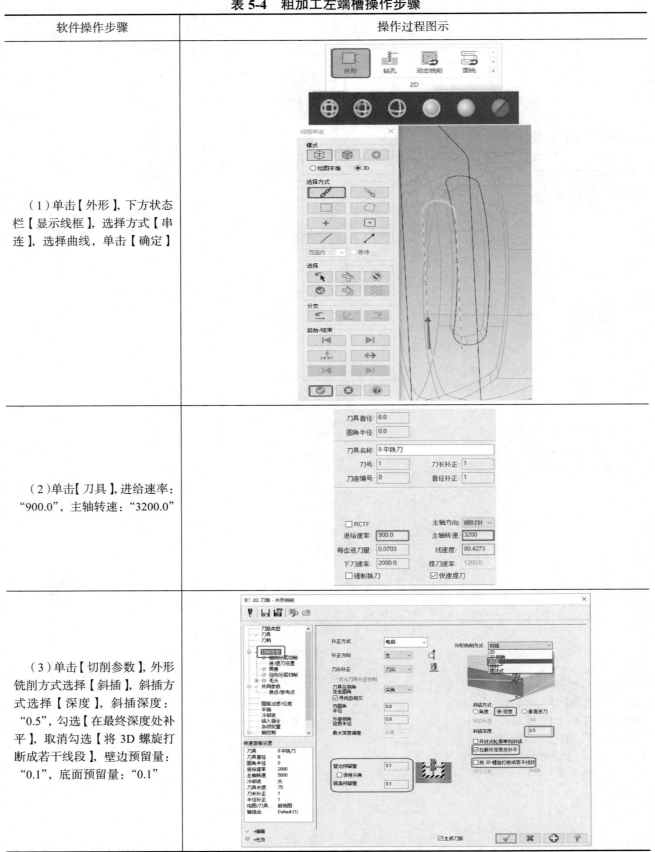
（2）单击【刀具】，进给速率："900.0"，主轴转速："3200.0"	
（3）单击【切削参数】，外形铣削方式选择【斜插】，斜插方式选择【深度】，斜插深度："0.5"，勾选【在最终深度处补平】，取消勾选【将 3D 螺旋打断成若干线段】，壁边预留量："0.1"，底面预留量："0.1"	

续表

软件操作步骤	操作过程图示
（4）单击【共同参数】，毛坯顶部："7.0"，深度："-6.0"	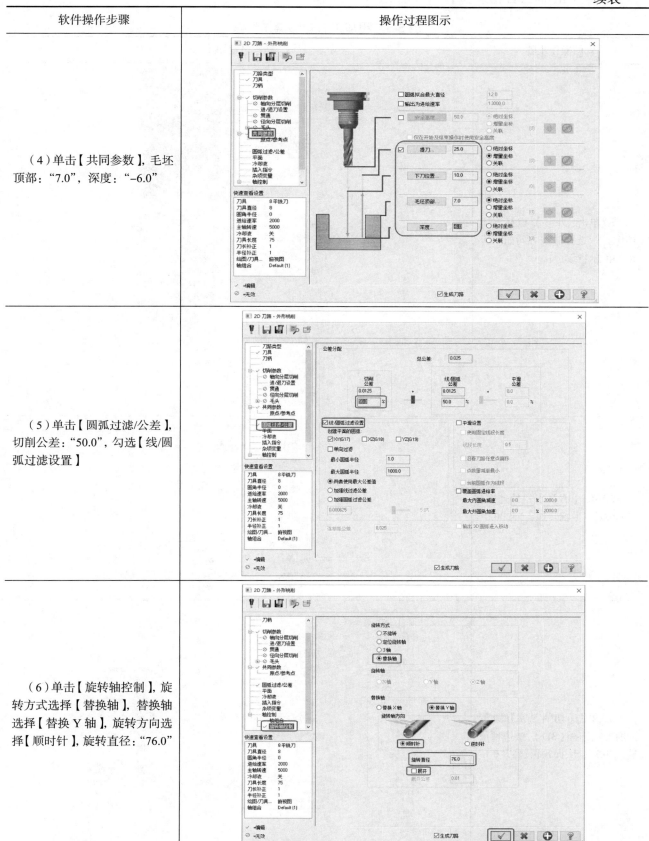
（5）单击【圆弧过滤/公差】，切削公差："50.0"，勾选【线/圆弧过滤设置】	
（6）单击【旋转轴控制】，旋转方式选择【替换轴】，替换轴选择【替换Y轴】，旋转方向选择【顺时针】，旋转直径："76.0"	

工序 3 粗加工右轮廓操作步骤如表 5-5 所示。

表 5-5 粗加工右轮廓操作步骤

软件操作步骤	操作过程图示
（1）单击【外形】，选择方式【串连】，选择曲线方向如图所示，单击【确定】	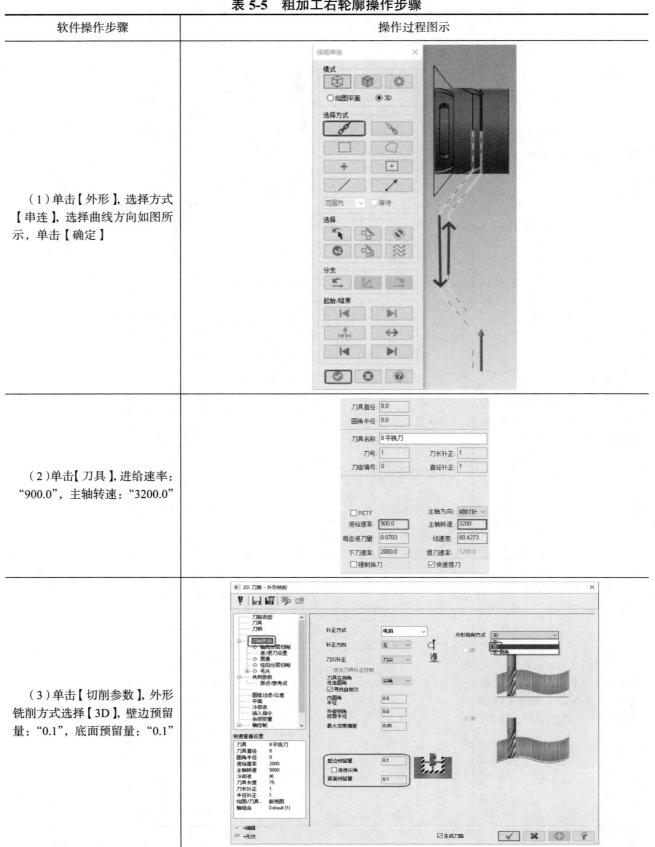
（2）单击【刀具】，进给速率："900.0"，主轴转速："3200.0"	
（3）单击【切削参数】，外形铣削方式选择【3D】，壁边预留量："0.1"，底面预留量："0.1"	

续表

软件操作步骤	操作过程图示
（4）单击【轴向分层切削】，勾选【轴向分层切削】，最大粗切步进量："0.5"	
（5）单击【进/退刀设置】，关闭【进/退刀设置】	
（6）单击【共同参数】，提刀："25.0"，下刀位置："10.0"，毛坯顶部："7.0"，深度："0.0"	

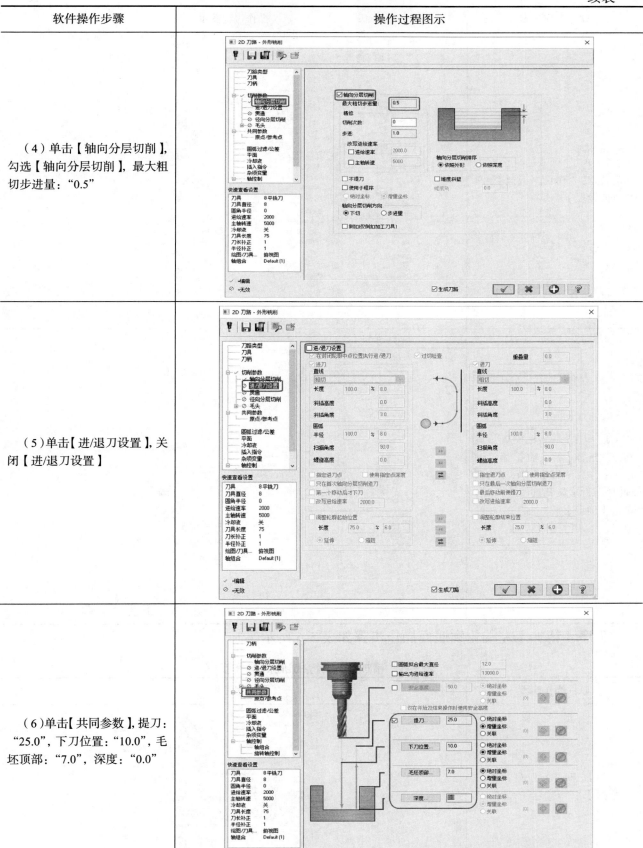

续表

软件操作步骤	操作过程图示
（7）单击【圆弧过滤/公差】，切削公差："50.0"，勾选【线/圆弧过滤设置】	
（8）单击【旋转轴控制】，旋转方式选择【替换轴】，替换轴选择【替换Y轴】，旋转方向选择【顺时针】，旋转直径："86.0"，单击【确定】	

工序 4 精加工左端轮廓底面操作步骤如表 5-6 所示。

表 5-6 精加工左端轮廓底面操作步骤

软件操作步骤	操作过程图示
（1）展开 2D 刀路，单击【挖槽】	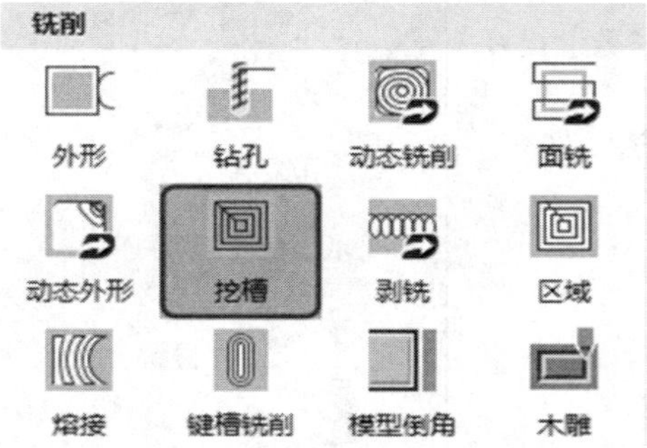

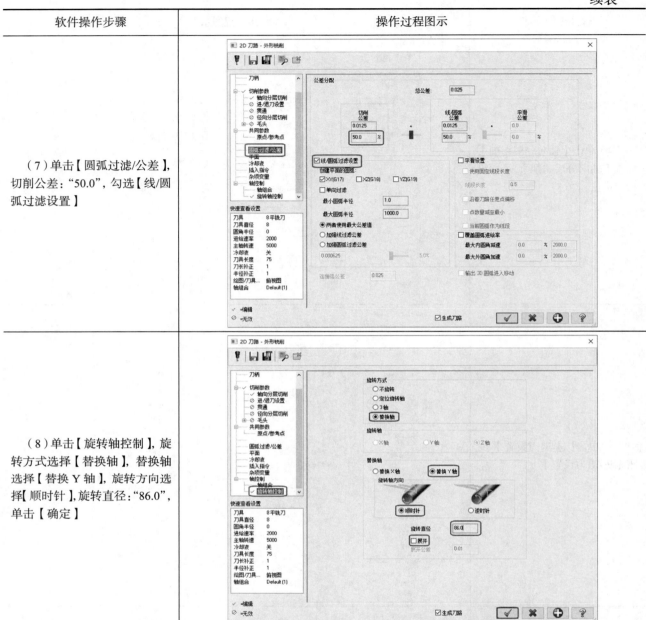

续表

软件操作步骤	操作过程图示
（2）选择方式【串连】，选择曲线，单击【确定】	
（3）单击【刀具】，进给速率："800.0"，主轴转速："4000.0"	
（4）单击【切削参数】，壁边预留量："0.1"，底面预留量："0.0"	

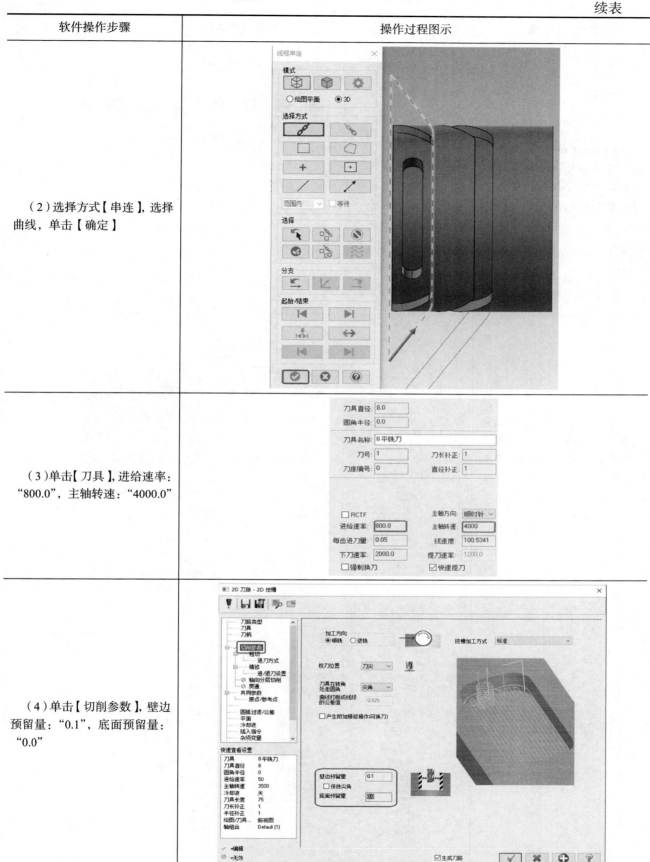

续表

软件操作步骤	操作过程图示
（5）单击【粗切】，切削方式选择【双向】，切削间距（直径%）："6.25"，勾选【刀路最佳化（避免插刀）】	
（6）单击【进刀方式】，选择【螺旋】，最小半径："43.75" % "3.5"，最大半径："50.0" % "4.0"	
（7）单击【精修】，取消勾选【精修】	

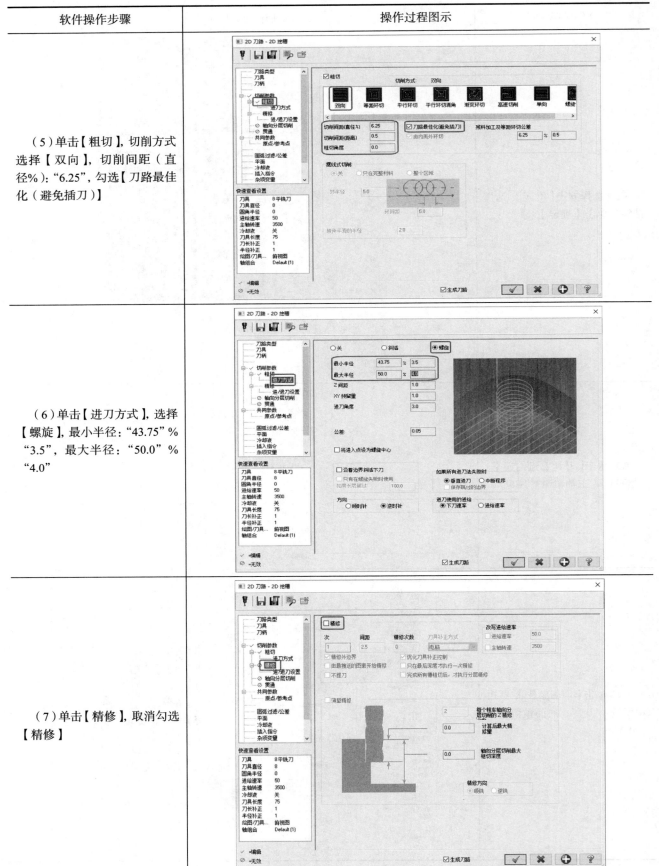

续表

软件操作步骤	操作过程图示
（8）单击【共同参数】，提刀："25.0"，下刀位置："10.0"，毛坯顶部："0.0"，深度："0.0"	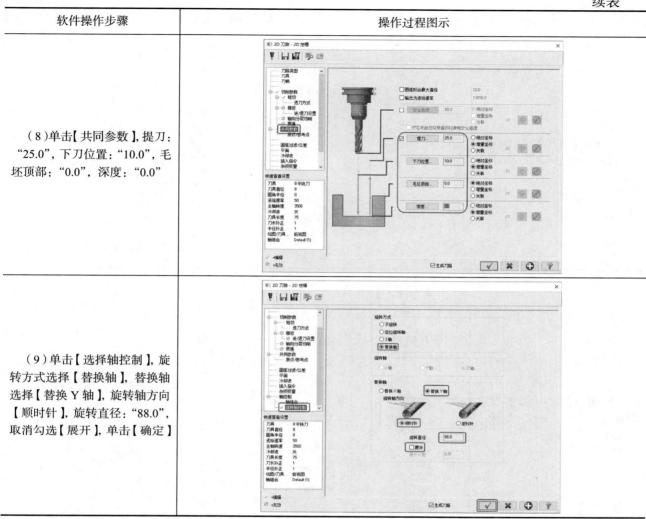
（9）单击【选择轴控制】，旋转方式选择【替换轴】，替换轴选择【替换Y轴】，旋转轴方向【顺时针】，旋转直径："88.0"，取消勾选【展开】，单击【确定】	

工序 5 精加工左端轮廓壁边操作步骤如表 5-7 所示。

表 5-7　精加工左端轮廓壁边操作步骤

软件操作步骤	操作过程图示
（1）单击【外形】，选择方式【部分串连】，选择曲线，单击【确定】	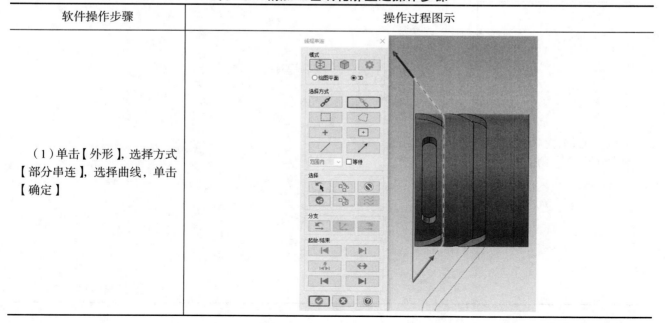

续表

软件操作步骤	操作过程图示
（2）单击【刀具】，进给速率："800.0"，主轴转速："4000.0"	
（3）单击【切削参数】，壁边预留量："0.0"，底面预留量："0.02"	
（4）单击【轴向分层切削】，取消【轴向分层切削】	

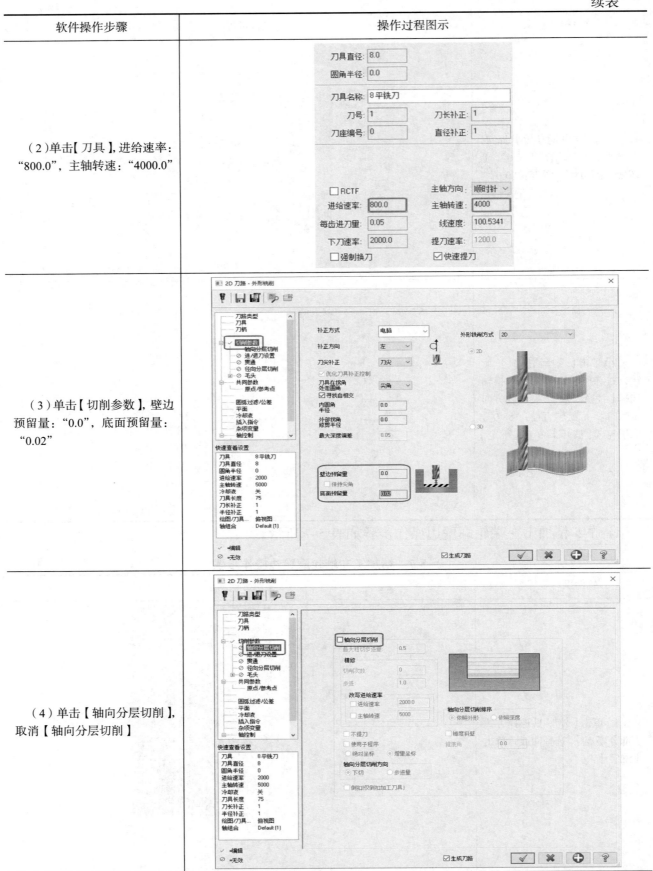

续表

软件操作步骤	操作过程图示
（5）单击【共同参数】，毛坯顶部："6.0"	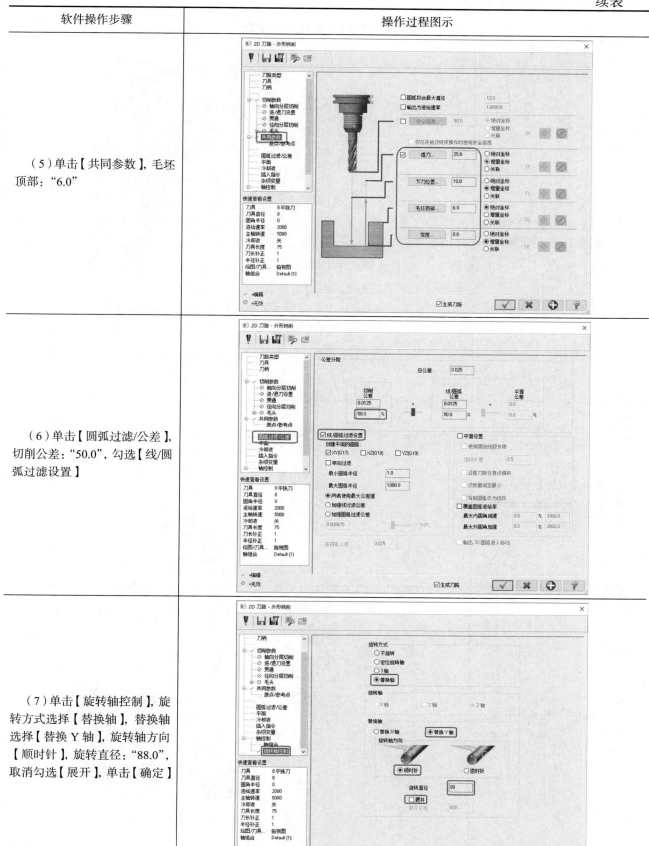
（6）单击【圆弧过滤/公差】，切削公差："50.0"，勾选【线/圆弧过滤设置】	
（7）单击【旋转轴控制】，旋转方式选择【替换轴】，替换轴选择【替换Y轴】，旋转轴方向【顺时针】，旋转直径："88.0"，取消勾选【展开】，单击【确定】	

工序 6 精加工槽底操作步骤如表 5-8 所示。

表 5-8 精加工槽底操作步骤

软件操作步骤	操作过程图示
（1）单击【外形】，下方状态栏更改【显示线框】，选择方式【串连】，选择曲线，单击【确定】	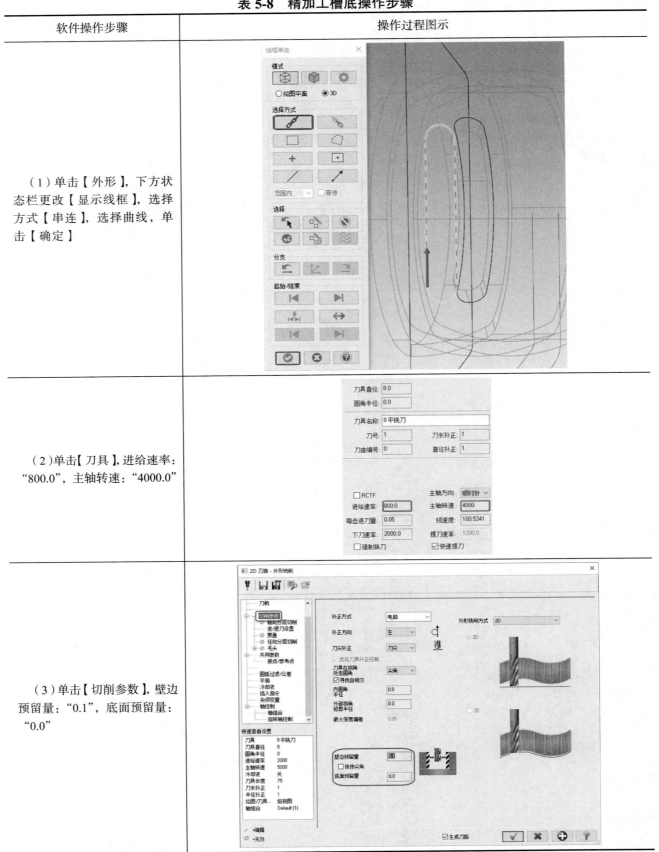
（2）单击【刀具】，进给速率："800.0"，主轴转速："4000.0"	
（3）单击【切削参数】，壁边预留量："0.1"，底面预留量："0.0"	

续表

软件操作步骤	操作过程图示
（4）单击【进/退刀设置】，勾选【进/退刀设置】，直线长度："0.2"，圆弧半径："0.2"，单击右三角将进刀复制到退刀	
（5）单击【共同参数】，提刀："25.0"，下刀位置："10.0"，毛坯顶部："6.0"，深度："-6.0"	
（6）单击【圆弧过滤/公差】，切削公差："50.0"，勾选【线/圆弧过滤设置】	

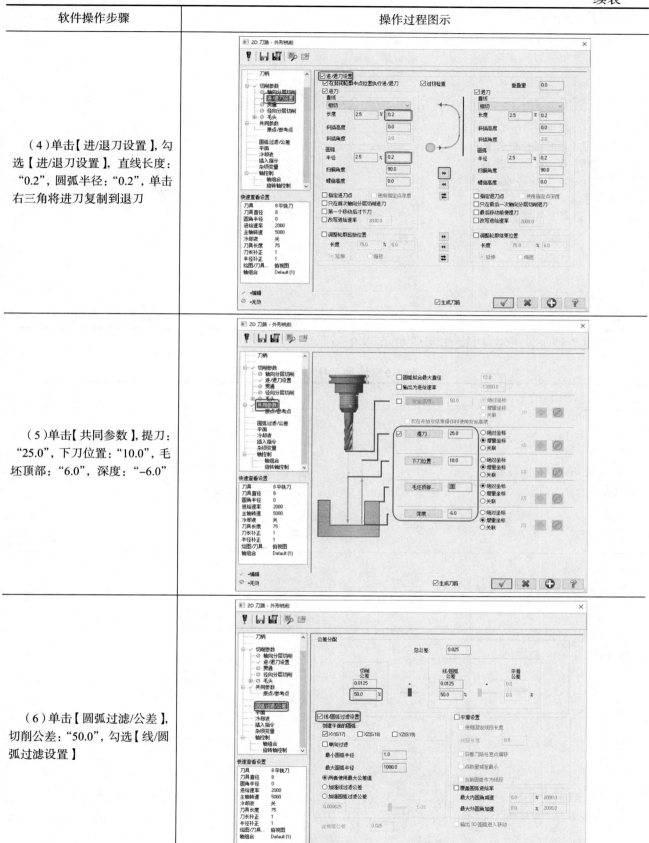

软件操作步骤	操作过程图示
（7）单击【旋转轴控制】，旋转方式选择【替换轴】，替换轴选择【替换Y轴】，旋转轴方向【顺时针】，旋转直径："76.0"，取消勾选【展开】，单击【确定】	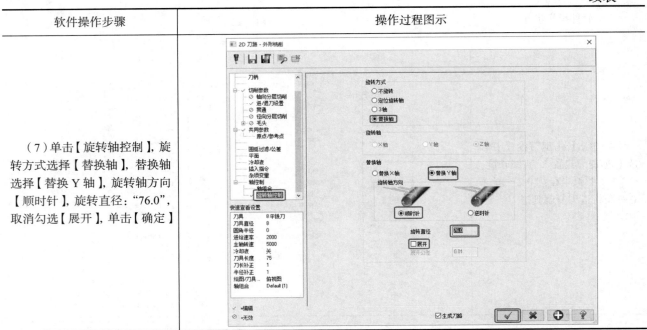

工序 7 精加工槽壁边操作步骤如表 5-9 所示。

表 5-9　精加工槽壁边操作步骤

软件操作步骤	操作过程图示
（1）展开多轴加工，单击【沿边】	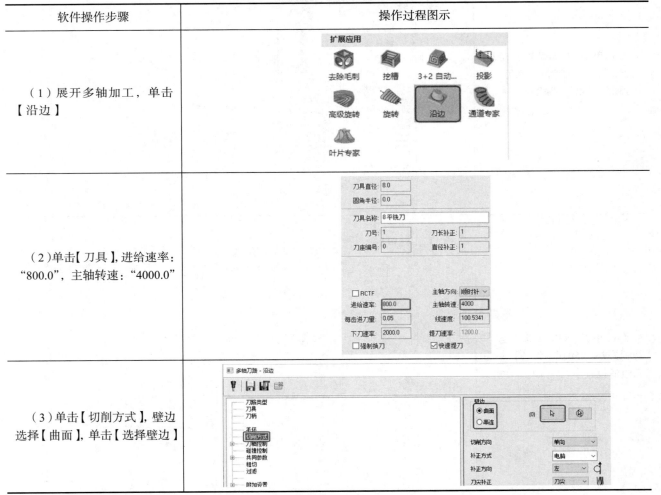
（2）单击【刀具】，进给速率："800.0"，主轴转速："4000.0"	
（3）单击【切削方式】，壁边选择【曲面】，单击【选择壁边】	

续表

软件操作步骤	操作过程图示
（4）如图所示选择六个曲面，单击【结束选择】，选择第一曲面	
（5）单击【碰撞控制】，单击【补正曲面】	
（6）选择补正曲面，单击【结束选择】	
（7）单击【共同参数】，安全高度："100.0"，参考高度："10.0"，下刀位置："2.0"，单击【确定】	

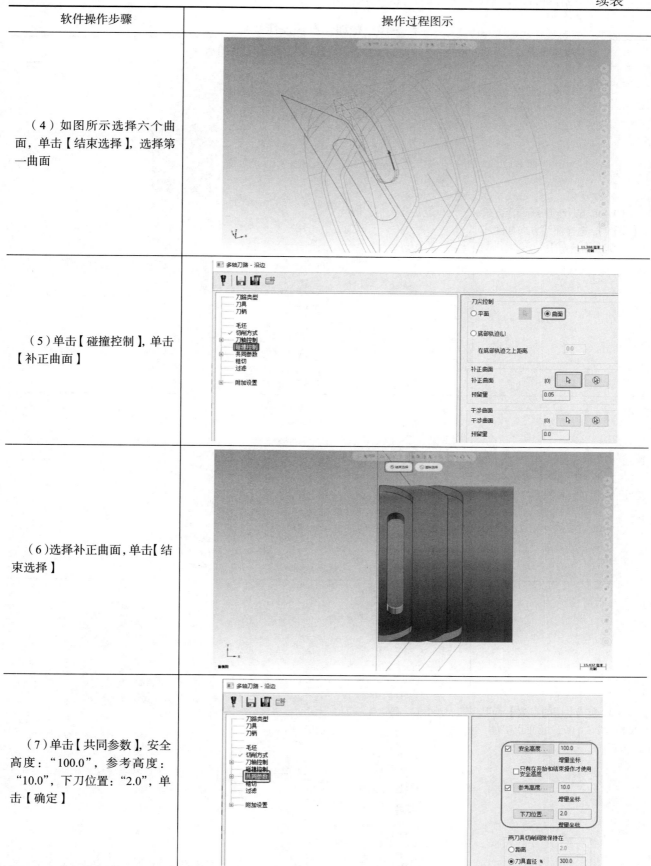

工序 8 精加工右端操作步骤如表 5-10 所示。

表 5-10　精加工右端操作步骤

软件操作步骤	操作过程图示
（1）单击【外形】，选择方式【串连】，选择曲线方向如图所示，单击【确定】	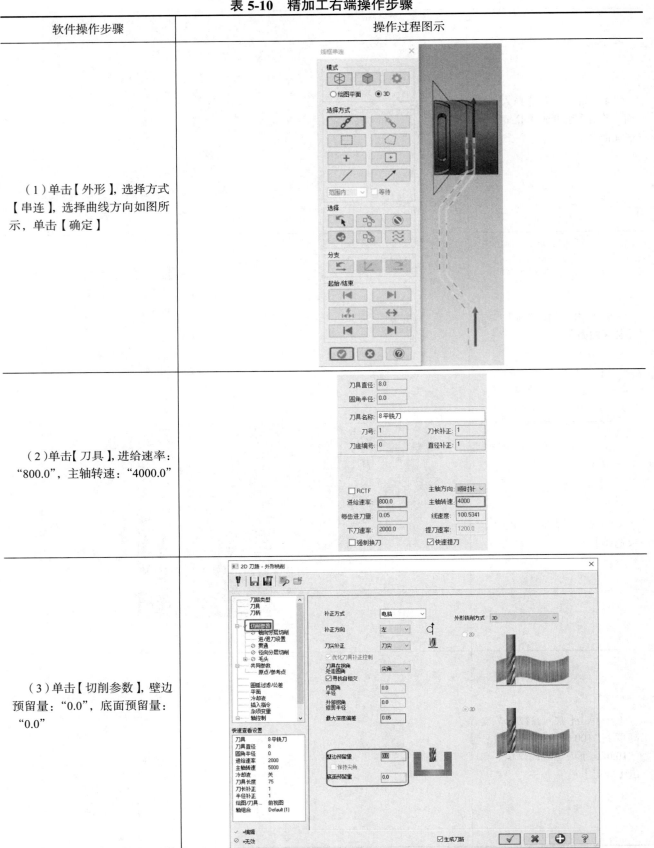
（2）单击【刀具】，进给速率："800.0"，主轴转速："4000.0"	
（3）单击【切削参数】，壁边预留量："0.0"，底面预留量："0.0"	

续表

软件操作步骤	操作过程图示
（4）单击【进/退刀设置】，勾选【进/退刀设置】，直线长度："0.2"，圆弧半径："0.2"，单击右三角将进刀复制到退刀	
（5）单击【共同参数】，提刀："25.0"，下刀位置："10.0"，毛坯顶部："6.0"，深度："0.0"	
（6）单击【圆弧过滤/公差】，切削公差："50.0"，勾选【线/圆弧过滤设置】	

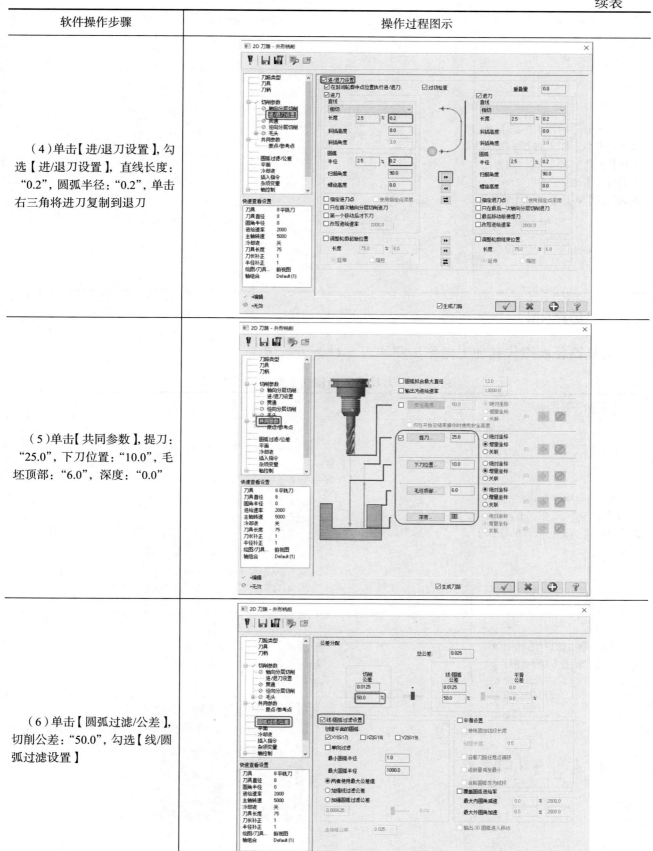

软件操作步骤	操作过程图示
（7）单击【旋转轴控制】，旋转方式选择【替换轴】，替换轴选择【替换Y轴】，旋转轴方向【顺时针】，旋转直径："86.0"，取消勾选【展开】，单击【确定】	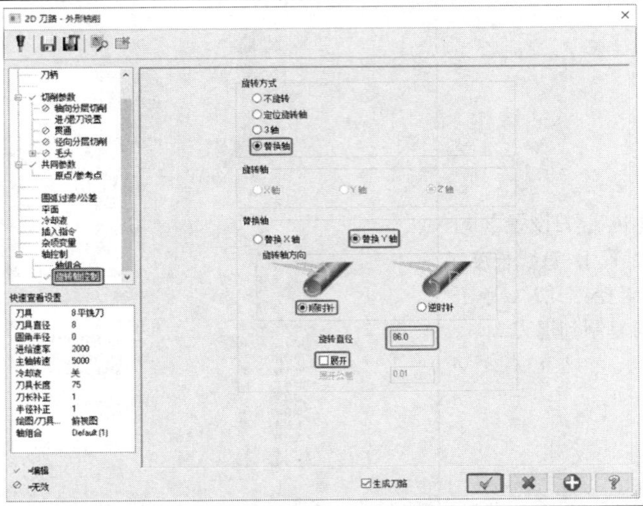

三、仿真加工

刀具路径模拟仿真加工操作步骤如表 5-11 所示。

表 5-11　刀具路径模拟仿真加工操作步骤

软件操作步骤	操作过程图示
（1）单击辅助工具栏左下角【刀路】选项卡，单击【刀具群组】，单击【验证已选择的操作】	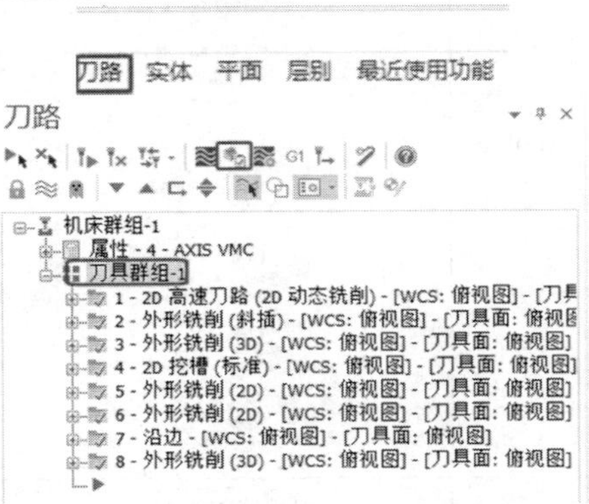
（2）在弹出的对话框中单击【验证】，单击【颜色循环】	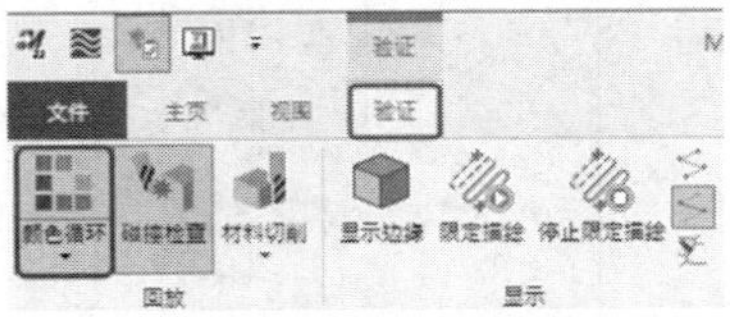
（3）单击模拟播放工具条中【下一个操作】，完成工序 1 模拟	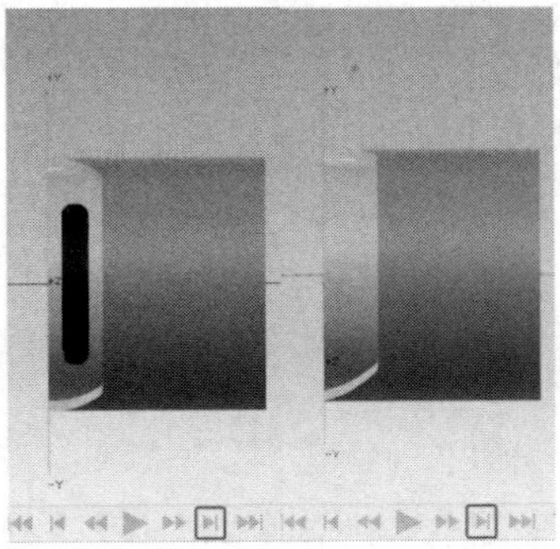

续表

软件操作步骤	操作过程图示
（4）单击模拟播放工具条中【下一个操作】，完成工序 2 模拟	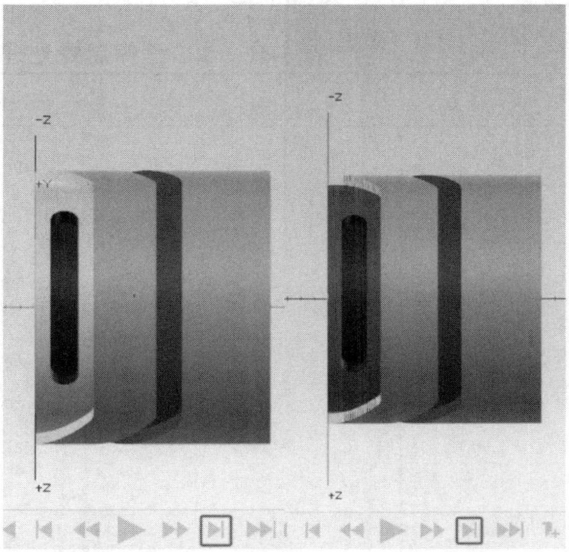
（5）单击模拟播放工具条中【下一个操作】，完成工序 3 模拟	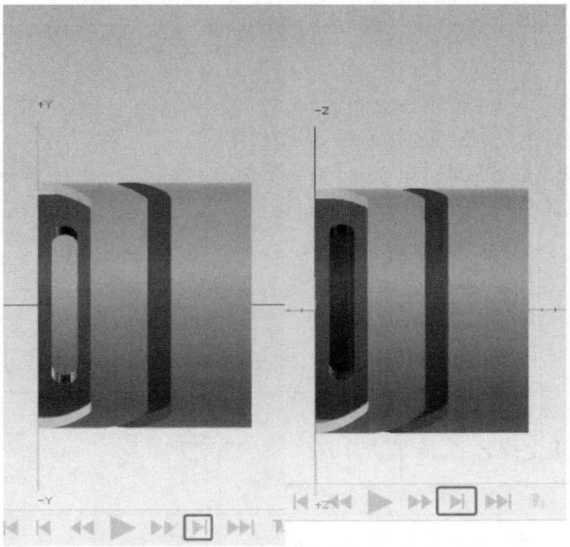
（6）单击模拟播放工具条中【下一个操作】，完成工序 4 模拟	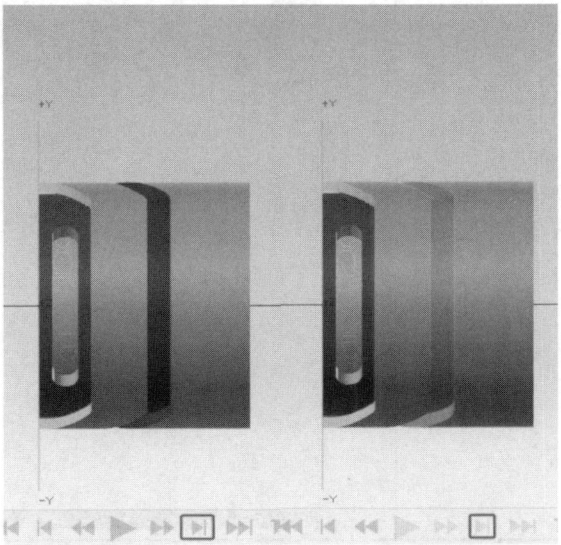

四、后置处理

NC 程序后置处理操作步骤如表 5-12 所示。

表 5-12　NC 程序后置处理操作步骤

软件操作步骤	操作过程图示
（1）单击辅助工具栏左下角的【刀路】选项卡，单击【刀具群组】，单击【G1】	
（2）在弹出的【后置处理】对话框，按照默认参数，单击【确定】	
（3）在弹出的对话框中选择保存地址，更改【文件名】，单击【保存】	
（4）在弹出的对话框中，根据机床系统实际情况作适当修改，然后单击【保存】，单击【关闭】	

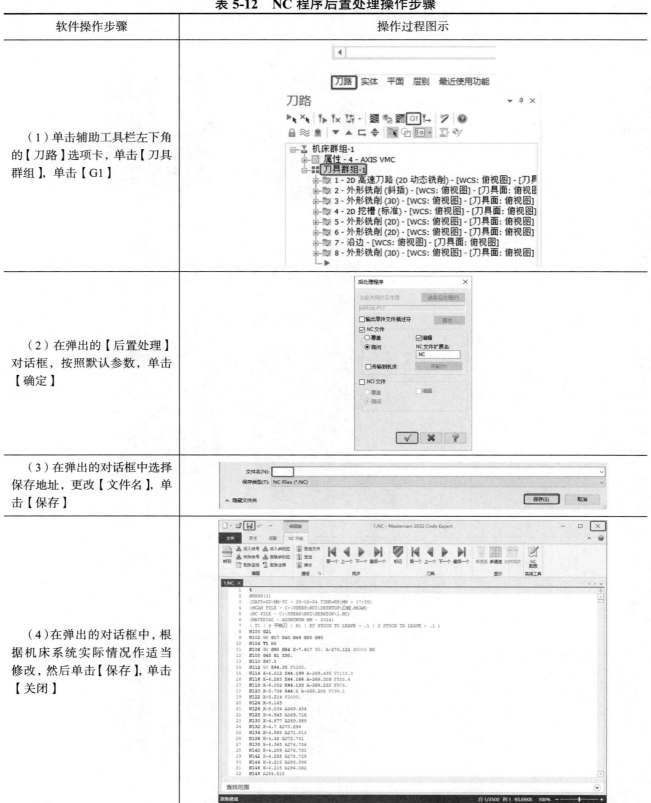

评价单

完成本模块的三个任务后,应做到:
① 根据零件图样及技术要求完成工艺卡的正确编写。
② 工装夹具设计的选择与设计。
③ 能使用 Mastercam 软件编写典型零件的加工程序。
④ 能完成零件的程序验证仿真。

模块五　评价单

项目	任务内容	分值	自评	教师评价
专业能力评价	零件分析(课前预习)	10		
	工艺卡编写	10		
	夹具选择	10		
	程序的编写	10		
	合理的切削参数	10		
	程序的正确仿真	10		
关键能力	遵守课堂纪律	10		
	积极主动学习	10		
	团队协作能力	10		
	安全意识强	10		
合计		100		

综合评价:_____

评价等级:
A:优秀(85~100分); B:良好(70~84分); C:一般(60~69分)

检查评价

教师评语:

评定等级		日　期	
学生签字		教师签字	

注:评定等级为优、良、一般。

拓展提升

1. 编写图 5-2、图 5-3、图 5-4 零件的工艺卡。
2. 以本模块案例为参考，完成图 5-2、图 5-3、图 5-4 零件的程序，并完成程序的仿真验证。

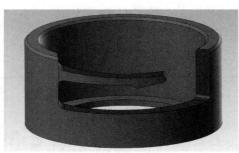

图 5-2　异形凸轮

图 5-3　滚轴

图 5-4　双头锥度螺杆

模块五　拓展提升模型

模块六

大力神杯四轴加工

学习目标

技能目标：
1. 能对大力神杯零件进行工艺分析，并对该类型零件制订加工工艺路线。
2. 能对该零件进行夹具的选择与设计。
3. 能运用 Mastercam 软件完成大力神杯五轴加工的编程与仿真加工。

知识目标：
1. 掌握多轴联动加工时 Mastercam 软件中多轴联动的编程方法。
2. 掌握优化粗加工方法。
3. 掌握旋转精加工方法。
4. 基本掌握加工通用参数设置。

素养目标：
1. 培养独立思考、分析信息的能力。
2. 提高自主学习能力，保持灵活性和开放性的思维。

模块描述

校企合作工厂接到加工 100 件的大力神杯零件（图 6-1）的加工任务，该零件的坯料为圆棒铝合金材质，要求在一周内完成交付。根据现有建模图样的要求分析，大力神杯由较为复杂且繁多的片体构成，三轴数控联动机床加工不能完成，须使用 Mastercam 软件中多轴联动的编程方法在五轴联动数控机床上进行加工。制订合理的工艺路线，创建优化粗加工、旋转精加工，确定合适的加工参数，生成刀具运行轨迹，验证刀具路径的准确性，对于在检查过程中发现的问题或潜在的改进点，组织团队成员进行深入的研讨和交流，共同找出解决方案，以不断完善和优化加工流程，通过相应的后处理生成数控加工程序，利用机床实施加工。

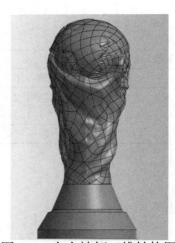

图 6-1 大力神杯三维结构图

任务一 加工工艺分析

一、零件技术要求及毛坯

大力神杯毛坯采用 ϕ112mm×251mm 的 2A12 铝合金，在五轴机床上多轴联动加工大力神杯，曲面表面粗糙度值为 Ra1.6μm，底面表面粗糙度值为 Ra3.2μm。

二、零件图分析

该零件是工艺品，是结构较复杂的曲面实心零件。总高 250mm，最大直径 ϕ110mm。

三、工艺分析

该零件 360°表面粗糙度要求较高，结合轴类零件结构特点，在五轴机床上用三爪自定心卡盘装夹加工。

1. 定位基准的确定

工件坐标系选择在工件右端面中心处，即将 Y、Z 选择在工件的中心，将 X 选择在工件右端面上。

2. 加工难点

① Mastercam 软件的 3D 动态编程。
② Mastercam 软件的多轴加工编程。
③ 粗糙度值 Ra1.6μm 曲面表面精度。

3. 加工方案

① 粗加工大力神杯 1/2 表面。
② 粗加工大力神杯另一半表面。
③ 半精加工大力神杯表面。
④ 精加工大力神杯表面。

4. 加工工艺卡片

加工工艺卡片如表 6-1 所示。

表 6-1 加工工艺卡片

序号	工步	刀具名称	规格	主轴转速/（r/min）	进给速度/（mm/min）	备注
1	依次粗加工大力神杯 1/2 表面	平铣刀	ϕ10	2600	1500	
2	半精加工大力神杯表面	球刀圆鼻铣刀	ϕ6	6400	2500	
3	半精加工大力神杯表面	球刀圆鼻铣刀	ϕ4	9600	3800	
4	精加工大力神杯表面	球刀圆鼻铣刀	ϕ2	20000	5600	

任务二 大力神杯编程加工

一、加工准备

零件加工前各项设置操作步骤如表 6-2 所示。

表 6-2　零件加工前各项设置操作步骤

软件操作步骤	操作过程图示
（1）单击菜单栏中的【线框】，单击【曲线】栏的【单边缘曲线】，单击零件底座曲面	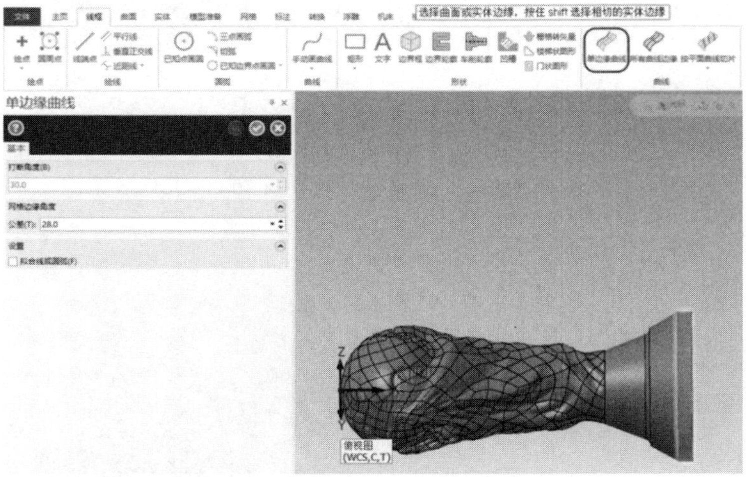
（2）单击菜单栏中的【线框】，单击【形状】栏的【矩形】，输入绘制矩形参数	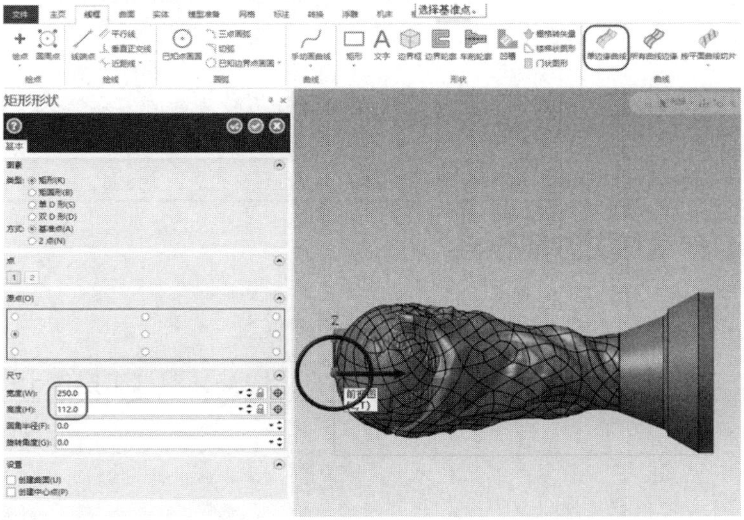
（3）单击菜单栏中的【机床】，然后单击【铣床】，在弹出的扩展菜单中单击【默认】	
（4）单击左侧功能区【刀路】，在切换的显示页面单击【属性】，选择【毛坯设置】	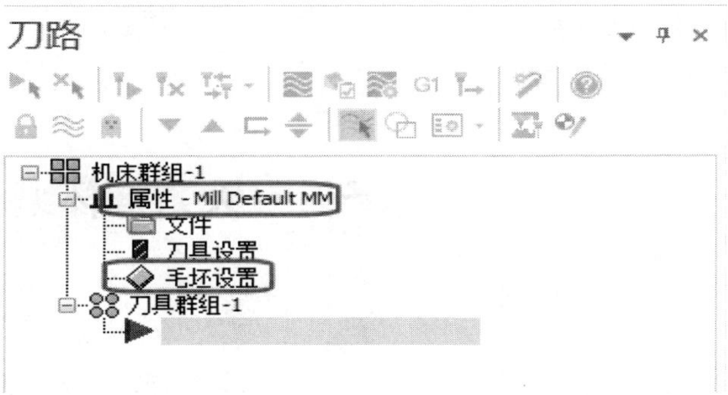

软件操作步骤	操作过程图示
（5）在弹出的对话框中【形状】选择"圆柱体"，【轴向】选择"X"，直径输入"112"，长度输入"251"，单击【确定】	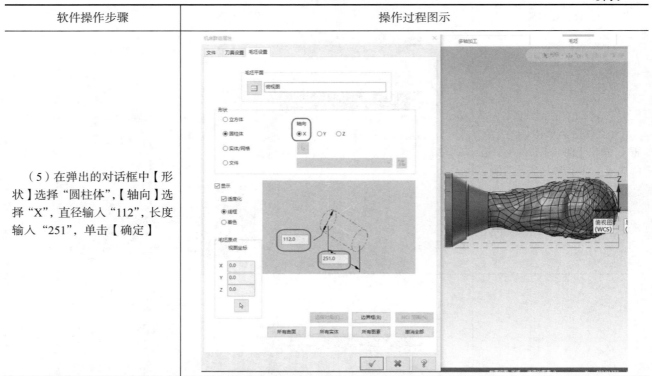

二、创建加工刀具路径

工序 1 大力神杯粗加工操作步骤如表 6-3 所示。

表 6-3　大力神杯粗加工操作步骤

软件操作步骤	操作过程图示
（1）单击菜单栏中的【刀路】，然后单击【优化动态粗切】	
（2）在弹出的对话框中单击【刀路控制】，单击【边界串连】	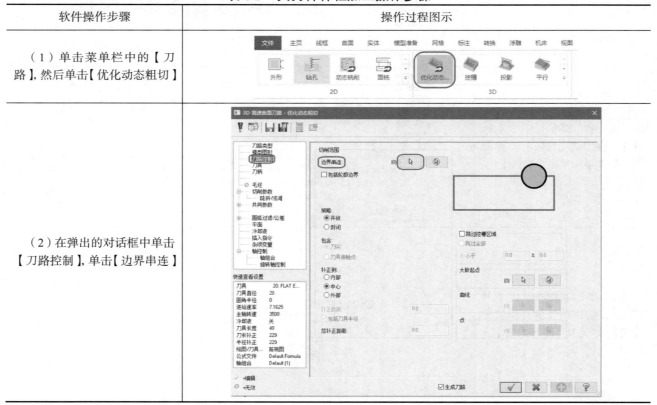

续表

软件操作步骤	操作过程图示
（3）单击大力神杯的辅助线框，其他参数如图所示选择，单击【确定】	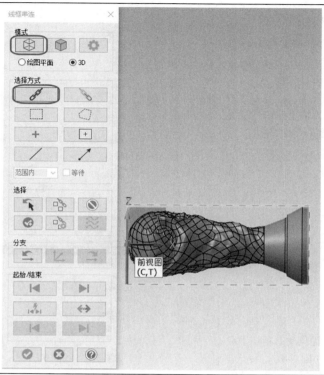
（4）在弹出的【优化动态粗切】对话框中单击【刀具】，单击【选择刀库刀具】，在弹出的对话框中选择【直径10】平底刀，单击【确定】	
（5）在【刀具】参数页面按照工艺卡片参数设置，【进给速率】输入"1000"，【主轴转速】输入"2600"，【下刀速率】输入"2000"，其他参数如图设置	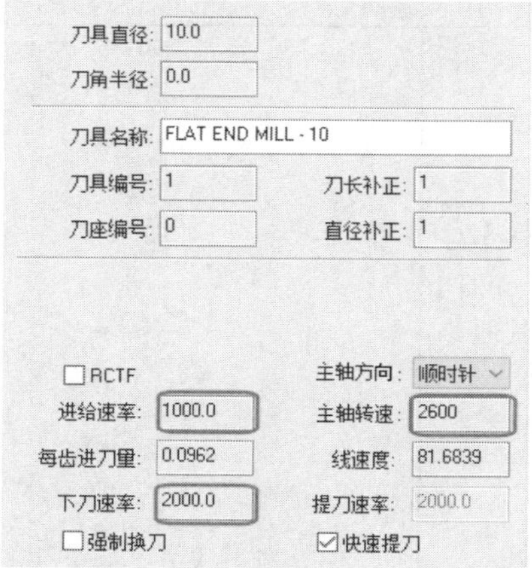 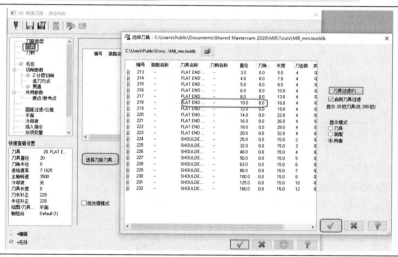

续表

软件操作步骤	操作过程图示
（6）在【刀柄】参数页面按照工艺卡片选择刀柄	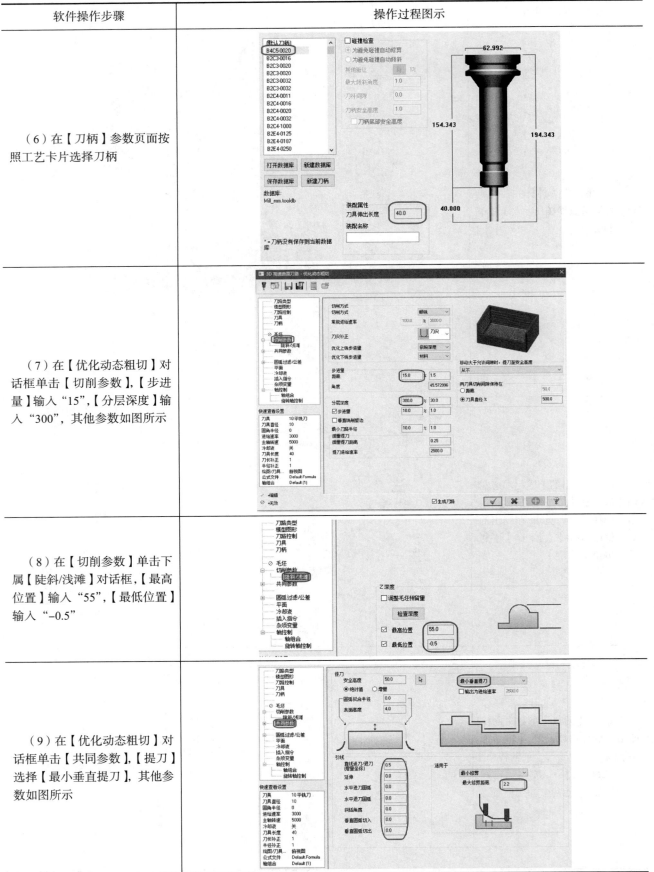
（7）在【优化动态粗切】对话框单击【切削参数】,【步进量】输入"15",【分层深度】输入"300",其他参数如图所示	
（8）在【切削参数】单击下属【陡斜/浅滩】对话框,【最高位置】输入"55",【最低位置】输入"-0.5"	
（9）在【优化动态粗切】对话框单击【共同参数】,【提刀】选择【最小垂直提刀】,其他参数如图所示	

续表

软件操作步骤	操作过程图示
（10）在【优化动态粗切】对话框单击【确定】，刀路计算结果如图所示	
（11）在左侧辅助工具栏空白处右击，在弹出的下拉菜单依次单击【铣床刀路】、【路径转换】	
（12）在弹出的对话框中单击【刀路转换类型与方式】，【类型】选择"旋转"，【方式】选择"刀具平面"，同时勾选【包括起点】，其他参数如图所示选择	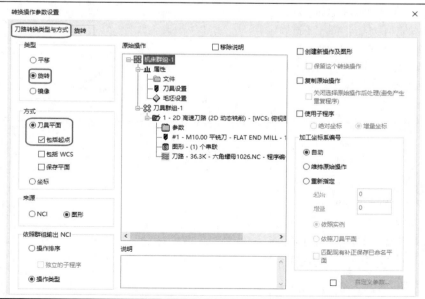

续表

软件操作步骤	操作过程图示
（13）单击【旋转】选项卡，【实例】输入"5"，【起始角】和【夹角】均输入"60"，勾选"旋转视图"，单击【选择视图】，在弹出的对话框中选择【右视图】，单击【确定】，再单击【转换操作参数设置】选项卡中的【确定】	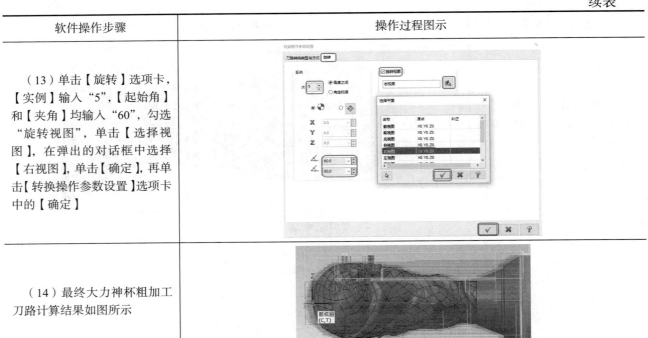
（14）最终大力神杯粗加工刀路计算结果如图所示	

工序2半精加工操作步骤如表6-4所示。

表6-4　半精加工操作步骤

软件操作步骤	操作过程图示
（1）单击菜单栏中的【刀路】，然后单击【旋转】	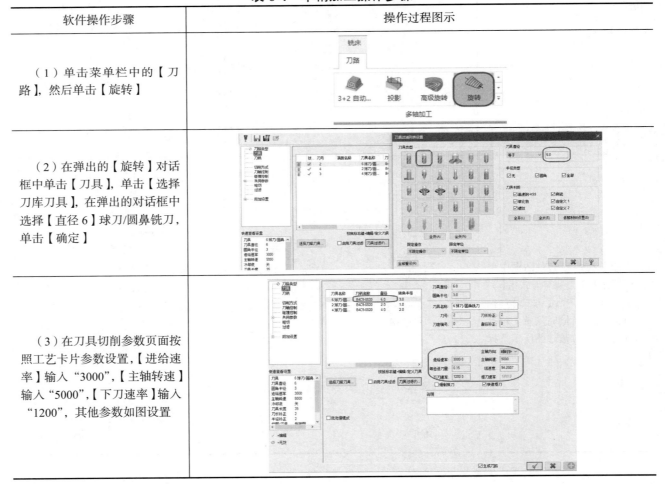
（2）在弹出的【旋转】对话框中单击【刀具】，单击【选择刀库刀具】，在弹出的对话框中选择【直径6】球刀/圆鼻铣刀，单击【确定】	
（3）在刀具切削参数页面按照工艺卡片参数设置，【进给速率】输入"3000"，【主轴转速】输入"5000"，【下刀速率】输入"1200"，其他参数如图设置	

续表

软件操作步骤	操作过程图示
（4）在【刀柄】参数页面按照工艺卡片选择刀柄	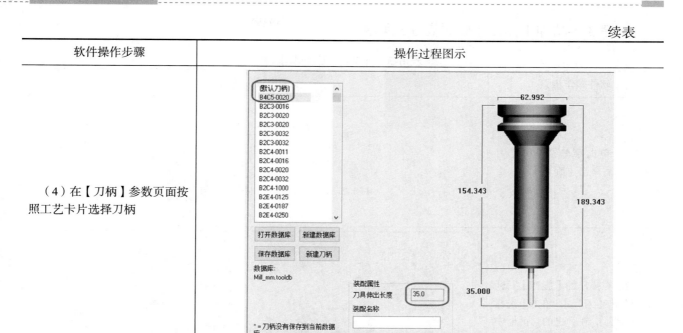
（5）在【旋转】对话框单击【刀轴控制】，单击【使用中心点】，单击箭头，单击建模坐标原点，单击结束选择，【轴抑制长度】输入"1"，【最大步进量】输入"1"，其他参数如图所示	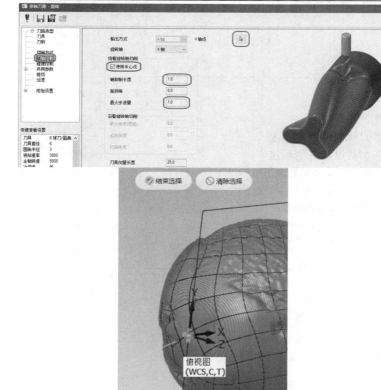
（6）在【旋转】对话框单击【确定】，刀路计算结果如图所示	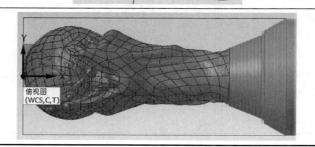

工序 3 半精加工操作步骤如表 6-5 所示。

表 6-5 半精加工操作步骤

软件操作步骤	操作过程图示
（1）单击菜单栏中的【刀路】，然后单击【旋转】	
（2）在弹出的【旋转】对话框中单击【刀具】，单击【选择刀库刀具】，在弹出的对话框中选择【直径 4】球刀/圆鼻铣刀，单击【确定】	
（3）在刀具切削参数页面按照工艺卡片参数设置，【进给速率】输入"3000"，【主轴转速】输入"5000"，【下刀速率】输入"1200"，其他参数如图设置	
（4）在【刀柄】参数页面按照工艺卡片选择刀柄	

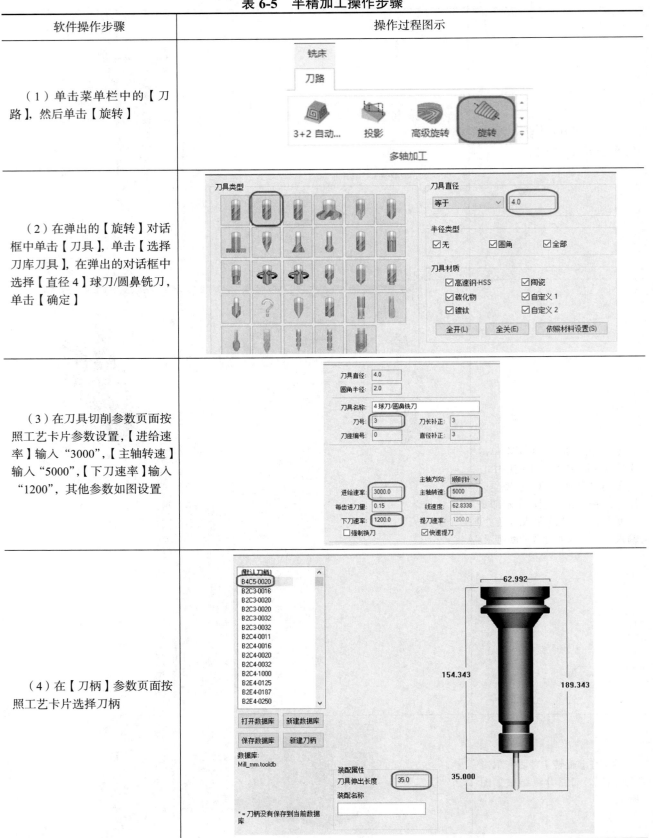

续表

软件操作步骤	操作过程图示
（5）在【旋转】对话框单击【刀轴控制】，勾选【使用中心点】，单击箭头，单击建模坐标原点，单击结束选择，【轴抑制长度】输入"0.5"，【最大步进量】输入"0.5"，其他参数如图所示	
（6）在【旋转】对话框单击【确定】，刀路计算结果如图所示	

工序4精加工操作步骤如表6-6所示。

表6-6 精加工操作步骤

软件操作步骤	操作过程图示
（1）单击菜单栏中的【刀路】，然后单击【旋转】	 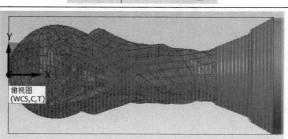
（2）在弹出的【旋转】对话框中单击【刀具】，单击【选择刀库刀具】，在弹出的对话框中选择【直径2】球刀/圆鼻铣刀，单击【确定】	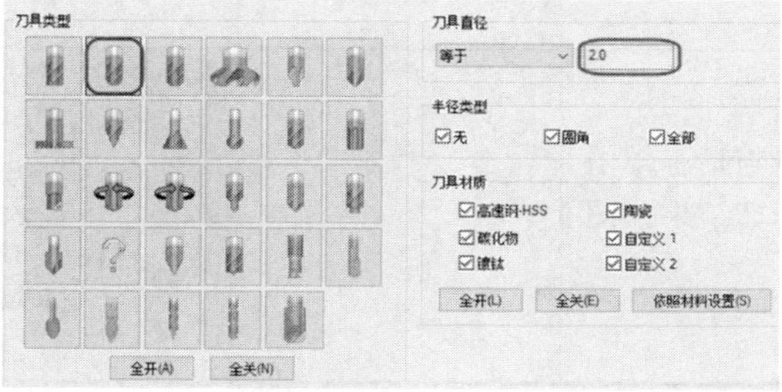

续表

软件操作步骤	操作过程图示
（3）在刀具切削参数页面按照工艺卡片参数设置，【进给速率】输入"3000"，【主轴转速】输入"5000"，【下刀速率】输入"1200"，其他参数如图设置	
（4）在【刀柄】参数页面按照工艺卡片选择刀柄	
（5）在【旋转】对话框单击【刀轴控制】，勾选【使用中心点】，单击箭头，单击建模坐标原点，单击结束选择，【轴抑制长度】输入"0.3"，【最大步进量】输入"0.3"，其他参数如图所示	
（6）在【旋转】对话框单击【确定】，刀路计算结果如图所示	

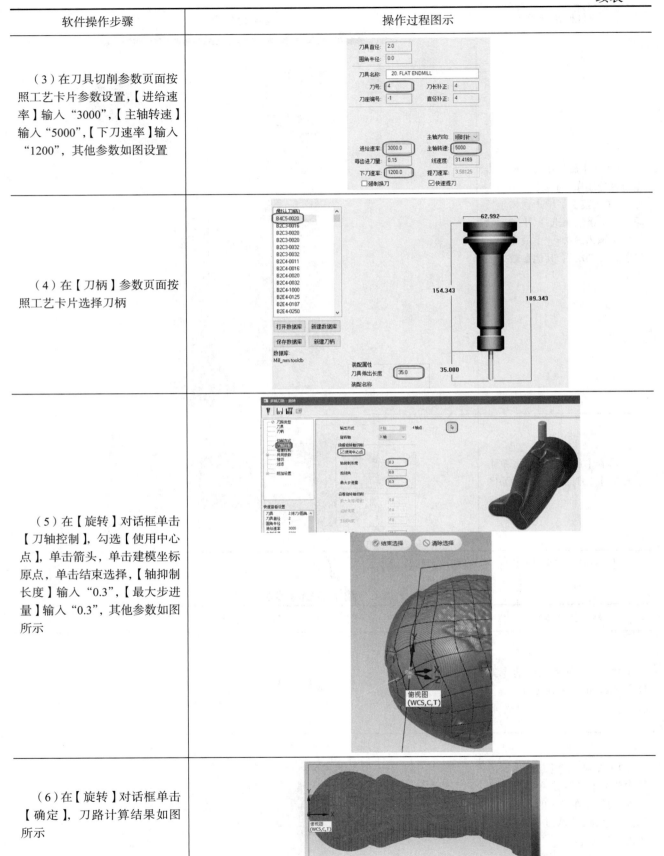

三、仿真加工

粗加工刀具路径模拟仿真加工操作步骤如表 6-7 所示。

表 6-7　粗加工刀具路径模拟仿真加工操作步骤

软件操作步骤	操作过程图示
（1）单击辅助工具栏左下角【刀路】选项卡，单击【刀具群组】，单击【验证已选择的操作】	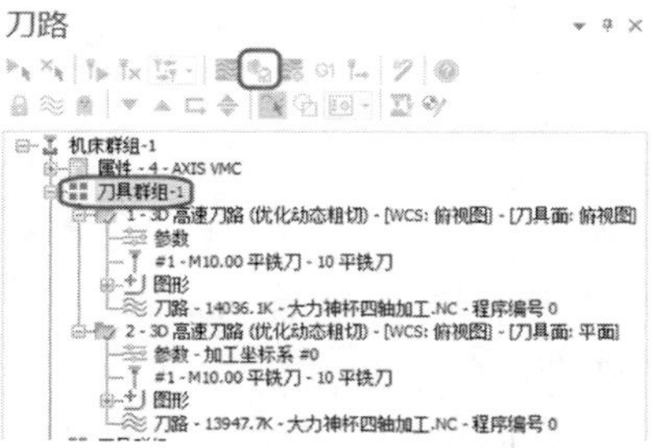
（2）在弹出的对话框中单击【验证】，单击【颜色循环】，单击【3/4】，单击【第一象限】	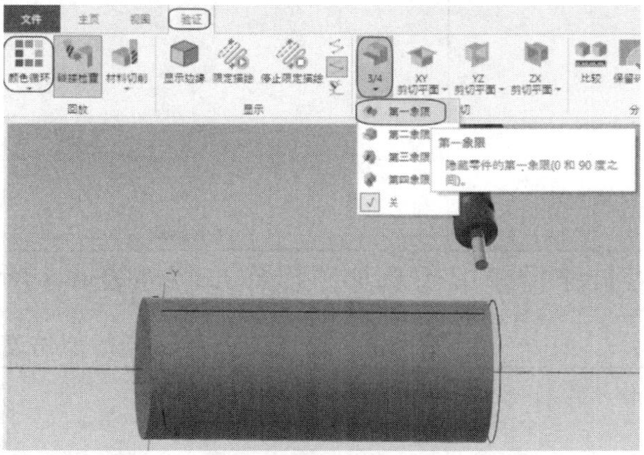
（3）单击模拟播放工具条中【下一个操作】，完成工序 1 模拟	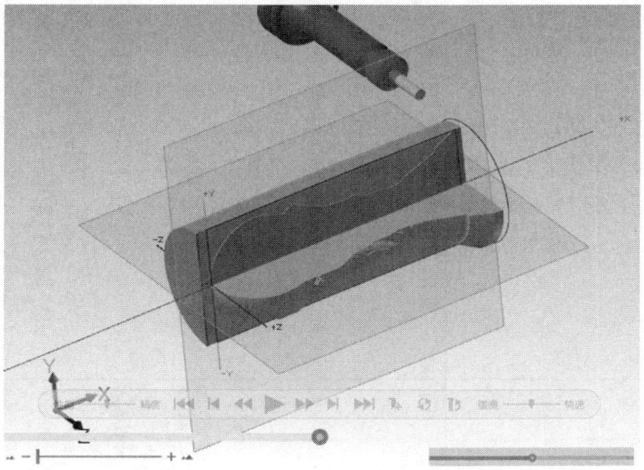
（4）单击模拟播放工具条中【下一个操作】，完成工序 2 模拟	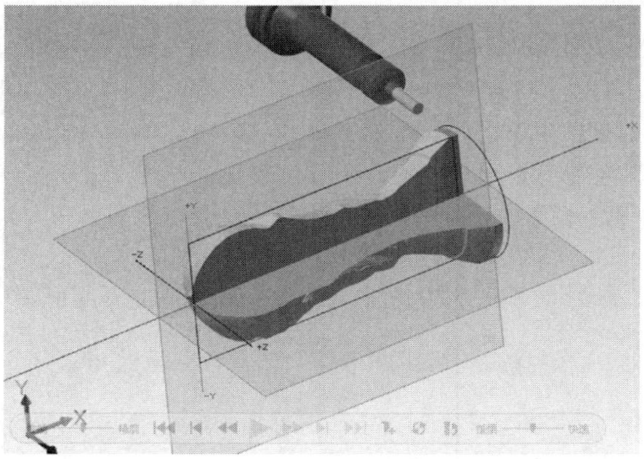

续表

软件操作步骤	操作过程图示
（5）单击模拟加工右侧辅助工具栏【移动列表】可查看加工时间和进给长度等加工信息，单击【报告】可查看碰撞次数和碰撞位置等信息	 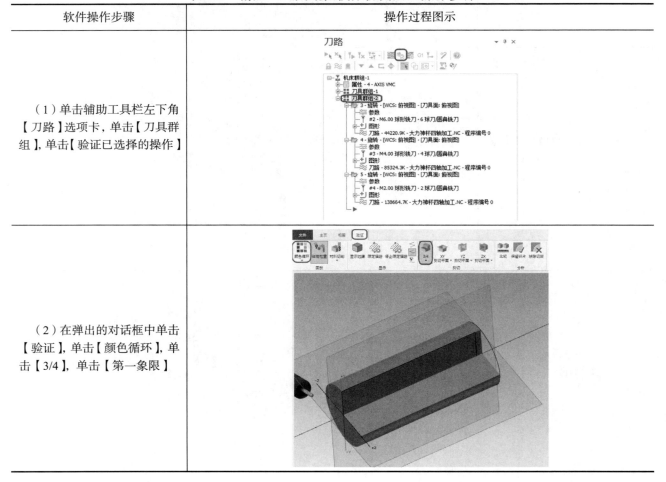

精加工刀具路径模拟仿真加工操作步骤如表 6-8 所示。

表 6-8　精加工刀具路径模拟仿真加工操作步骤

软件操作步骤	操作过程图示
（1）单击辅助工具栏左下角【刀路】选项卡，单击【刀具群组】，单击【验证已选择的操作】	
（2）在弹出的对话框中单击【验证】，单击【颜色循环】，单击【3/4】，单击【第一象限】	

软件操作步骤	操作过程图示
（3）单击模拟播放工具条中【下一个操作】，完成工序 1 模拟	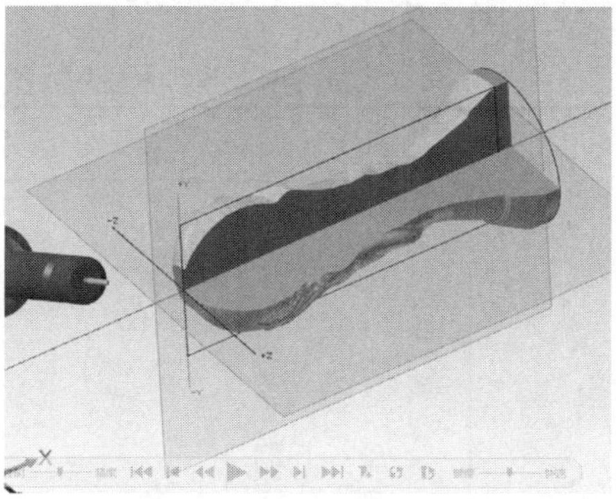
（4）单击模拟播放工具条中【下一个操作】，完成工序 2 模拟	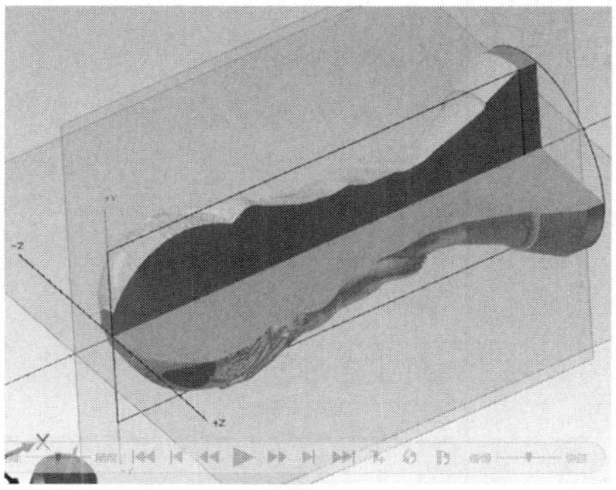
（5）单击模拟播放工具条中【下一个操作】，完成工序 3 模拟	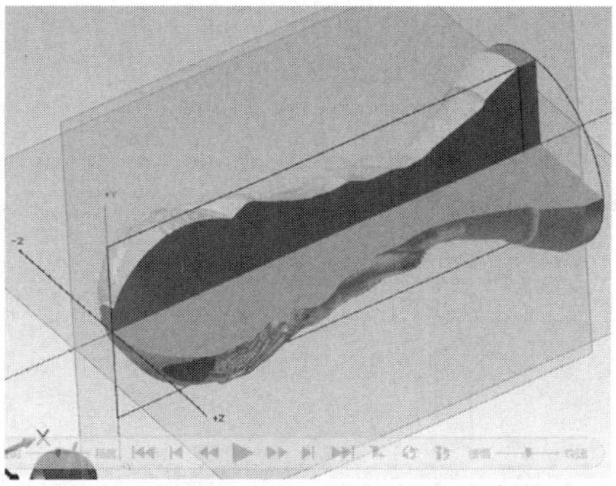
（6）单击模拟加工右侧辅助工具栏【移动列表】可查看加工时间和进给长度等加工信息，单击【碰撞报告】可查看碰撞次数和碰撞位置等信息	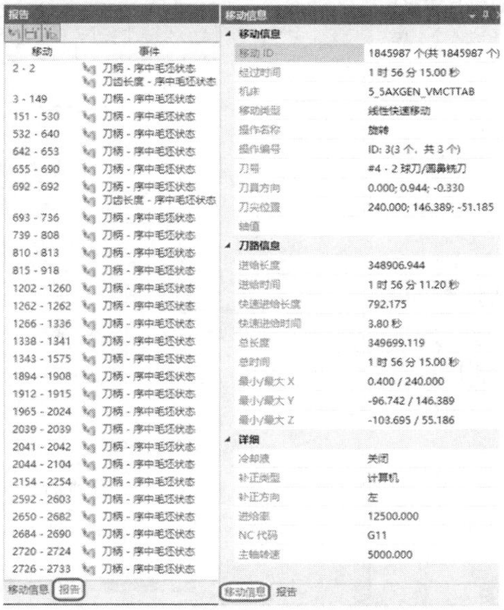

四、后置处理

NC 程序后置处理操作步骤如表 6-9 所示。

表 6-9　NC 程序后置处理操作步骤

软件操作步骤	操作过程图示
（1）单击辅助工具栏左下角的【刀路】选项卡，单击【刀具群组】，单击【G1】	
（2）在弹出的【后处理程序】对话框，按照默认参数，单击【确定】	
（3）在弹出的对话框中选择保存地址，更改【文件名】，单击【保存】	
（4）在弹出的对话框中，根据机床系统实际情况作适当修改，然后单击【保存】，单击【关闭】	

评价单

完成本模块的三个任务后，应做到：
① 根据零件图样及技术要求完成工艺卡的正确编写。
② 工装夹具的选择与设计。
③ 能使用 Mastercam 软件编写典型零件的加工程序。
④ 能完成零件的程序验证仿真。

模块六　评价单

项目	任务内容	分值	自评	教师评价
专业能力评价	零件分析（课前预习）	10		
	工艺卡编写	10		
	夹具选择	10		
	程序的编写	10		
	合理的切削参数	10		
	程序的正确仿真	10		
关键能力	遵守课堂纪律	10		
	积极主动学习	10		
	团队协作能力	10		
	安全意识强	10		
合计		100		

综合评价：_____	评价等级： A：优秀（85~100 分）；B：良好（70~84 分）；C：一般（60~69 分）

检查评价	教师评语：			
	评定等级		日期	
	学生签字		教师签字	

注：评定等级为优、良、一般。

拓展提升

1. 编写图 6-2、图 6-3、图 6-4 零件的工艺卡。
2. 以本模块案例为参考，完成图 6-2、图 6-3、图 6-4 零件的程序，并完成程序的仿真验证。

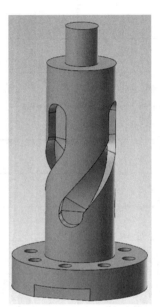

图 6-2　圆柱凸轮

图 6-3　盘龙柱

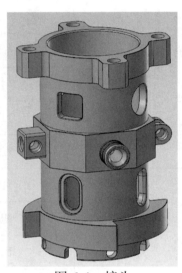

图 6-4　接头

模块六　拓展提升模型

模块七

五角星五轴加工

学习目标

技能目标：
1. 能运用 Mastercam 软件完成五角星的模型造型。
2. 能运用 Mastercam 软件完成五角星的编程与仿真加工。
3. 能操作五轴数控机床完成五角星零件加工。

知识目标：
1. 掌握 Mastercam 软件实体造型基本操作。
2. 基本掌握 3D 动态加工设置。
3. 基本掌握加工通用参数设置。

素养目标：
1. 培养科学精神和创新意识。
2. 提高实践能力和团队协作能力。

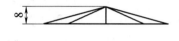

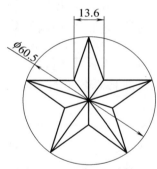

图 7-1 五角星零件

模块描述

企业生产部接到新订单，加工一批如图 7-1 所示的铝合金材质五角星零件。首件试切，技术人员根据零件结构及图样要求制订加工工艺路线，应用 Mastercam 软件进行建模，运用优化动态铣削、旋转加工等命令设置刀具路径，加以验证并进行后处理生成数控加工程序，最后在五轴数控机床上完成零件加工。

任务一　加工工艺分析

一、零件技术要求及毛坯

五角星毛坯采用 $\phi62\text{mm}\times10\text{mm}$ 的 2A12 铝合金。在五轴机床上加工五角星，五角星各侧面的表面粗糙度值为 $Ra1.6\mu\text{m}$，其他表面粗糙度值为 $Ra3.2\mu\text{m}$。

二、零件图分析

该零件是一个凸模零件,外接圆为 $\phi60.5$mm,厚度为 6mm,五角星每一个角都由两个斜面组成。

三、工艺分析

该零件各侧面的表面粗糙度要求较高,铣削加工时须保证中心位置,在五轴机床上加工效果较好。通过以上分析,决定在五轴机床上借助三爪卡盘装夹加工。

1. 定位基准的确定

工件坐标系选择在工件顶端中心处,即将 X、Y、Z 选择在工件的中心。

2. 加工难点

① CAM 软件的 3D 动态编程。
② CAM 软件的旋转加工编程。

3. 加工方案

① 粗加工五角星轮廓。
② 粗加工五角星斜面 1。
③ 粗加工五角星斜面 2。
④ 精加工五角星斜面 1。
⑤ 精加工五角星斜面 2。

4. 加工工艺卡片

加工工艺卡片如表 7-1 所示。

表 7-1　加工工艺卡片

序号	工步	刀具名称	规格	主轴转速/(r/min)	进给速度/(mm/min)	备注
1	粗加工五角星轮廓	平底铣刀	$\phi8$	3200	2000	
2	粗加工五角星斜面 1	平底铣刀	$\phi8$	3200	2000	
3	粗加工五角星斜面 2	平底铣刀	$\phi8$	3200	2000	
4	精加工五角星斜面 1	平底铣刀	$\phi8$	4800	2000	
5	精加工五角星斜面 2	平底铣刀	$\phi8$	4800	2000	

任务二　五角星建模

一、五角星二维线框绘制

五角星二维线框绘制步骤如表 7-2 所示。

表 7-2 五角星二维线框绘制步骤

软件操作步骤	操作过程图示
（1）启动软件：在 Windows 系统中依次选择【开始】、【所有程序】、【Mastercam2020】，进入初始界面	
（2）绘制二维线框：单击菜单栏中的【线框】，然后单击【矩形】扩展键，选择【多边形】	
（3）在【多边形】的【基本】对话框中，在【边数】输入"5"，【半径】输入"30.25"，【半径】选择"外圆"，其他参数按照默认方式选择，单击坐标原点画多边形，单击【确认】	
（4）单击菜单栏中的【线框】，然后单击【线端点】	
（5）在【线端点】的【基本】对话框中，【类型】选择【任意线】，【方式】选择【两端点】，单击分别连接点 1、4，点 5、3，单击【确认】	

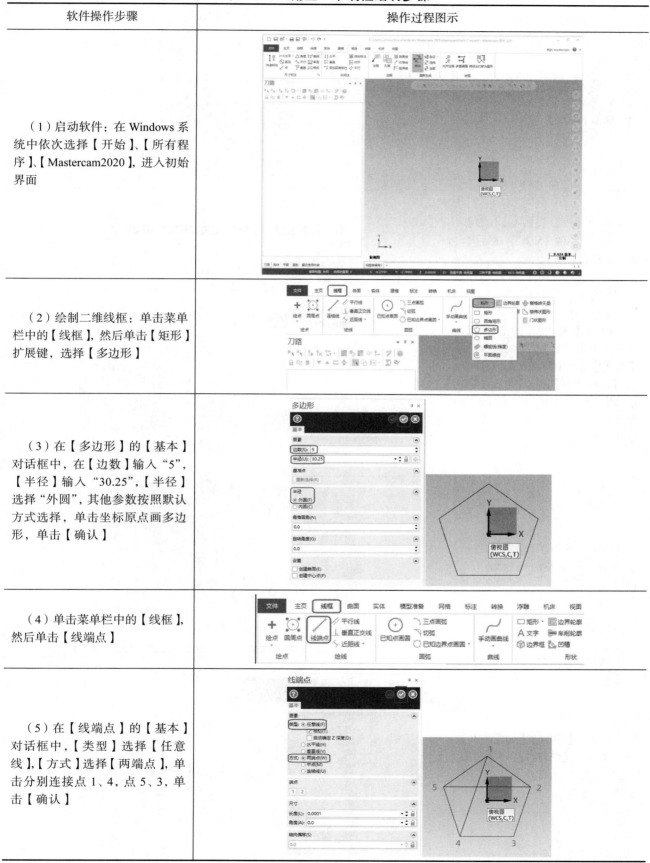

续表

软件操作步骤	操作过程图示
（6）单击菜单栏中的【转换】，然后单击【投影】	
（7）在【投影】中单击【2D】，单击菜单栏中的【线框】，然后单击【线端点】	
（8）在【线端点】的【基本】对话框中，【类型】选择【任意线】，【方式】选择【两端点】，单击原点，【尺寸】中【长度】输入"8"，【长度】输入"90"，其他参数按照默认方式选择，画直线，单击【确认】	
（9）在【投影】中单击【3D】，鼠标中键调整视图到如图所示位置	
（10）在【线端点】的【基本】对话框中，【类型】选择【任意线】，【方式】选择【两端点】，依次单击连接点 0-6-7-1	

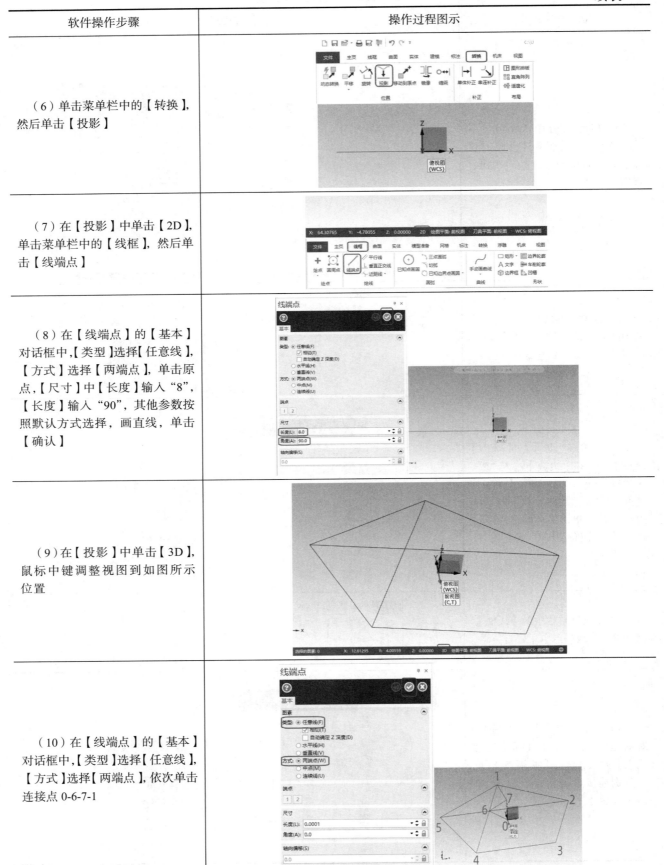

续表

软件操作步骤	操作过程图示
（11）单击菜单栏【线框】中的【分割】，然后单击修剪线段	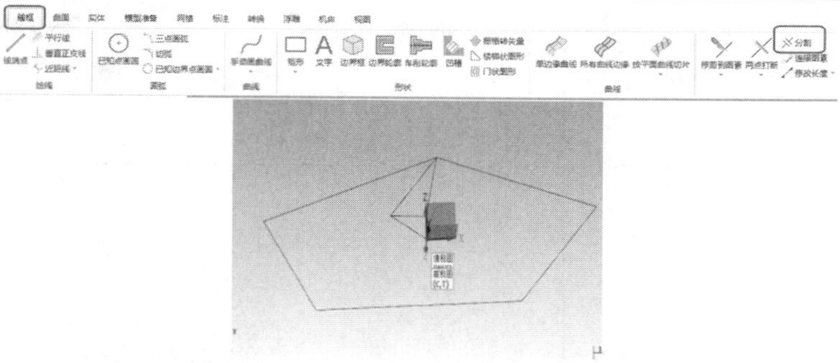
（12）单击菜单栏【线框】，单击【线端点】，然后单击点1、0绘制线段	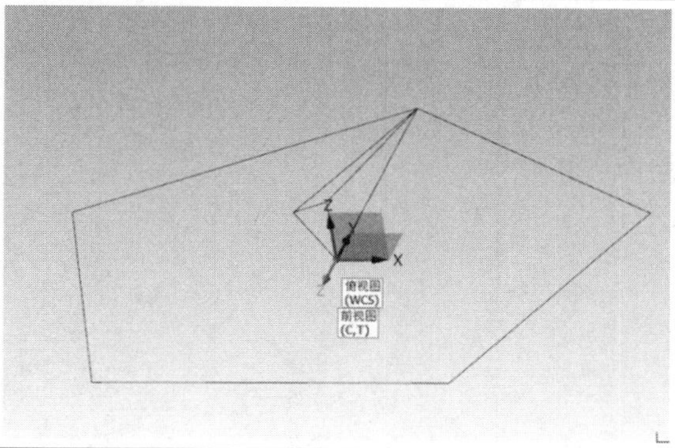

二、五角星三维模型绘制

五角星三维模型绘制步骤如表 7-3 所示。

表 7-3　五角星三维模型绘制步骤

软件操作步骤	操作过程图示
（1）单击菜单栏中的【曲面】，然后单击【Power Surface】，单击依次选择三角形三条边，单击【确认】	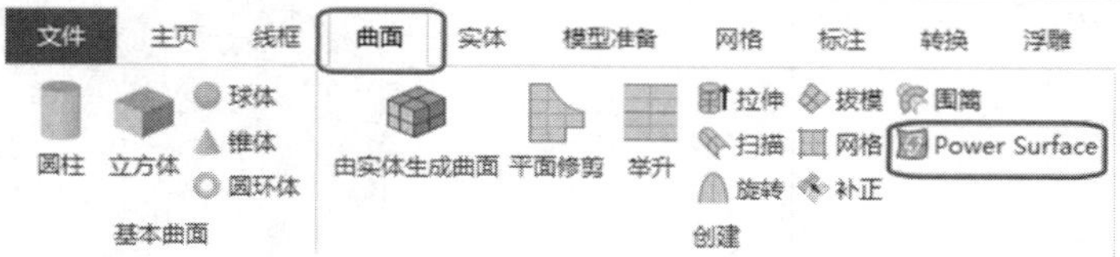
（2）在【线框串连】对话框，【模式】选择【线框】，【选择方式】选择【串连】，单击依次选择三角形三条边，单击【确认】	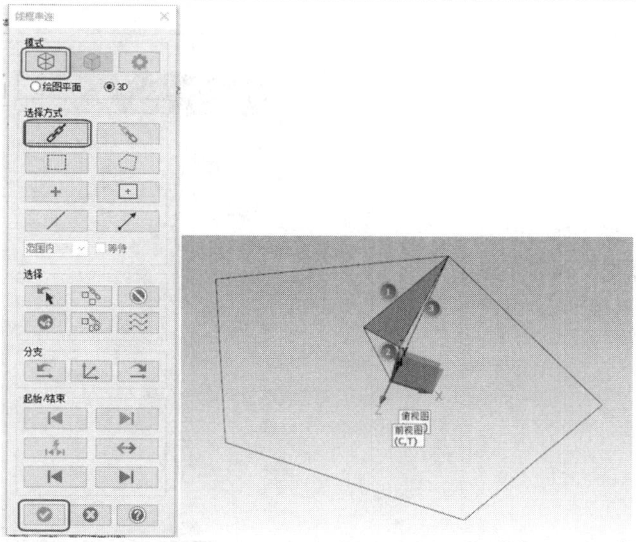

续表

软件操作步骤	操作过程图示
（3）单击菜单栏中的【曲面】，然后单击【网格】，单击【确认】	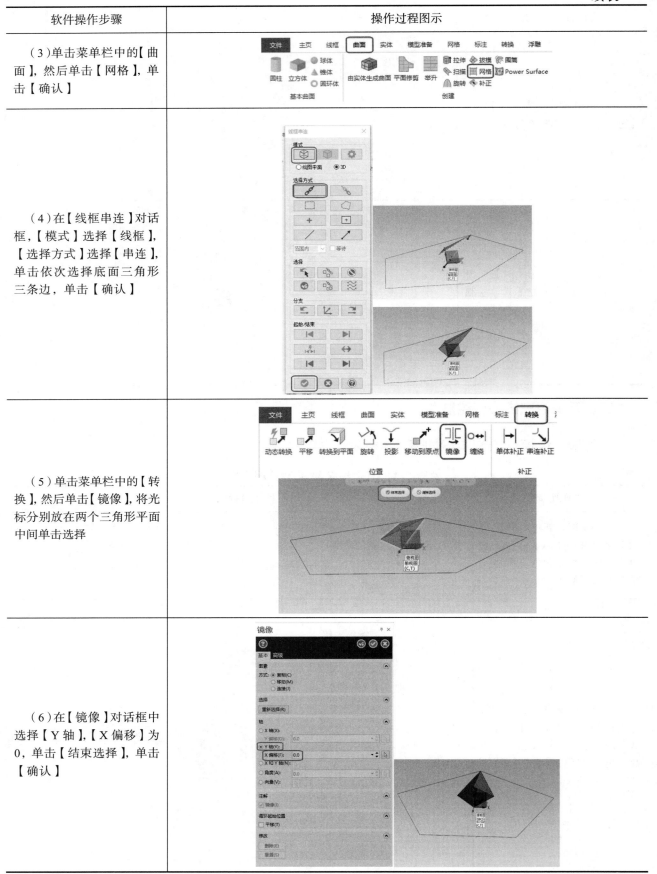
（4）在【线框串连】对话框，【模式】选择【线框】，【选择方式】选择【串连】，单击依次选择底面三角形三条边，单击【确认】	
（5）单击菜单栏中的【转换】，然后单击【镜像】，将光标分别放在两个三角形平面中间单击选择	
（6）在【镜像】对话框中选择【Y轴】，【X偏移】为0，单击【结束选择】，单击【确认】	

续表

软件操作步骤	操作过程图示
（7）单击菜单栏中的【转换】,然后单击【旋转】,将光标分别放在四个三角形平面中间单击选择,单击【结束选择】	
（8）在【旋转】对话框中【图素】方式选择"复制",【实例】编号输入"4",【角度】输入"72",单击【结束选择】,单击【确认】	
（9）单击菜单栏中的【实体】,然后单击【由曲面生成实体】,框选整个五角星	
（10）在【曲面生成实体】对话框中选择单击【确认】,过程及结果如图所示	

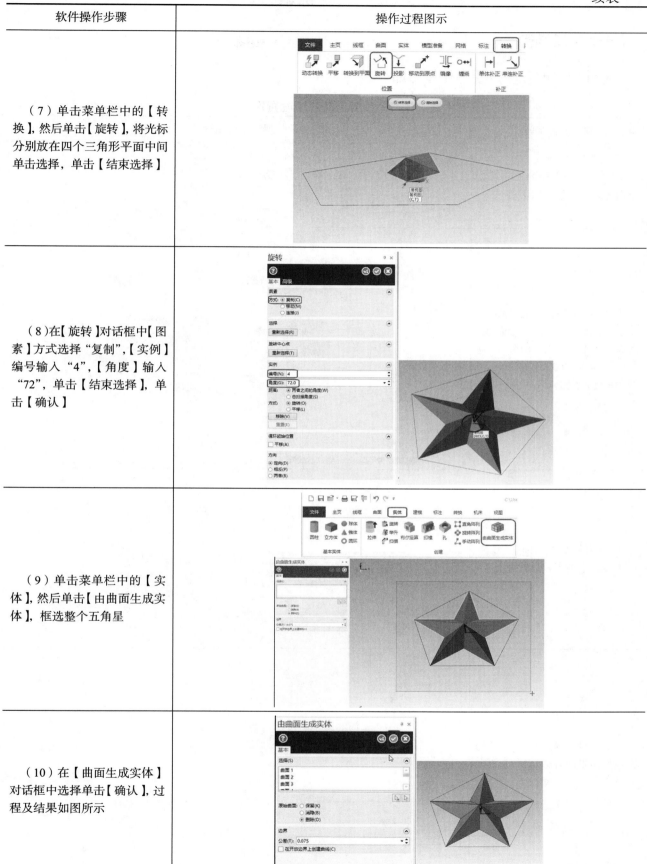

任务三　五角星编程加工

一、加工准备

零件加工前各项设置操作步骤如表 7-4 所示。

表 7-4　零件加工前各项设置操作步骤

软件操作步骤	操作过程图示
（1）单击菜单中的【机床】，单击【铣床】中【默认】	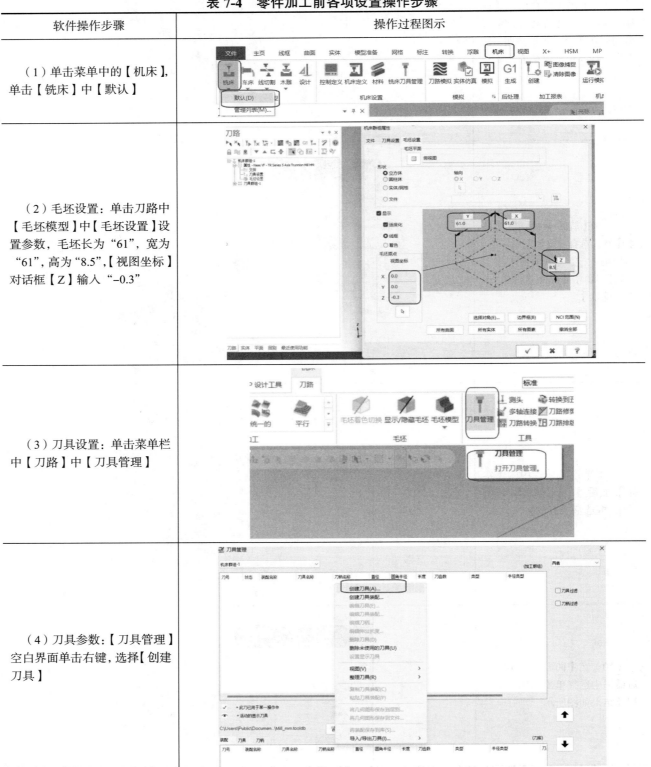
（2）毛坯设置：单击刀路中【毛坯模型】中【毛坯设置】设置参数，毛坯长为"61"，宽为"61"，高为"8.5"，【视图坐标】对话框【Z】输入"–0.3"	
（3）刀具设置：单击菜单栏中【刀路】中【刀具管理】	
（4）刀具参数：【刀具管理】空白界面单击右键，选择【创建刀具】	

续表

软件操作步骤	操作过程图示
（5）创建刀具：单击【平铣刀】，单击【下一步】	
（6）刀具参数：在【总尺寸】中【刀齿直径】对话框中输入"8"，单击【确定】	
（7）新建机床：单击菜单栏中的【机床】，然后单击【铣床】，在弹出的扩展菜单中单击【默认】	
（8）绘画图形：单击菜单栏中的【线框】，单击【已知点画圆】	
（9）绘制圆形：单击五角星中心，【尺寸】对话框【支架】输入"61"，单击【确定】，过程和结果如图所示	

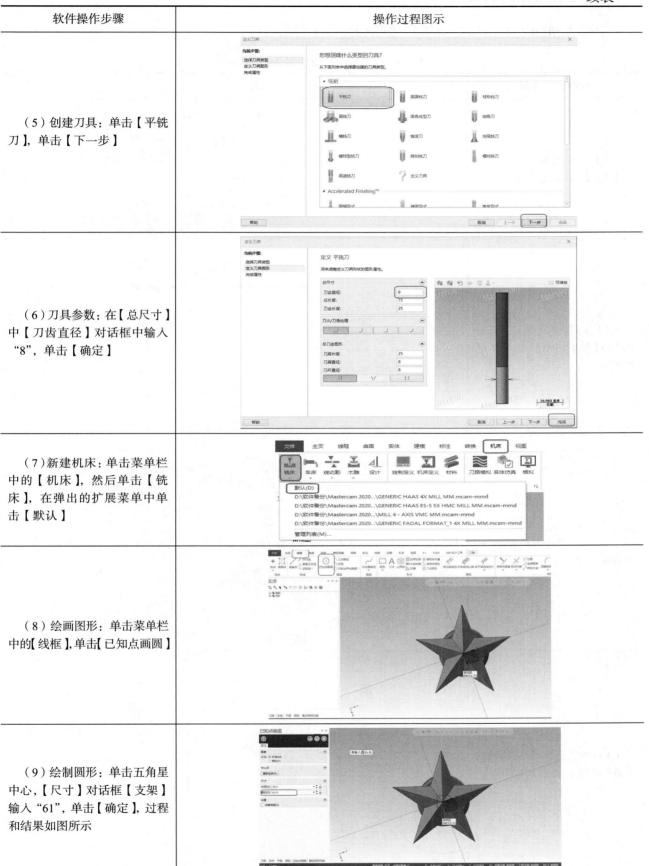

二、创建加工刀具路径

工步 1 粗加工五角星轮廓操作步骤如表 7-5 所示。

表 7-5　粗加工五角星轮廓操作步骤

软件操作步骤	操作过程图示
（1）单击菜单栏中的【刀路】，然后单击【优化动态加工】	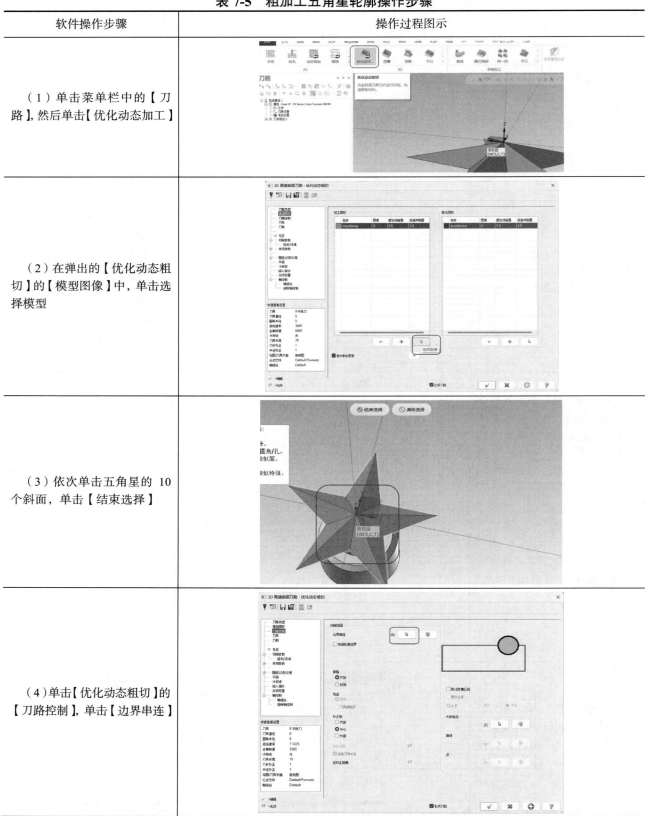
（2）在弹出的【优化动态粗切】的【模型图像】中，单击选择模型	
（3）依次单击五角星的 10 个斜面，单击【结束选择】	
（4）单击【优化动态粗切】的【刀路控制】，单击【边界串连】	

续表

软件操作步骤	操作过程图示
（5）弹出【线框串连】，单击圆形线框，在【线框串连】中单击【确定】	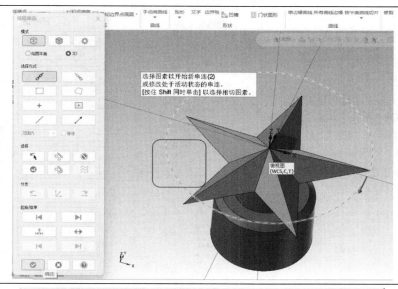
（6）【进给速率】对话框"7.1625"修改为"3000"，【主轴转速】对话框"3000"修改为"6000"，【每齿进刀量】对话框"0.0005"修改为"0.125"，【下刀速率】对话框"7.1625"修改为"1200"	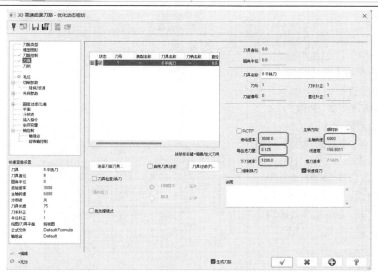
（7）单击【优化动态粗切】的【陡峭/浅滩】，勾选【最高位置】和【最低位置】，单击【最低位置】对话框输入"-9"	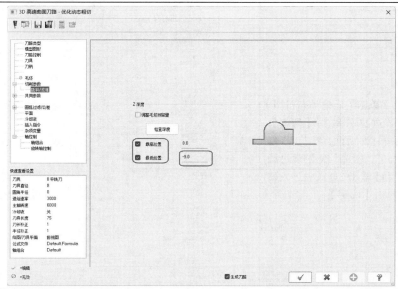

续表

软件操作步骤	操作过程图示
（8）单击【优化动态粗切】的【切削参数】，【距离】对话框"5"修改为"1"，【分层深度】对话框"8"修改为"10"，勾选【步进量】，【步进量】对话框"0.8"修改为"0.5"	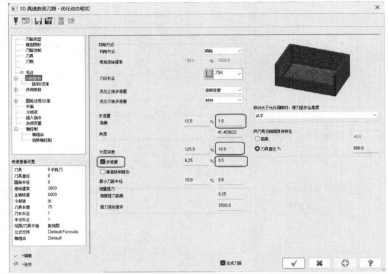
（9）单击【优化动态粗切】的【共同参数】中【提刀】，选择【最小垂直提高】，【水平进刀圆弧】对话框"2"修改为"0"，【水平退刀圆弧】对话框"2"修改为"0"，【斜插角度】对话框"10"修改为"0"，【垂直圆弧切入】对话框"2"修改为"0"，【垂直圆弧切出】对话框"2"修改为"0"，【最大修剪距离】对话框"1"修改为"2.2"	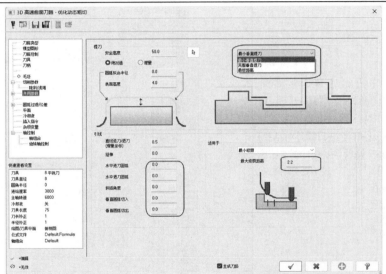
（10）单击【优化动态粗切】的【圆弧过滤/公差】中【切削公差】百分比对话框，将"95"修改为"50"，勾选【线/圆弧过滤设置】和【输出3D圆弧进入移动】，单击【确定】	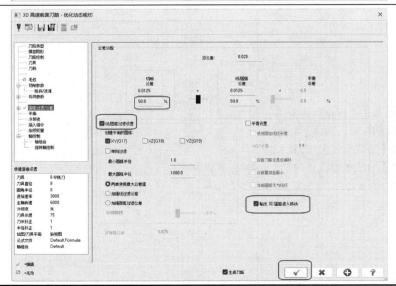

工步 2 粗加工五角星斜面 1 操作步骤如表 7-6 所示。

表 7-6　粗加工五角星斜面 1 操作步骤

软件操作步骤	操作过程图示
（1）单击菜单【刀路】的【动态铣削】	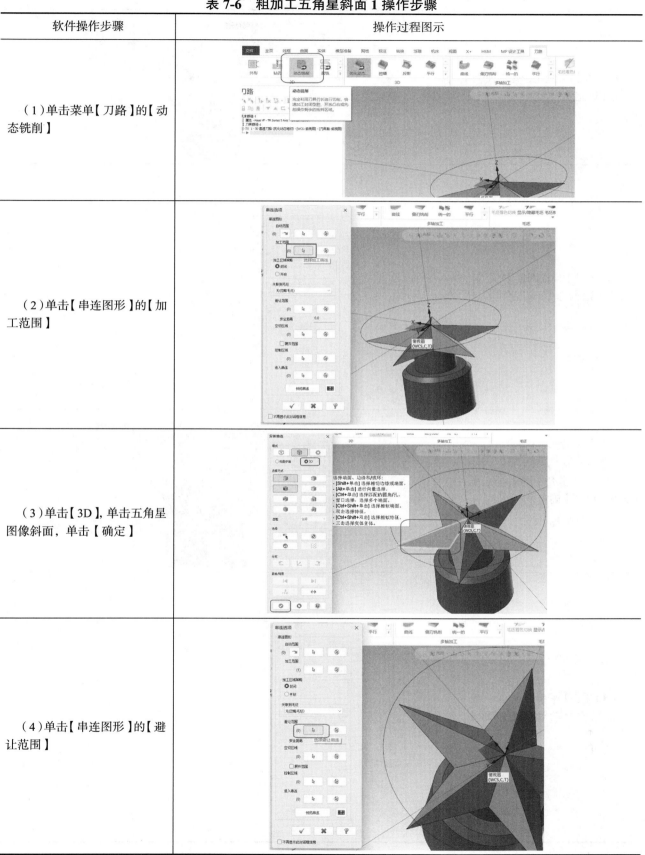
（2）单击【串连图形】的【加工范围】	
（3）单击【3D】，单击五角星图像斜面，单击【确定】	
（4）单击【串连图形】的【避让范围】	

续表

软件操作步骤	操作过程图示
（5）单击五角星图像斜面，单击【确定】	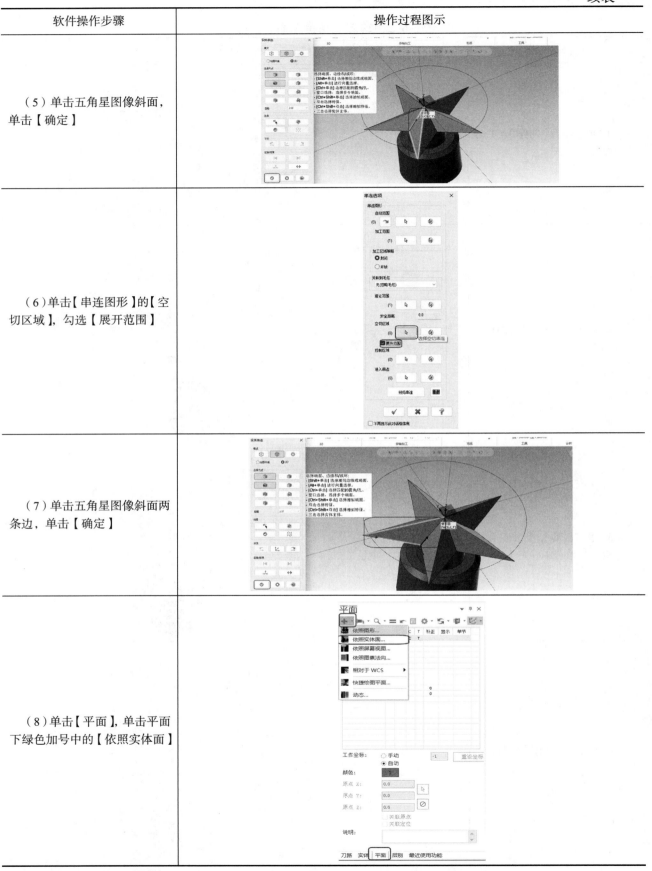
（6）单击【串连图形】的【空切区域】，勾选【展开范围】	
（7）单击五角星图像斜面两条边，单击【确定】	
（8）单击【平面】，单击平面下绿色加号中的【依照实体面】	

续表

软件操作步骤	操作过程图示
（9）单击五角星斜面，单击【确定】	
（10）【X】【Y】【Z】对话框均输入为"0"，单击【确定】	
（11）单击【动态铣削】的【刀具】，选择刀具	
（12）单击【动态铣削】的【切削参数】，【步进量】中【距离】对话框"2"修改为"1"，【壁边预留量】和【底面预留量】"2"均修改为"0.1"	

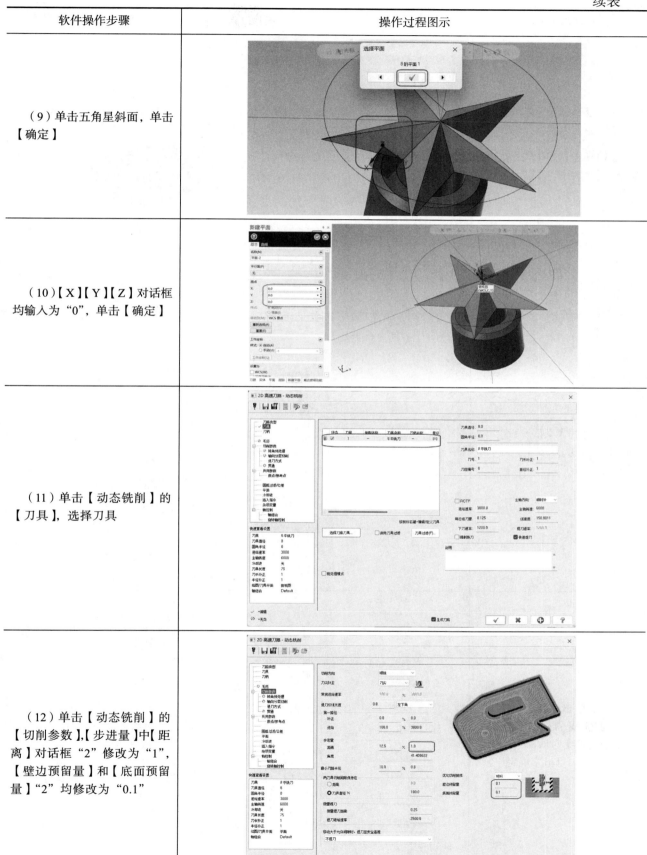

续表

软件操作步骤	操作过程图示
（13）单击【进刀方式】，【螺旋半径】对话框"3.6"修改为"10"	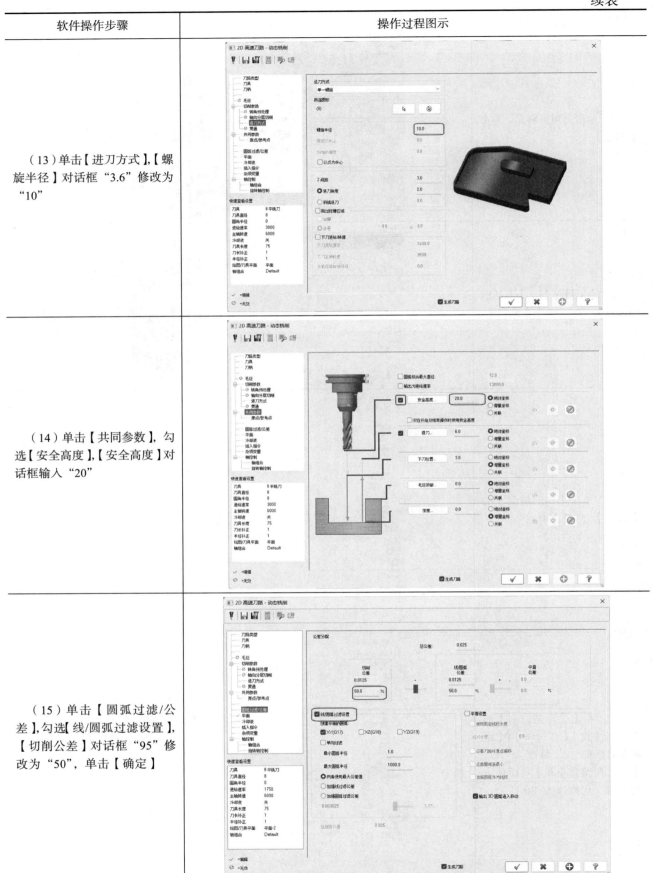
（14）单击【共同参数】，勾选【安全高度】，【安全高度】对话框输入"20"	
（15）单击【圆弧过滤/公差】，勾选【线/圆弧过滤设置】，【切削公差】对话框"95"修改为"50"，单击【确定】	

续表

软件操作步骤	操作过程图示
（16）单击【平面】，单击【选择刀具平面】	
（17）单击【平面】，单击【确定】	
（18）单击【平面】，单击【选择刀具平面】	

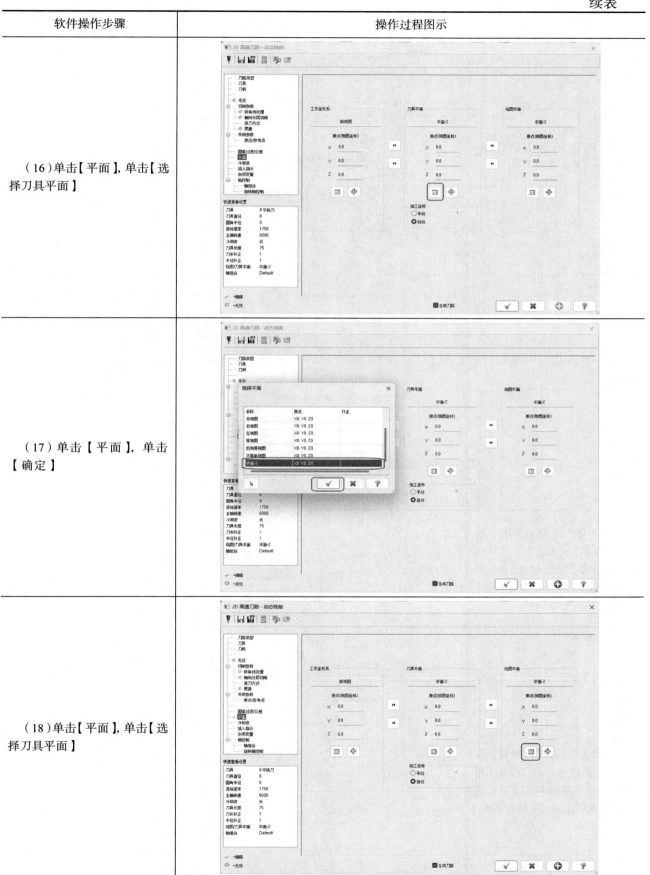

续表

软件操作步骤	操作过程图示
（19）单击【平面】，单击【确定】，再次单击【确定】	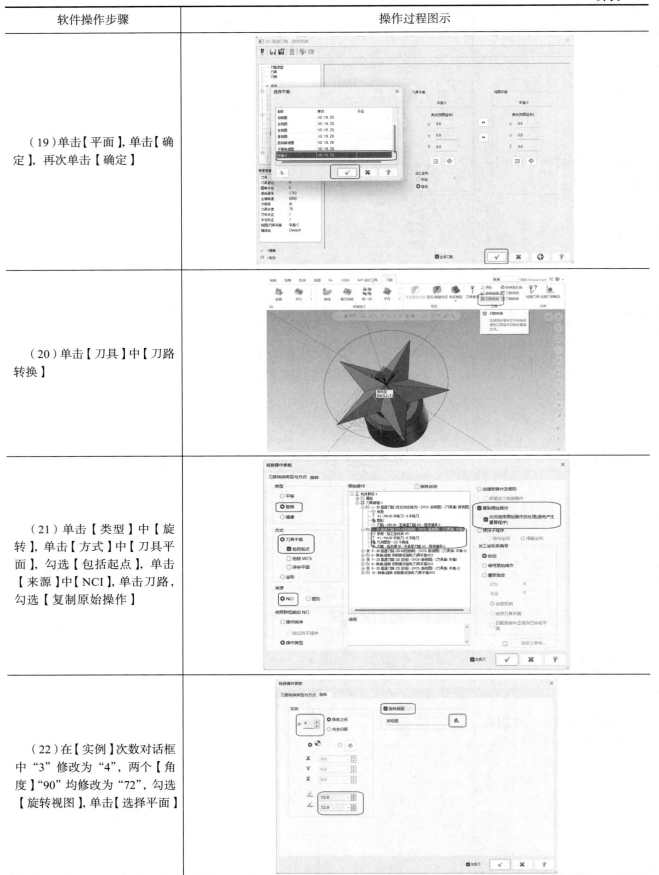
（20）单击【刀具】中【刀路转换】	
（21）单击【类型】中【旋转】，单击【方式】中【刀具平面】，勾选【包括起点】，单击【来源】中【NCI】，单击刀路，勾选【复制原始操作】	
（22）在【实例】次数对话框中"3"修改为"4"，两个【角度】"90"均修改为"72"，勾选【旋转视图】，单击【选择平面】	

软件操作步骤	操作过程图示
（23）选择【俯视图】，单击【确定】	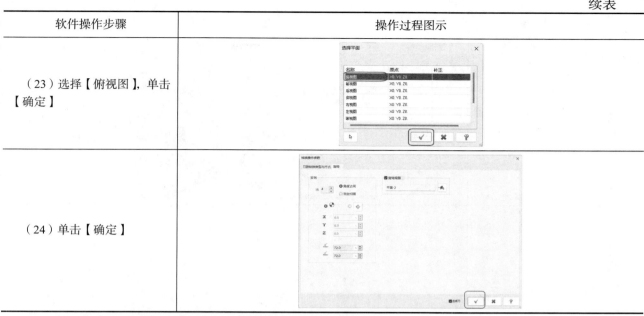
（24）单击【确定】	

工步 3 粗加工五角星斜面 2 操作步骤如表 7-7 所示。

表 7-7　粗加工五角星斜面 2 操作步骤

软件操作步骤	操作过程图示
（1）单击【平面】，单击平面下绿色加号中的【依照实体面】	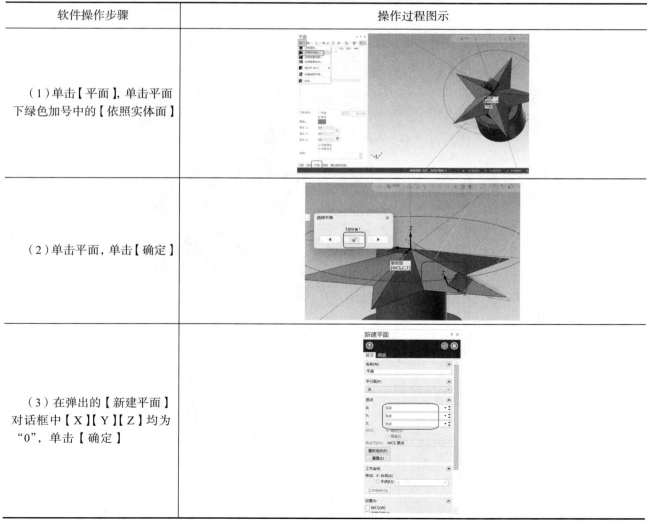
（2）单击平面，单击【确定】	
（3）在弹出的【新建平面】对话框中【X】【Y】【Z】均为"0"，单击【确定】	

续表

软件操作步骤	操作过程图示
（4）单击【刀路】中的【动态铣削】	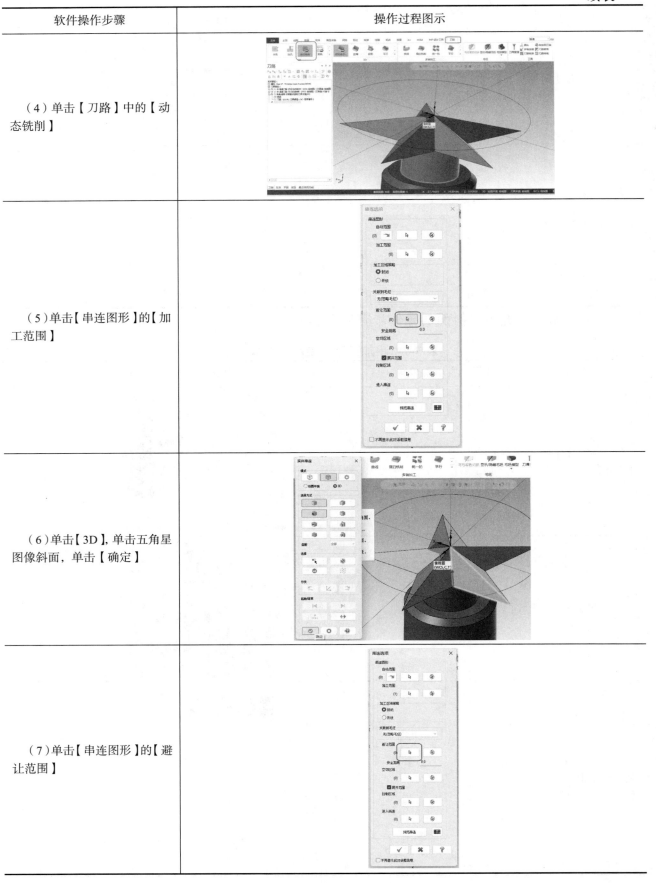
（5）单击【串连图形】的【加工范围】	
（6）单击【3D】，单击五角星图像斜面，单击【确定】	
（7）单击【串连图形】的【避让范围】	

续表

软件操作步骤	操作过程图示
（8）单击五角星图像斜面，单击【确定】	
（9）单击【串连图形】的【空切区域】，勾选【展开范围】	
（10）单击五角星图像斜面两条边，单击【确定】	
（11）单击【动态铣削】的【刀具】，选择刀具，【进给速率】"3000"修改为"1000"	

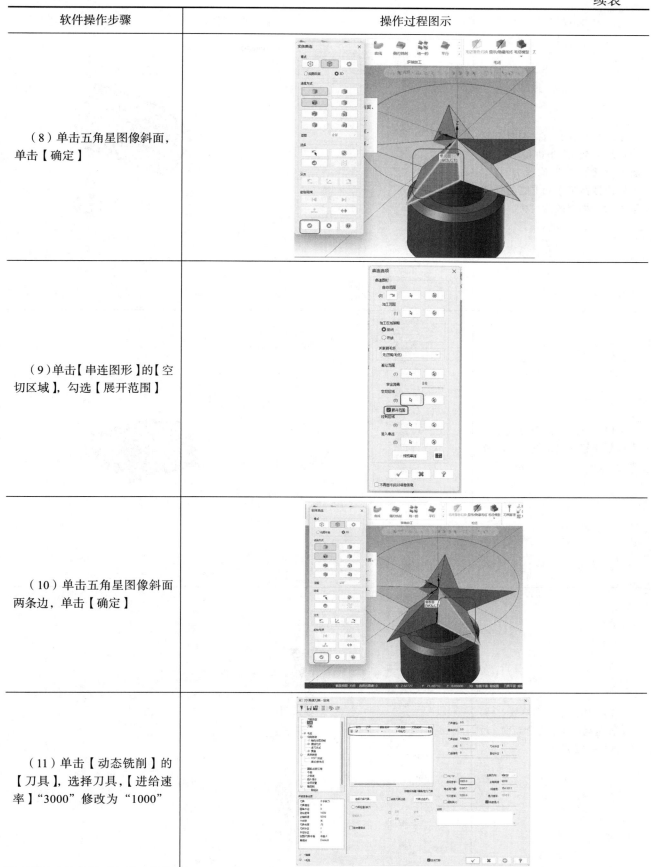

续表

软件操作步骤	操作过程图示
（12）单击【动态铣削】的【切削参数】,【步进量】中【距离】对话框"2"修改为"1",【壁边预留量】和【底面预留量】"2"均修改为"0.1"	
（13）单击【进刀方式】的【螺旋半径】对话框"3.6"修改为"10"	
（14）单击【共同参数】,勾选【安全高度】,【安全高度】对话框输入"20"	

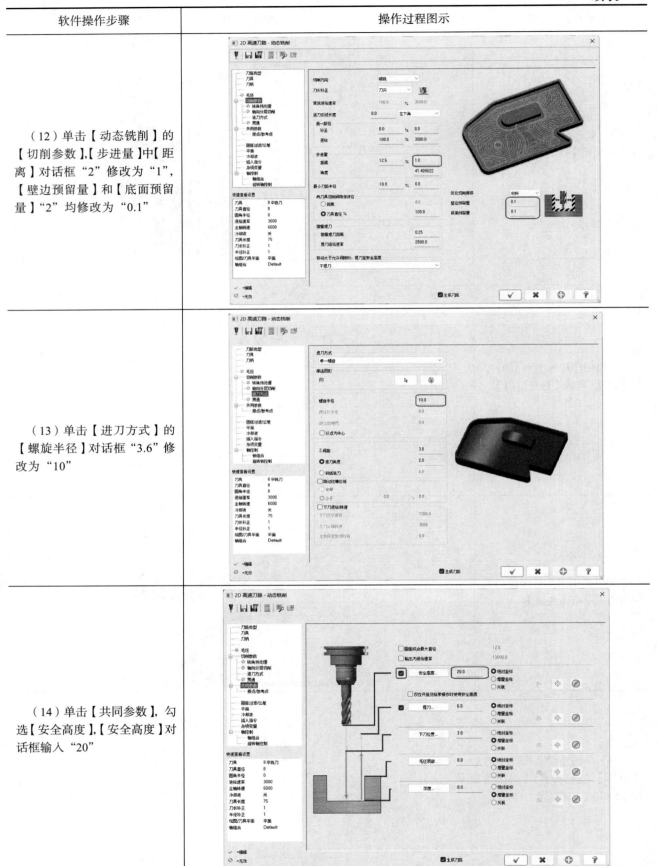

续表

软件操作步骤	操作过程图示
（15）单击【圆弧过滤/公差】，勾选【线/圆弧过滤设置】，【切削公差】对话框"95"修改为"50"，单击【确定】	
（16）单击【平面】，单击【选择刀具平面】	
（17）单击【平面】，单击【确定】	
（18）单击【平面】，单击【选择刀具平面】	

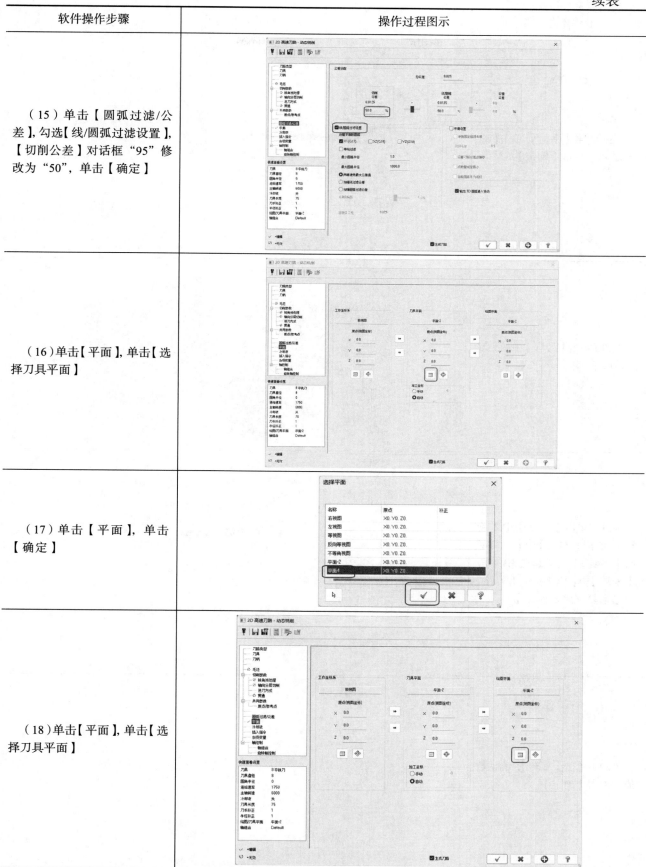

续表

软件操作步骤	操作过程图示
（19）单击【平面】,单击【确定】,再次单击【确定】	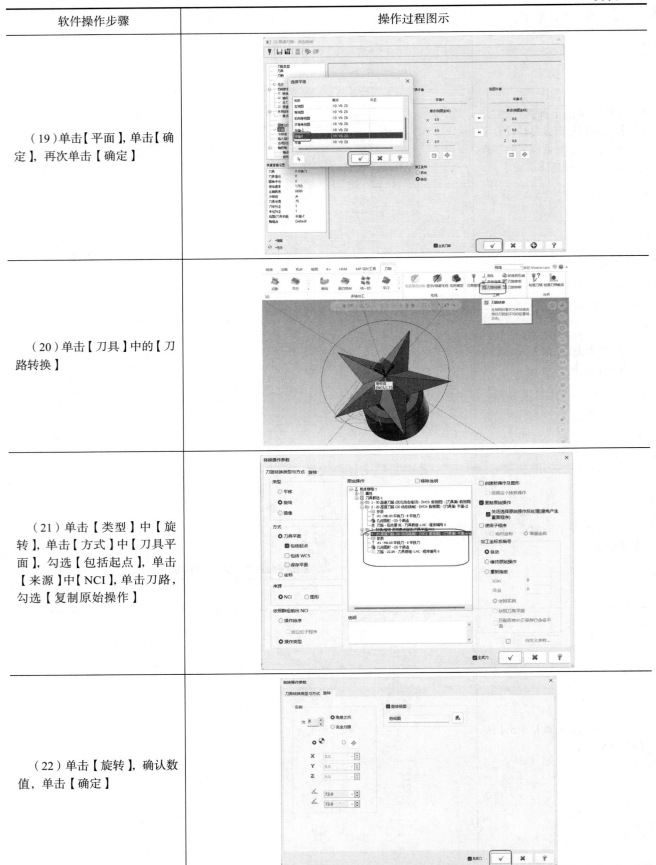
（20）单击【刀具】中的【刀路转换】	
（21）单击【类型】中【旋转】,单击【方式】中【刀具平面】,勾选【包括起点】,单击【来源】中【NCI】,单击刀路,勾选【复制原始操作】	
（22）单击【旋转】,确认数值,单击【确定】	

工步 4 精加工五角星斜面 1 操作步骤如表 7-8 所示。

表 7-8　精加工五角星斜面 1 操作步骤

软件操作步骤	操作过程图示
（1）单击菜单栏中的【刀路】，单击【区域】	
（2）单击【串连图形】的【加工范围】	
（3）单击【3D】，单击五角星图像斜面，与粗加工同一加工面，单击【确定】	

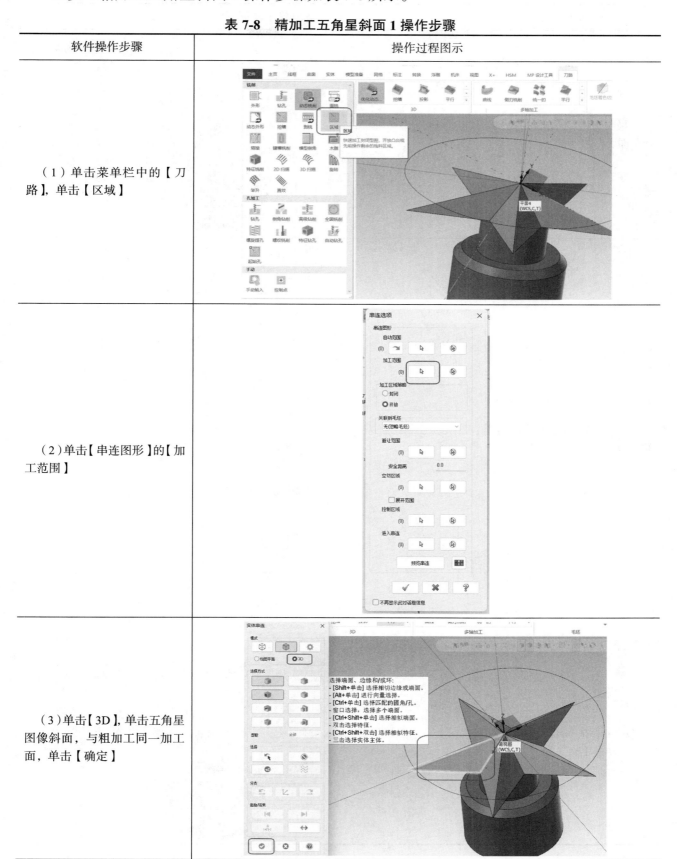

续表

软件操作步骤	操作过程图示
（4）单击【串连图形】的【避让范围】	
（5）单击【串连图形】的【空切区域】，勾选【展开范围】	
（6）单击五角星图像斜面两条边，单击【确定】	

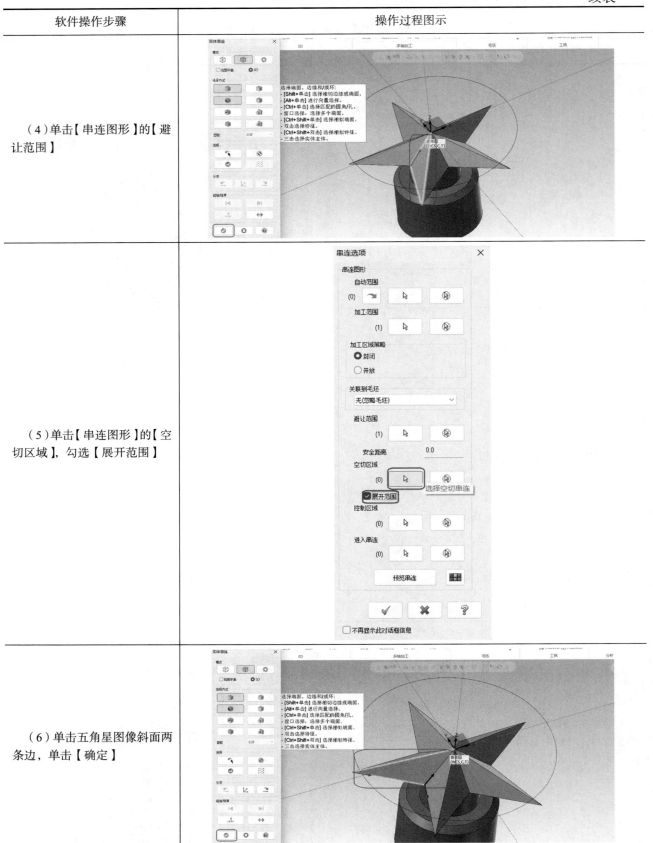

续表

软件操作步骤	操作过程图示
（7）在【加工区域策略】勾选【封闭】	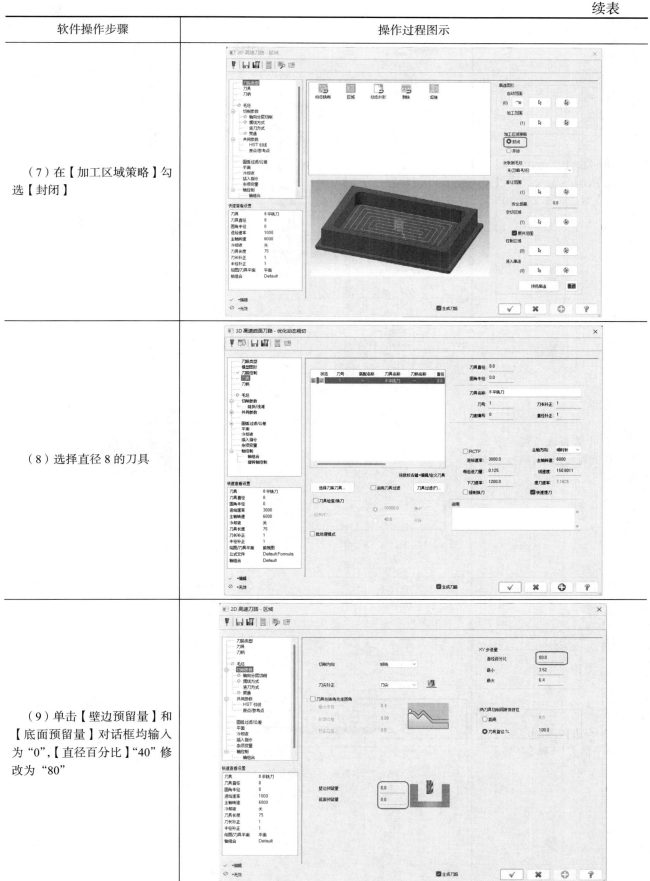
（8）选择直径8的刀具	
（9）单击【壁边预留量】和【底面预留量】对话框均输入为"0",【直径百分比】"40"修改为"80"	

续表

软件操作步骤	操作过程图示
（10）勾选【安全高度】，【安全高度】对话框输入"20"，【毛坯顶部】对话框修改为"0"	
（11）【垂直圆弧切入】和【垂直圆弧切出】对话框均输入"0.2"	
（12）单击【平面】，单击【选择刀具平面】，选择【平面】	

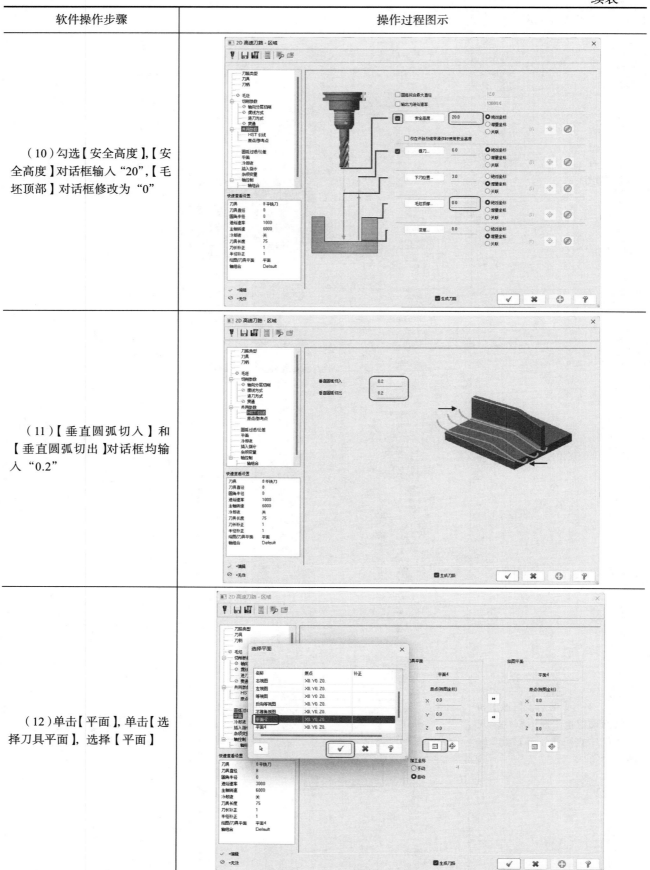

续表

软件操作步骤	操作过程图示
（13）单击【平面】，单击【选择绘图平面】，选择【平面】，单击【确认】	
（14）单击【刀具】中【刀路转换】	
（15）单击刀路，单击【确认】	

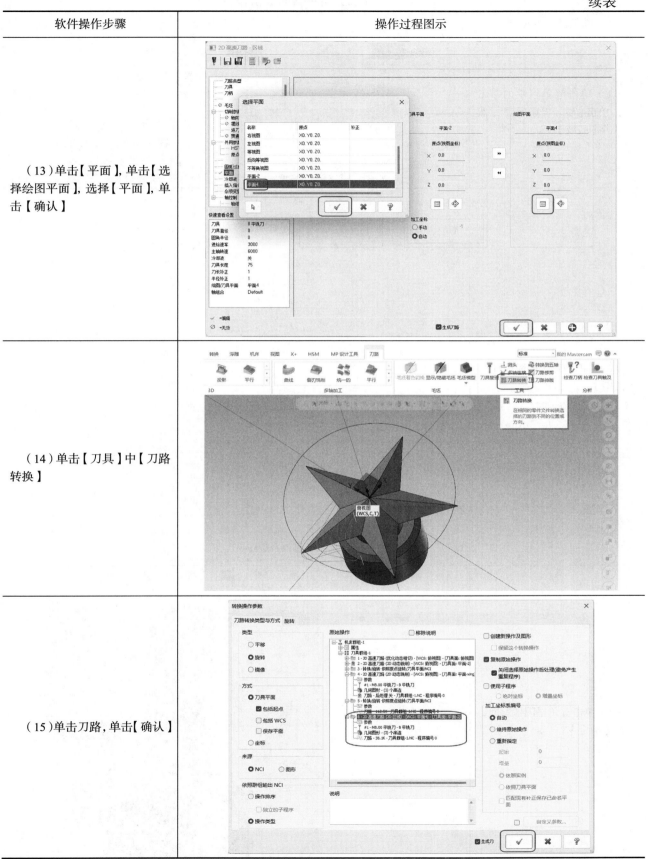

工步 5 精加工五角星斜面 2 操作步骤如表 7-9 所示。

表 7-9 精加工五角星斜面 2 操作步骤

软件操作步骤	操作过程图示
（1）单击菜单栏中的【刀路】，单击【展开刀路列表】，然后单击【区域】	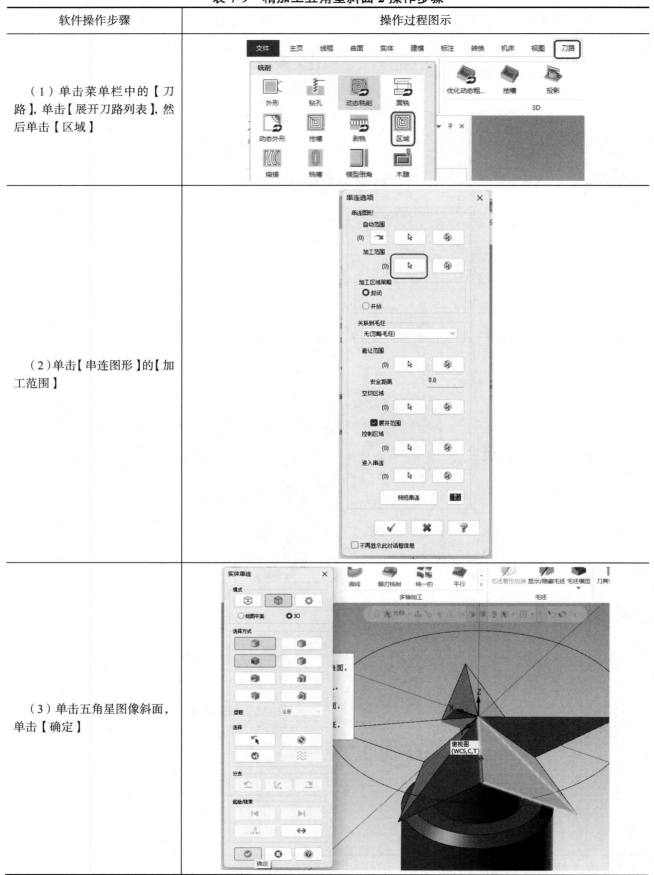
（2）单击【串连图形】的【加工范围】	
（3）单击五角星图像斜面，单击【确定】	

续表

软件操作步骤	操作过程图示
（4）单击【串连图形】的【避让范围】	
（5）单击五角星图像斜面，单击【确定】	
（6）单击【串连图形】的【空切区域】，勾选【展开范围】	

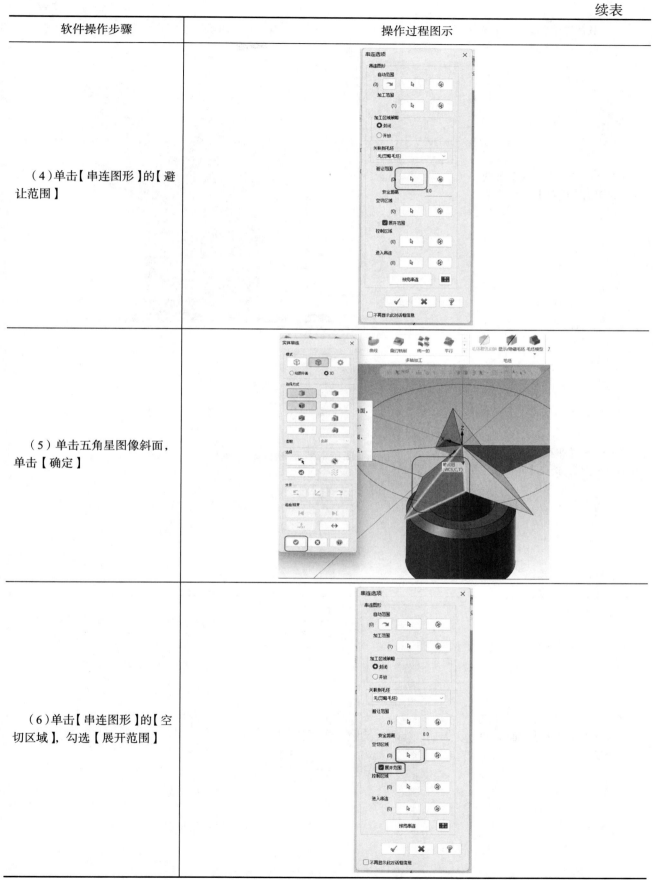

续表

软件操作步骤	操作过程图示
（7）单击五角星图像斜面两条边，单击【确定】	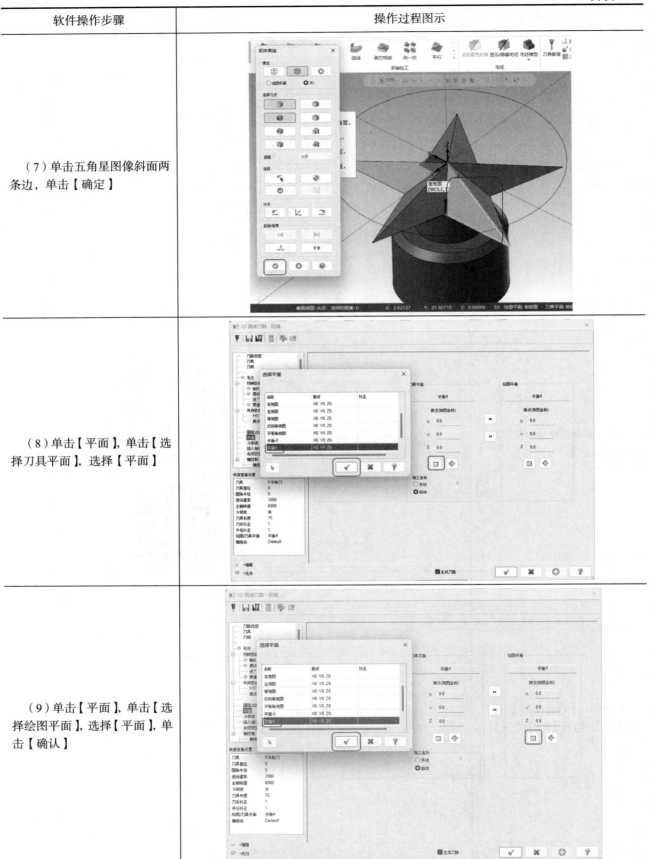
（8）单击【平面】，单击【选择刀具平面】，选择【平面】	
（9）单击【平面】，单击【选择绘图平面】，选择【平面】，单击【确认】	

续表

软件操作步骤	操作过程图示
（10）单击【刀具】中【刀路转换】	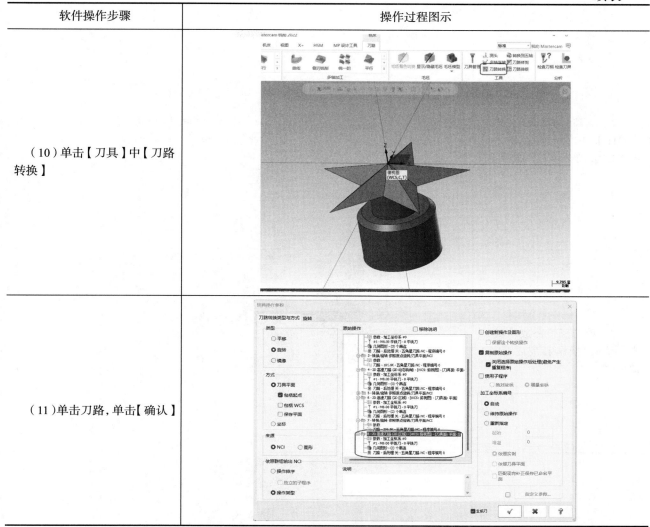
（11）单击刀路，单击【确认】	

三、仿真加工

刀具路径模拟仿真加工操作步骤如表 7-10 所示。

表 7-10　刀具路径模拟仿真加工操作步骤

软件操作步骤	操作过程图示
（1）单击辅助工具栏左下角【刀路】选项卡，单击【刀具群组】，单击【验证已选择的操作】	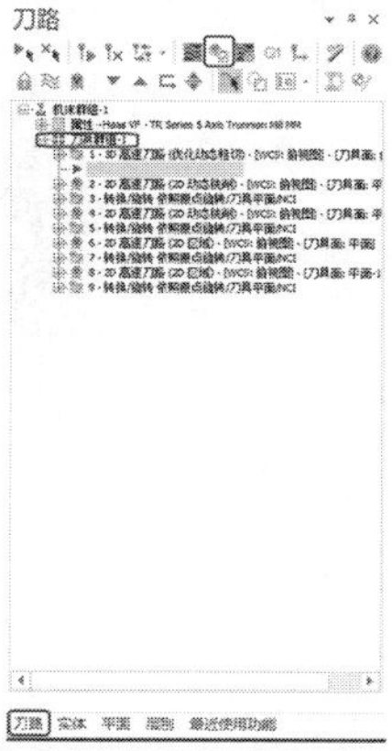

续表

软件操作步骤	操作过程图示
（2）在弹出的对话框中单击【验证】，单击【颜色循环】，单击【3/4】，单击【第一象限】	
（3）单击模拟播放工具条中【下一个操作】，完成工序1模拟	
（4）单击模拟播放工具条中【下一个操作】，完成工序2模拟	
（5）单击模拟播放工具条中【下一个操作】，完成工序3模拟	

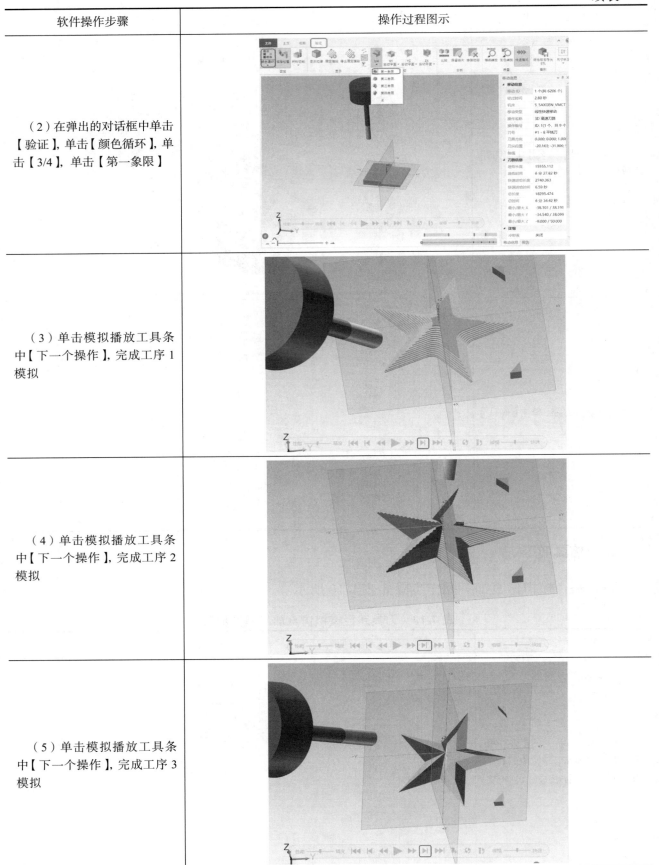

续表

软件操作步骤	操作过程图示
（6）单击模拟播放工具条中【下一个操作】，完成工序4模拟	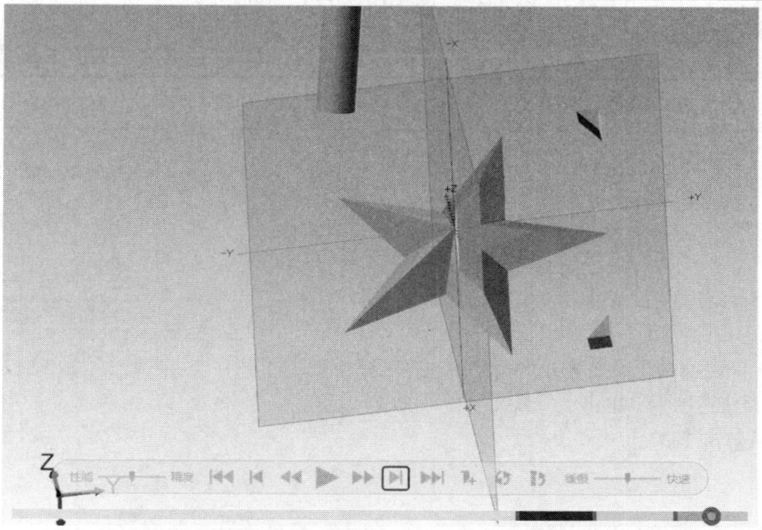
（7）单击模拟播放工具条中【下一个操作】，完成工序5模拟	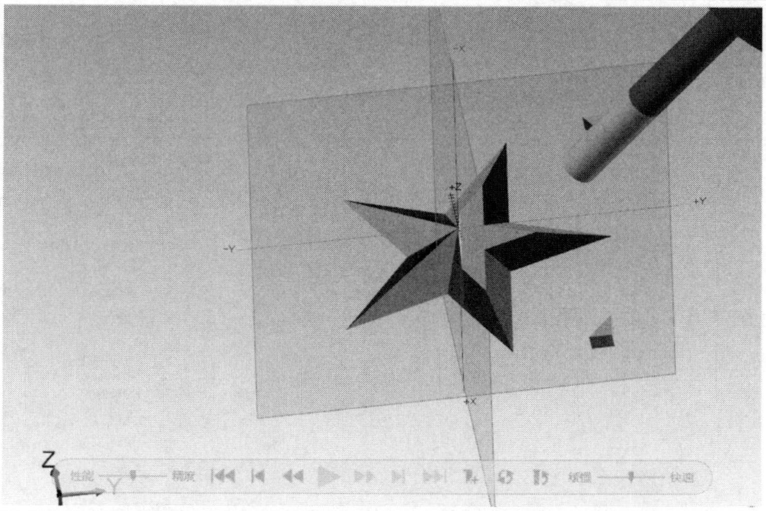
（8）单击模拟加工右侧辅助工具栏【移动列表】可查看加工时间和进给长度等加工信息，单击【碰撞报告】可查看碰撞次数和碰撞位置等信息	

四、后置处理

NC 程序后置处理操作步骤如表 7-11 所示。

表 7-11　NC 程序后置处理操作步骤

软件操作步骤	操作过程图示
（1）单击辅助工具栏左下角的【刀路】选项卡，单击【刀具群组】，单击【G1】	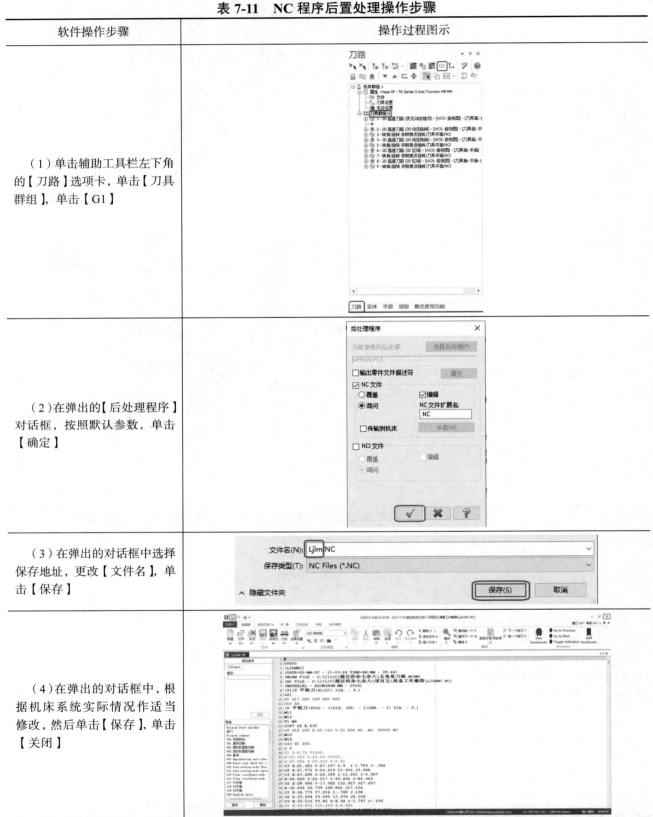
（2）在弹出的【后处理程序】对话框中，按照默认参数，单击【确定】	
（3）在弹出的对话框中选择保存地址，更改【文件名】，单击【保存】	
（4）在弹出的对话框中，根据机床系统实际情况作适当修改，然后单击【保存】，单击【关闭】	

评价单

完成本模块的三个任务后，应做到：

① 根据零件图样及技术要求完成工艺卡的正确编写。

② 工装夹具的选择与设计。

③ 能使用 Mastercam 软件编写典型零件的加工程序。

④ 能完成零件的程序验证仿真。

模块七　评价单

项目	任务内容	分值	自评	教师评价
专业能力评价	零件分析（课前预习）	10		
	工艺卡编写	10		
	夹具选择	10		
	程序的编写	10		
	合理的切削参数	10		
	程序的正确仿真	10		
关键能力	遵守课堂纪律	10		
	积极主动学习	10		
	团队协作能力	10		
	安全意识强	10		
合计		100		
综合评价：_____	评价等级： A：优秀（85~100 分）；B：良好（70~84 分）；C：一般（60~69 分）			
检查评价	教师评语：			
	评定等级		日期	
	学生签字		教师签字	

注：评定等级为优、良、一般。

拓展提升

1. 编写图 7-2、图 7-3、图 7-4 零件的工艺卡。
2. 以本模块案例为参考，完成图 7-2、图 7-3、图 7-4 零件的程序，并完成程序的仿真验证。

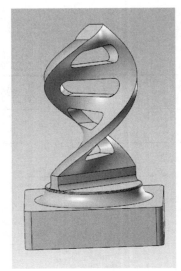

图 7-2　螺旋奖杯

图 7-3　烛台

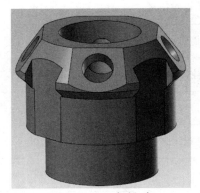

图 7-4　四方锥头

模块七　拓展提升模型

模块八

六方阁五轴加工

学习目标

技能目标：
1. 能对六方阁零件进行工艺分析，并对该类型零件制订加工工艺路线。
2. 能对该零件进行夹具的选择与设计。
3. 能运用 Mastercam 软件完成六方阁零件的编程与仿真加工。
4. 能操作五轴机床完成六方阁零件加工。

知识目标：
1. 了解 Mastercam 软件的曲线加工、侧刃加工、统一加工等的使用方法。
2. 掌握五轴加工的参数设置方法。
3. 掌握五轴刀轴控制的方法。

素养目标：
1. 培养敬业精神和创新意识。
2. 培养实践能力和团队协作能力。

模块描述

数控多轴实训中心接到加工一批（共 50 件）六方阁工艺品的订单，毛坯坯料为 $\phi 98 \times 112$ mm 的 6061 铝合金，其中最大直径 $\phi 96$ mm 处已经在车床上加工完成，在毛坯底面加工 4×M8 的工艺螺纹孔和 2× $\phi 8$ 销钉孔，4×M8 的螺纹孔和 2× $\phi 8$ 的销钉孔的分度圆与 $\phi 96$ mm 毛坯外圆同轴，以保证毛坯与夹具安装后同心。工艺品的三维结构图和毛坯图如图 8-1、图 8-2 所示，要求在一周内完成交付。

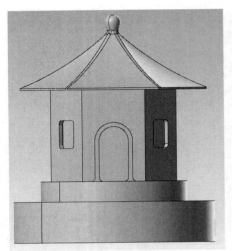
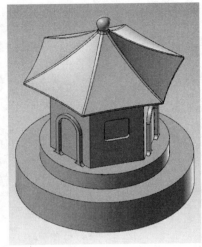

图 8-1 三维结构图

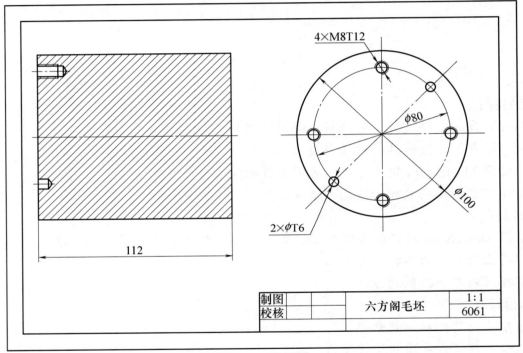

图 8-2 毛坯图

任务一 加工工艺分析

一、零件技术要求及毛坯

六方阁毛坯采用 φ100mm×112mm 的 6061 铝合金，在普通车床上加工最大外圆直径 φ96mm 至长度 30mm。用三轴数控铣床在毛坯底面加工 4×M8 的工艺螺纹孔和 2×φ8 销钉孔，4×M8 的螺纹孔和 2×φ8 的销钉孔的分度圆与 φ96mm 毛坯外圆同轴，以保证毛坯与夹具安装后同心。

二、零件图分析

该工艺品最大直径 φ96mm，中间部分均布 6 个平面，其中 3 个平面上有方形凹槽，另 3

个平面有 U 形凸台，阁顶部分是曲面特征，最顶端部分是椭圆形状特征。

三、工艺分析

该工艺品的阁顶部分是曲面，而且六扇顶棚之间均是圆弧过渡，在四轴机床上无法完全加工出该工艺品的所有特征，通过以上分析，决定在五轴机床上加工。

1. 定位基准的确定

以毛坯底部的 2×φ8 销钉孔作为装夹定位基准，确保工件安装后与夹具同心，坐标系选择在工艺品顶端面中心处，即将 X、Y、Z 选择在工艺品顶端面的中心。

2. 加工难点

① CAM 软件的 3D 优化动态编程。
② 六扇顶棚之间的圆弧过渡编程。

3. 加工方案

① 粗加工六方阁的主体轮廓第一面。
② 粗加工六方阁的主体轮廓第二面。
③ 加工三扇门的其中一扇。
④ 加工其余两扇门。
⑤ 加工小圆柱。
⑥ 加工三扇门的其中一扇凹槽部分。
⑦ 加工其余两扇凹槽部分。
⑧ 加工三个窗户的其中一个。
⑨ 加工其余两个窗户。
⑩ 加工顶棚边缘。
⑪ 加工阁顶曲面特征。

4. 加工工艺卡片

加工工艺卡片如表 8-1 所示。

表 8-1 加工工艺卡片

序号	工步	刀具名称	规格	主轴转速/(r/min)	进给速度/(mm/min)	备注
1	粗加工六方阁的主体轮廓第一面	圆鼻铣刀	φ12	5000	2000	
2	粗加工六方阁的主体轮廓第二面	圆鼻铣刀	φ12	5000	2000	
3	加工三扇门的其中一扇	平底铣刀	φ6	4200	2500	
4	加工其余两扇门	平底铣刀	φ6	4200	2500	
5	加工小圆柱	平底铣刀	φ10	6000	3000	
6	加工三扇门的其中一扇凹槽部分	平底铣刀	φ6	6000	2000	
7	加工其余两扇凹槽部分	平底铣刀	φ6	6000	2000	
8	加工三个窗户的其中一个	平底铣刀	φ6	6000	2000	
9	加工其余两个窗户	平底铣刀	φ6	6000	2000	
10	加工顶棚边缘	平底铣刀	φ6	6000	2000	
11	加工阁顶曲面特征	球头刀	φ6	10000	2000	

任务二　六方阁编程加工

一、加工准备

零件加工前各项设置的操作步骤如表 8-2 所示。

表 8-2　零件加工前各项设置操作步骤

软件操作步骤	操作过程图示
（1）新建层别：单击左侧功能区【层别】，在切换的显示页面单击【+】，勾选新建层别"2"	
（2）单击【线框】，单击【▼】，单击【圆角矩形】，类型选择【矩形】，方式选择【基准点】，原点选择中上，宽度："95.0"，高度："92.0"，单击【确定】	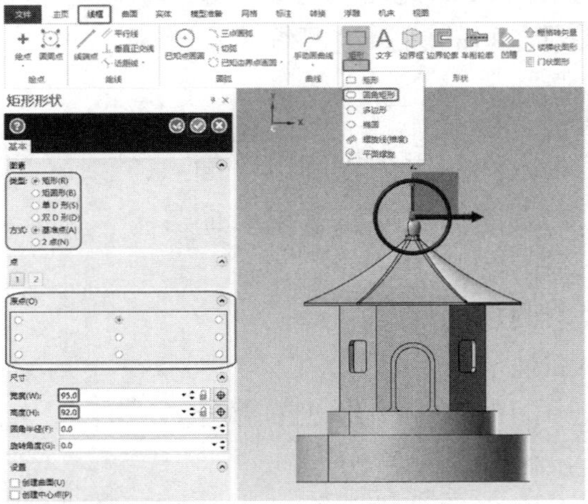
（3）单击【+】，勾选新建层别"3"	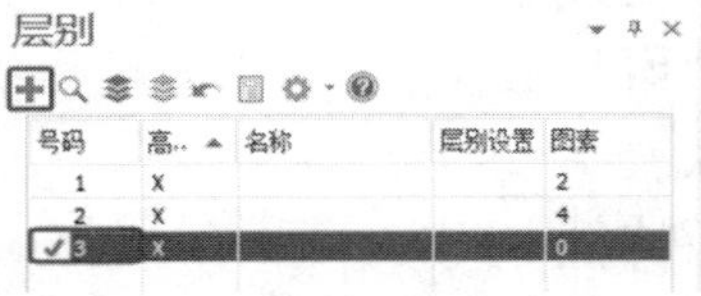
（4）单击【曲面】，单击【圆柱】，类型选择【曲面】，半径："80.0"，高度："-80.0"，单击【确定】	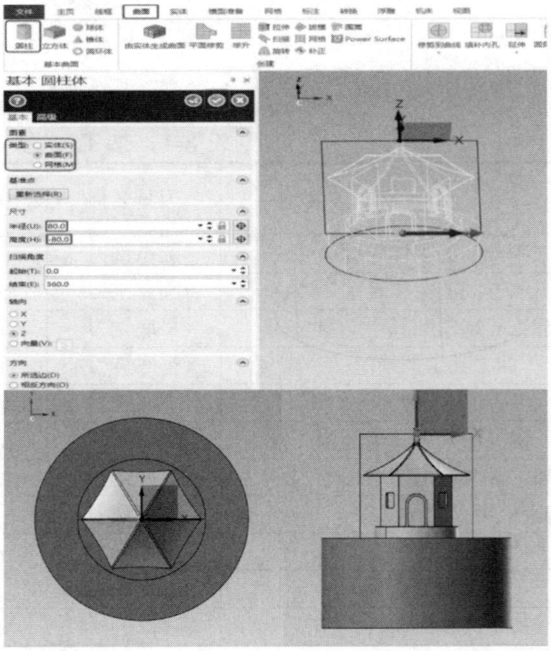

续表

软件操作步骤	操作过程图示
（5）单击【+】，勾选新建层别"4"，取消选择："2，3"图层	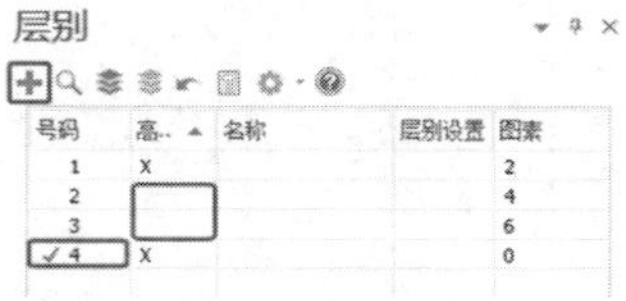
（6）单击【实体】，单击【圆柱】，类型选择【实体】，尺寸半径："47.5"，高度："-92.0"，单击【确定】	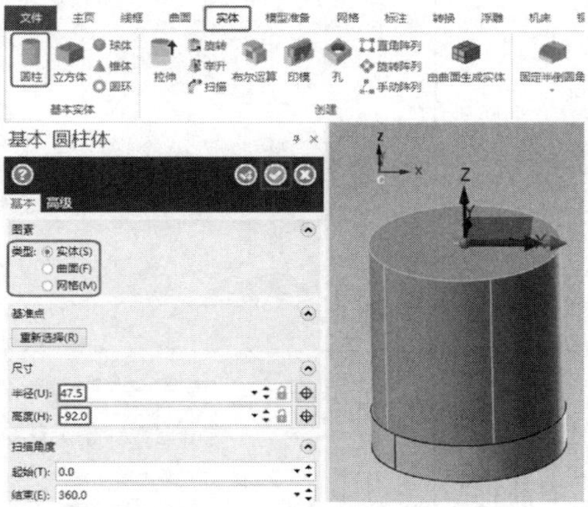
（7）单击【机床】，单击铣床，选择五轴机床	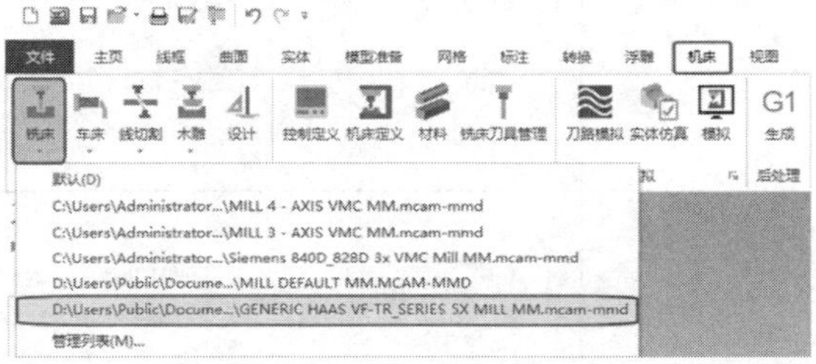
（8）顶部图层选择"1"，关闭图层显示"2，3，4"	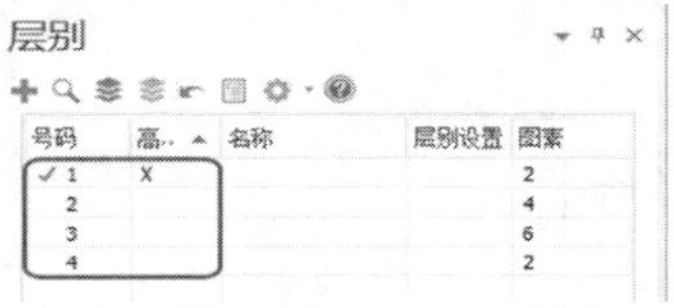

二、创建加工刀具路径

工序 1 粗加工六方阁的主体轮廓第一面的操作步骤如表 8-3 所示。

表 8-3　粗加工六方阁的主体轮廓第一面的操作步骤

软件操作步骤	操作过程图示
（1）单击【刀路】，单击【优化动态粗切】，单击【模型图形】，选择【加工图形】和【避让模型】，加工模型壁边预留量："0.0"，底面预留量："0.0"	

续表

软件操作步骤	操作过程图示
（2）单击【刀路控制】，切削范围：【选择边界范围】	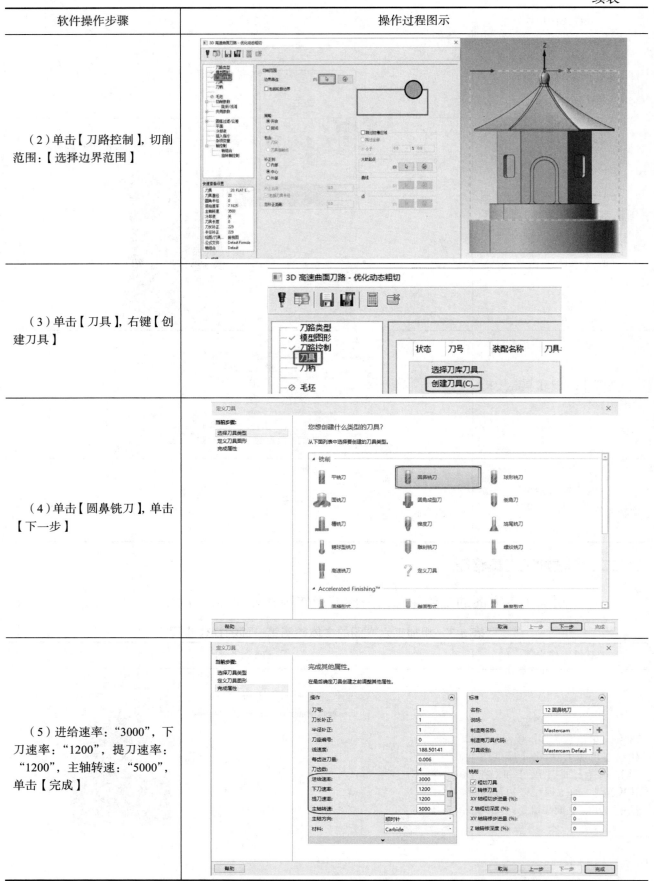
（3）单击【刀具】，右键【创建刀具】	
（4）单击【圆鼻铣刀】，单击【下一步】	
（5）进给速率："3000"，下刀速率："1200"，提刀速率："1200"，主轴转速："5000"，单击【完成】	

续表

软件操作步骤	操作过程图示
（6）单击【切削参数】,【步进量】:"1.8",分层深度:"30.0",步进量:"0.4",最小刀路半径:"1.2"	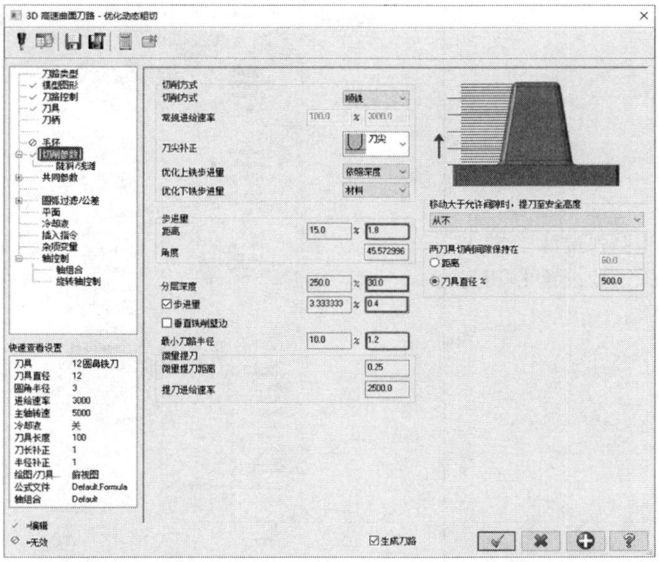
（7）单击【陡斜/浅滩】,最高位置:"39.0",最低位置:"-0.5"	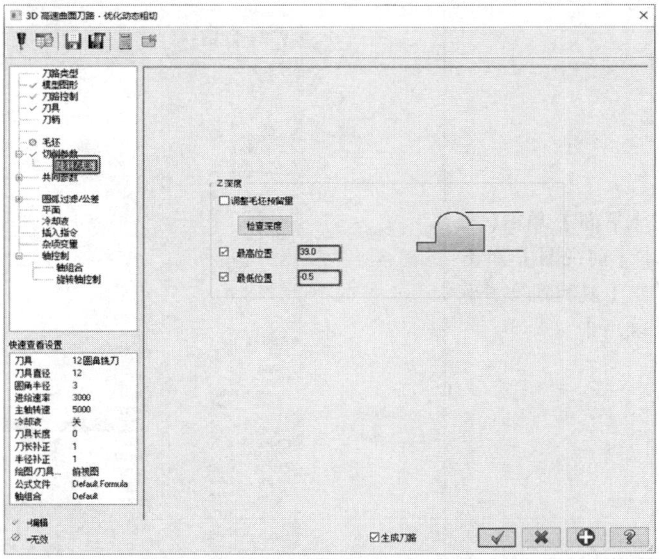
（8）单击【共同参数】,更改为【最小垂直提刀】,圆弧拟合半径:"2.0",表面高度:"10.0"。【引线】直线进刀/退刀（增量坐标）:"0.5",延伸:"0.0",水平进刀圆弧:"0.0",水平退刀圆弧:"0.0",斜插角度:"0.0",垂直圆弧切入:"2.0",垂直圆弧切出:"2.0"	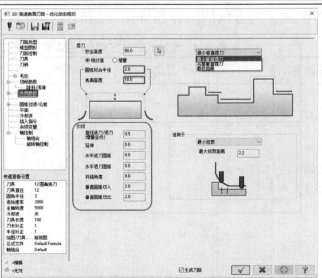

续表

软件操作步骤	操作过程图示
（9）单击【圆弧过滤/公差】，勾选【线/圆弧过滤设置】，切削公差："50.0"	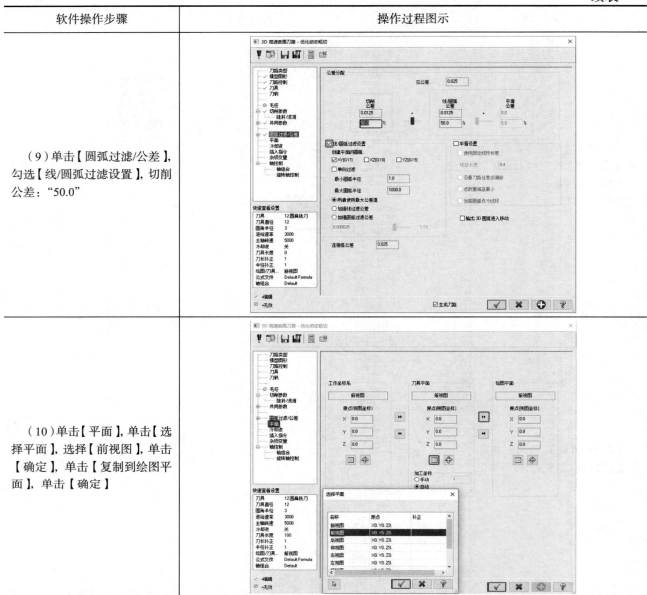
（10）单击【平面】，单击【选择平面】，选择【前视图】，单击【确定】，单击【复制到绘图平面】，单击【确定】	

工序 2 粗加工六方阁的主体轮廓第二面的操作步骤如表 8-4 所示。

表 8-4　粗加工六方阁的主体轮廓第二面的操作步骤

软件操作步骤	操作过程图示
（1）鼠标放在 1 号刀路上单击右键，单击【复制】	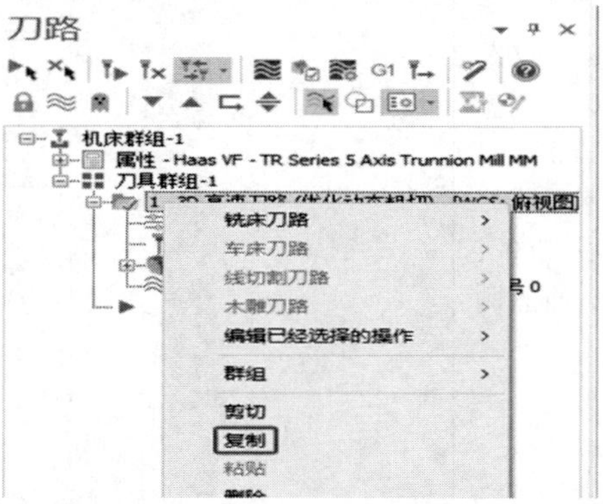

续表

软件操作步骤	操作过程图示
（2）单击鼠标右键，单击【粘贴】	
（3）单击【参数】	
（4）单击【平面】，单击【选择平面】，选择【后视图】，单击【确定】，单击【复制到绘图平面】，单击【确定】	

工序3加工三扇门的其中一扇的操作步骤如表8-5所示。

表8-5　加工三扇门的其中一扇的操作步骤

软件操作步骤	操作过程图示
（1）单击【动态铣削】	
（2）单击【加工范围】	

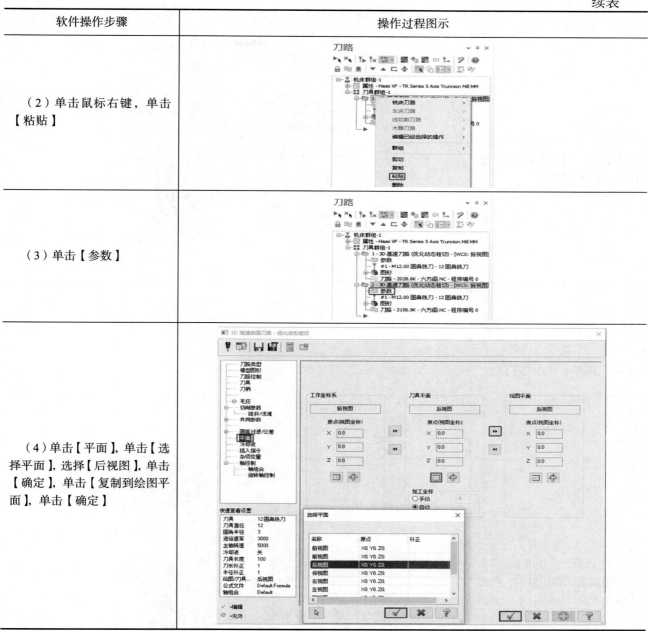

续表

软件操作步骤	操作过程图示
（3）模式选择【实体】,选择方式使用【环】和【实体面】选择面,单击【确定】	
（4）单击【空切区域】	
（5）选择方式使用【边缘】,选择边线方向如图所示,单击【确定】	
（6）单击【刀具】,创建【ϕ10平铣刀】,进给速率:"3000.0",主轴转速:"6000",下刀速率:"1200.0"	

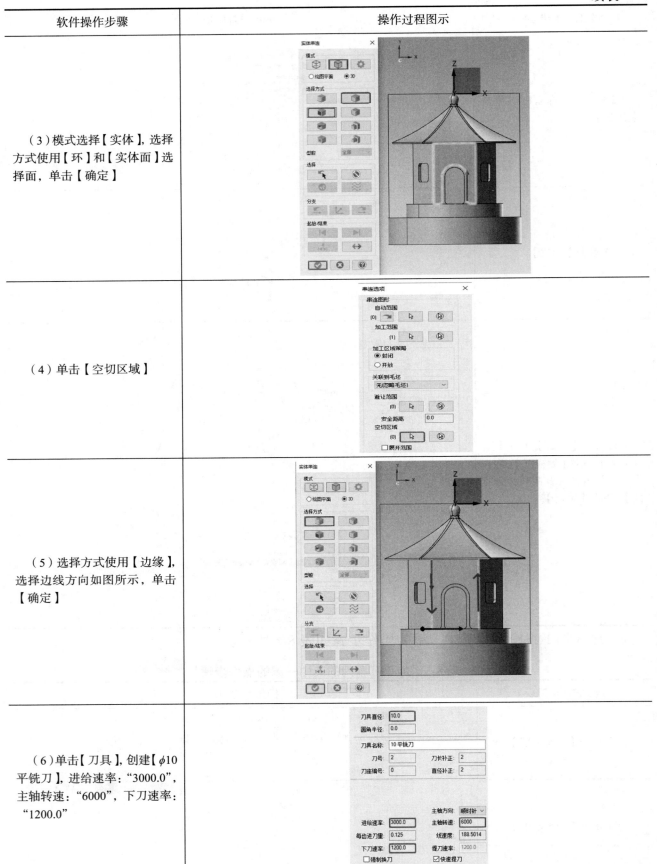

续表

软件操作步骤	操作过程图示
（7）单击【切削参数】,【XY步进量】直径百分比："80.0"，最小："4.4"，最大："8.0"，壁边预留量："0.2"，底面预留量："0.2"	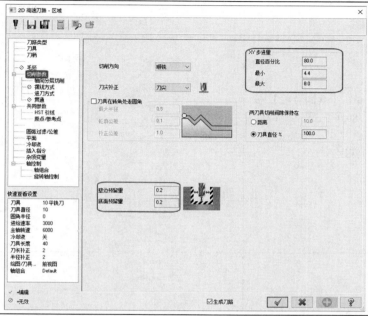
（8）单击【轴向分层切削】,勾选【轴向分层切削】,最大粗切步进量："1.0"	
（9）单击【进刀方式】,进刀方式选择【斜插进刀】,进刀使用的进给选择【下刀速率】,Z高度："0.125"，进刀角度："2.0"，第一外形长度："0.0"，跳过小于以下值的挖槽区域："0.0"	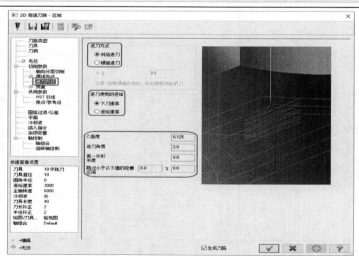

续表

软件操作步骤	操作过程图示
（10）单击【共同参数】，安全高度："80.0"，提刀："6.0"，下刀位置："3.0"，毛坯顶部："28.0"，深度："0.0"	
（11）单击【HST引线】，垂直圆弧切入："0.2"，垂直圆弧切出："0.2"	
（12）单击【平面】，单击【选择平面】，选择【前视图】，单击【确定】，单击【复制到绘图平面】，单击【确定】	

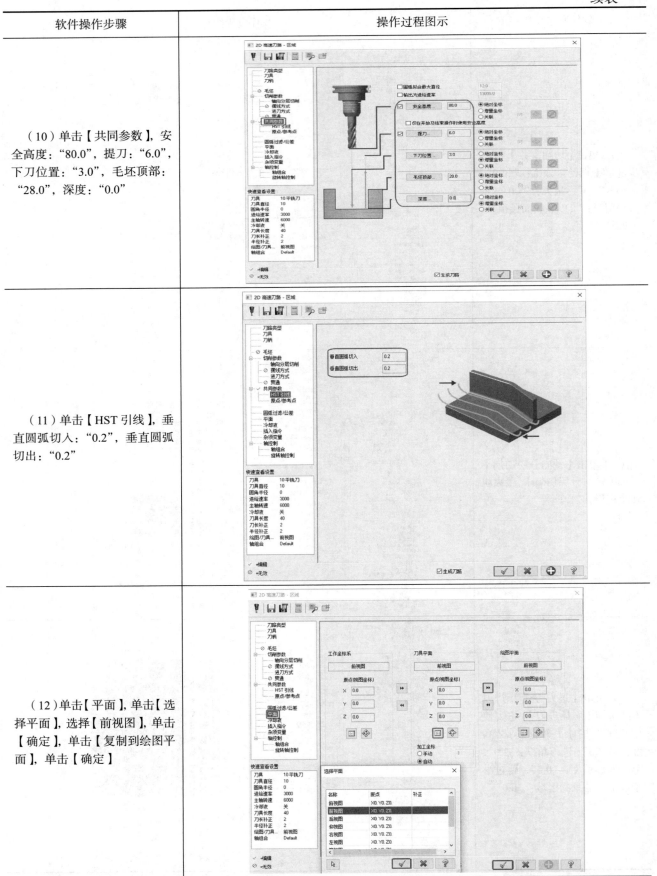

工序 4 加工其余两扇门的操作步骤如表 8-6 所示。

表 8-6　加工其余两扇门的操作步骤

软件操作步骤	操作过程图示
（1）单击【刀路转换】	
（2）类型选择【旋转】，方式选择【刀具平面】，勾选【包括起点】，来源选择【NCI】，依照群组输出 NCI 选择【操作类型】，勾选【复制原始操作】，勾选【关闭选择原始操作后处理（避免产生重复程序）】	
（3）单击【旋转】，实例："2"次，选择【角度之间】，底部两个角度输入："-120"	

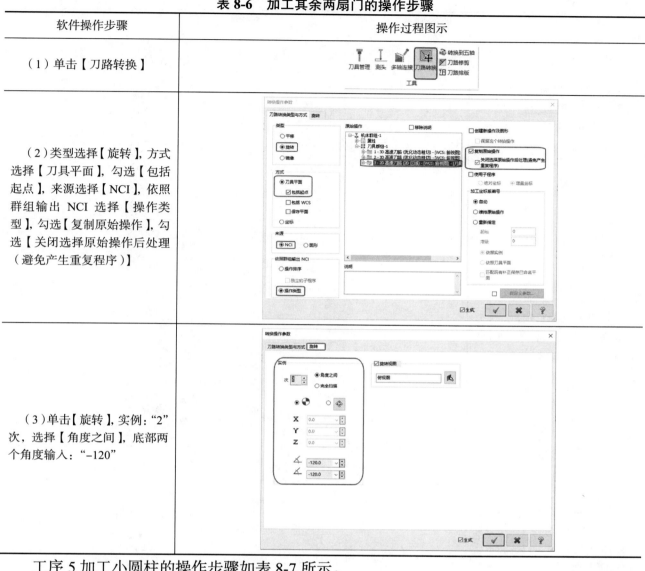

工序 5 加工小圆柱的操作步骤如表 8-7 所示。

表 8-7　加工小圆柱的操作步骤

软件操作步骤	操作过程图示
（1）单击【曲线】	
（2）单击【刀具】选择【ϕ10 平铣刀】，进给速率："3000.0"，主轴转速："6000"，下刀速率："1200"	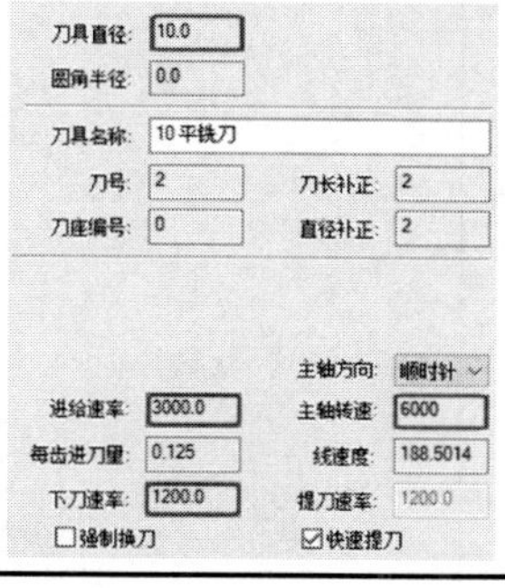

续表

软件操作步骤	操作过程图示
（3）单击【切削方式】，径向偏移："5.0"，切削公差："0.025"，最大步进量："2.5"，单击【选择曲线】	
（4）模式选择【实体】，选择方式使用【环】和【实体面】选择面，单击【确定】	
（5）前倾角："0.0"，侧倾角："0.0"，添加角度："3.0"，刀具向量长度："25.0"，投影选择【曲面法向】，最大距离："0.0025"，单击【选择曲线】	
（6）选择实体曲面，单击【结束选择】	

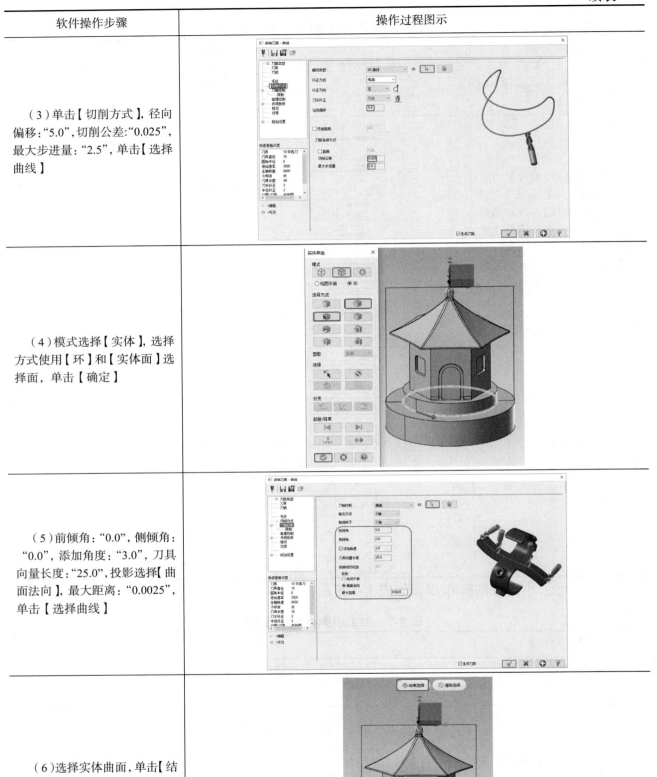

续表

软件操作步骤	操作过程图示
（7）单击【碰撞控制】，选择【在补正曲面上】	
（8）选择曲面，单击【结束选择】	
（9）单击【共同参数】，安全高度："100.0"，参考高度："10.0"，下刀位置："2.0"	
（10）单击【粗切】，粗切次数："2"，粗切量："1.0"，精修次数："1"，精修量："0.1"，轴向分层切削排序选择【依照轮廓】，径向分层切削，粗切"2"次，间距："3.0"，精修"1"次，间距："0.1"，勾选【不提刀】，执行精修时选择【最后深度】，单击【确定】	

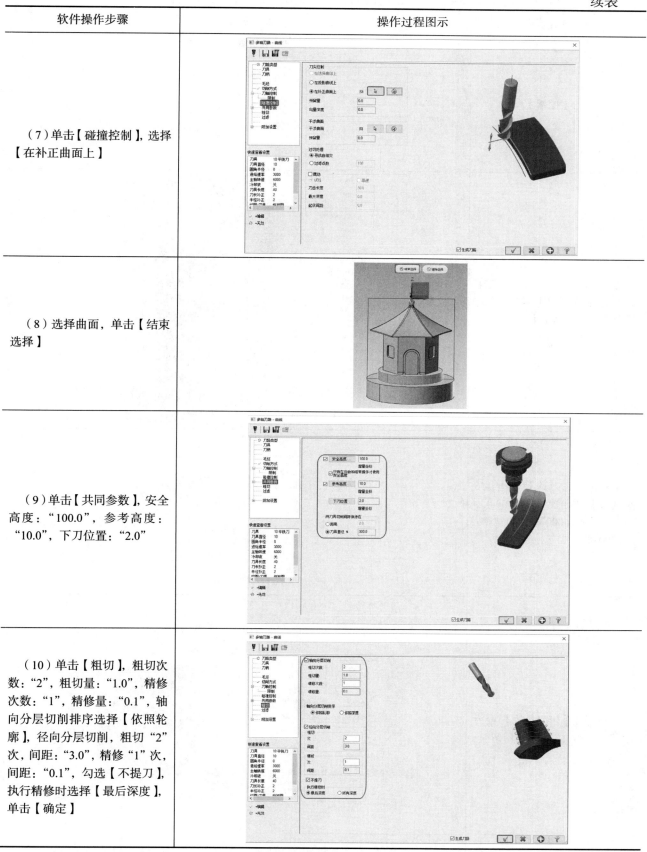

工序6加工三扇门的其中一扇凹槽部分的操作步骤如表8-8所示。

表 8-8　加工三扇门的其中一扇凹槽部分的操作步骤

软件操作步骤	操作过程图示
（1）单击【挖槽】	
（2）模式选择【实体】，选择方式使用【环】和【实体面】选择面，单击【确定】	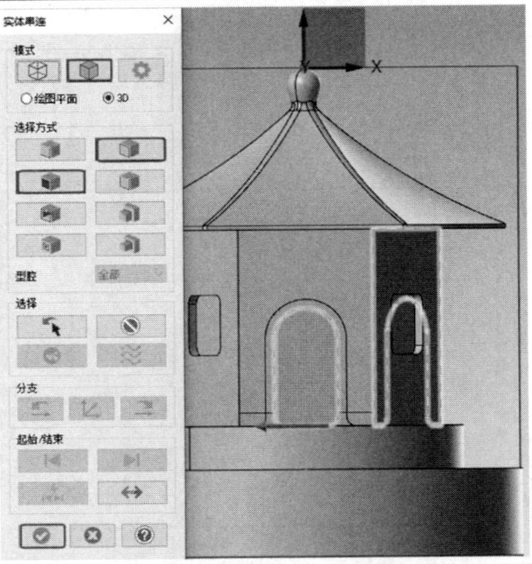
（3）单击【刀具】，创建【ϕ6平铣刀】，进给速率："2500.0"，主轴转速："6000"，下刀速率："1200.0"	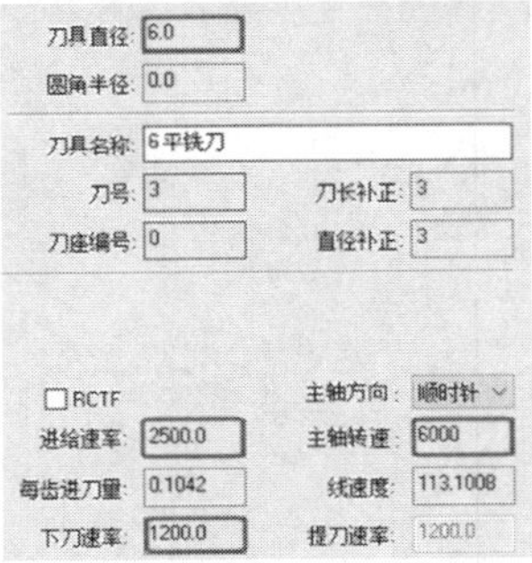
（4）单击【切削参数】，壁边预留量："0.1"，底面预留量："0.1"	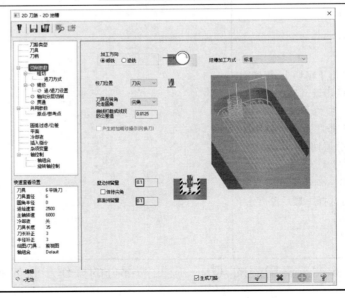

续表

软件操作步骤	操作过程图示
（5）单击【粗切】，勾选【粗切】，切削方式选择【螺旋切削】，切削间距[距离]："1.0"，勾选【由内而外环切】，残料加工及等距环切公差："6.25"	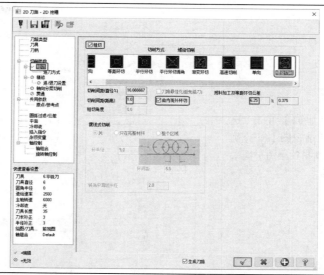
（6）单击【进刀方式】，选择【螺旋】，最小半径："2.6"，最大半径："3.5"，Z间距："1.0"，XY预留量："1.0"，进刀角度："1.0"，公差："0.05"，勾选【将进入点设为螺旋中心】，方向选择【逆时针】	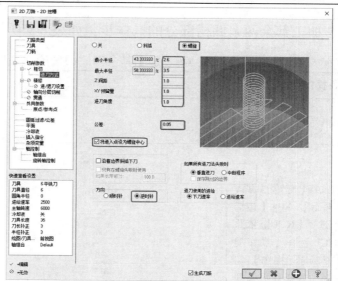
（7）单击【共同参数】，安全高度："90.0"，提刀："25.0"，下刀位置："28.0"，毛坯顶部："28.0"，深度："0.0"	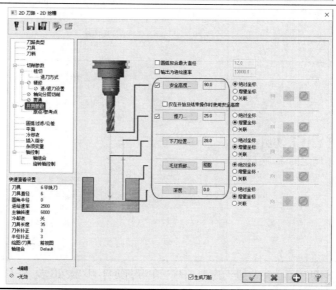

软件操作步骤	操作过程图示
（8）单击【平面】，单击【选择平面】选择【前视图】单击【确定】，单击【复制到绘图平面】，单击【确定】	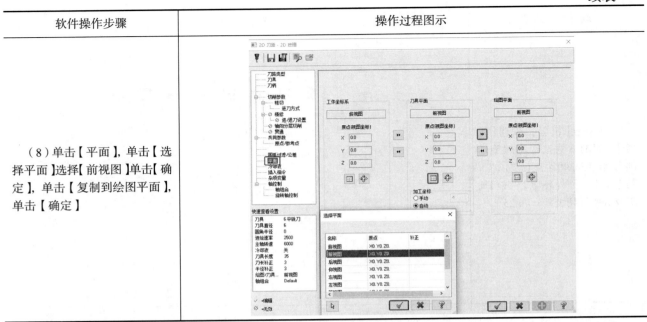

工序 7 加工其余两扇凹槽部分的操作步骤如表 8-9 所示。

表 8-9　加工其余两扇凹槽的部分操作步骤

软件操作步骤	操作过程图示
（1）单击【刀路转换】	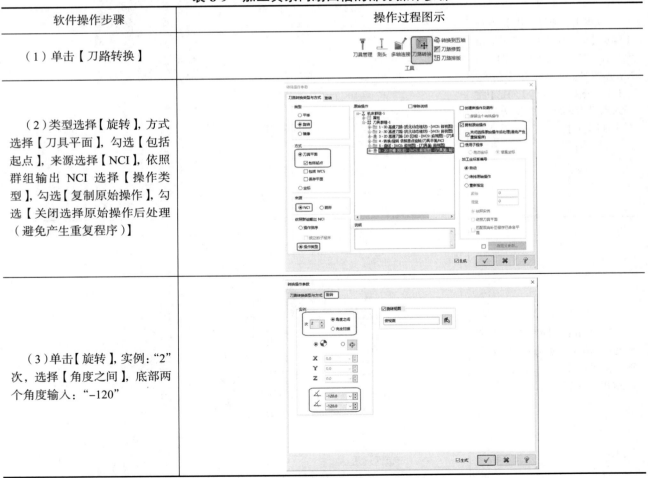
（2）类型选择【旋转】，方式选择【刀具平面】，勾选【包括起点】，来源选择【NCI】，依照群组输出 NCI 选择【操作类型】，勾选【复制原始操作】，勾选【关闭选择原始操作后处理（避免产生重复程序）】	
（3）单击【旋转】，实例："2"次，选择【角度之间】，底部两个角度输入："–120"	

工序 8 加工三个窗户的其中一个的操作步骤如表 8-10 所示。

表 8-10　加工三个窗户的其中一个的操作步骤

软件操作步骤	操作过程图示
（1）单击【挖槽】	
（2）模式选择【实体】，选择方式使用【环】和【实体面】选择面，单击【确定】	
（3）单击【刀具】，使用【ϕ6平铣刀】，进给速率："2500.0"，主轴转速："6000"，下刀速率："1200.0"	
（4）单击【切削参数】，加工方向选择【顺铣】，壁边预留量："0.1"，底面预留量："0.1"	

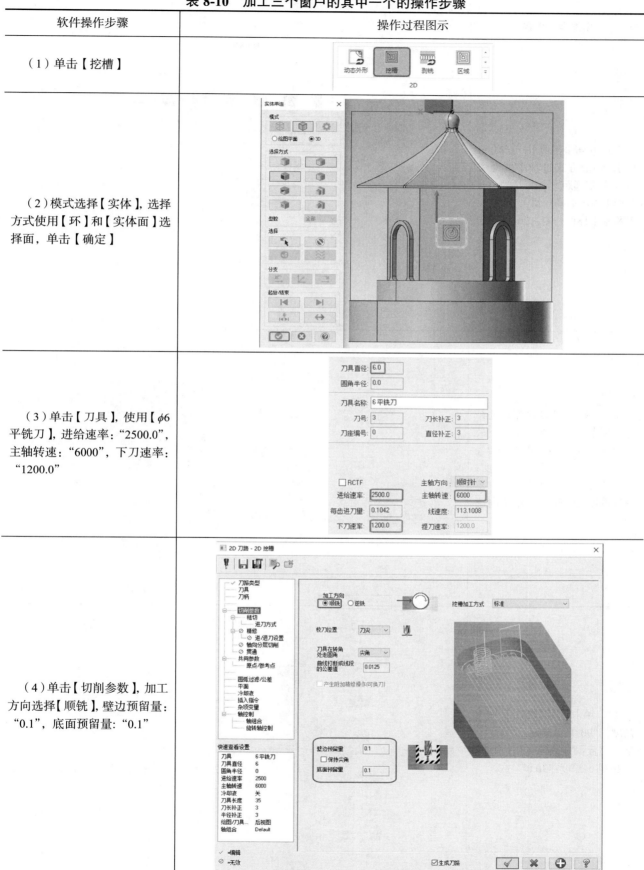

续表

软件操作步骤	操作过程图示
（5）单击【粗切】，勾选【粗切】，切削方式选择【螺旋切削】，切削间距[距离]："1.0"，勾选【由内而外环切】，残料加工及等距环切公差："6.25"	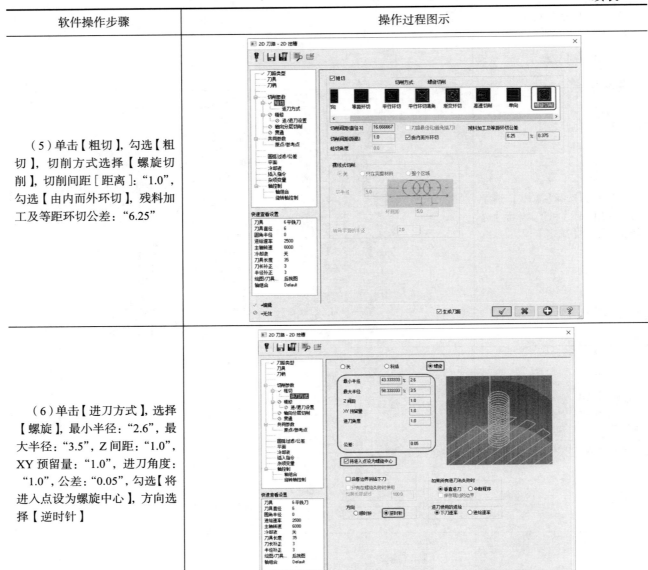
（6）单击【进刀方式】，选择【螺旋】，最小半径："2.6"，最大半径："3.5"，Z间距："1.0"，XY预留量："1.0"，进刀角度："1.0"，公差："0.05"，勾选【将进入点设为螺旋中心】，方向选择【逆时针】	
（7）单击【共同参数】，安全高度："90.0"，提刀："25.0"，下刀位置："-2.0"，毛坯顶部："26.0"，深度："0.0"	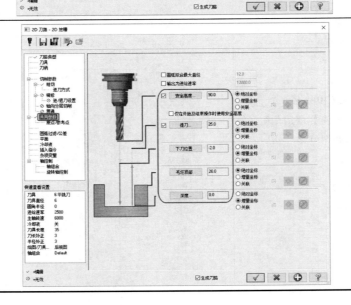

续表

软件操作步骤	操作过程图示
（8）单击【平面】，单击【选择平面】，选择【后视图】，单击【确定】，单击【复制到绘图平面】，单击【确定】	

工序 9 加工其余两个窗户的操作步骤如表 8-11 所示。

表 8-11 加工其余两个窗户的操作步骤

软件操作步骤	操作过程图示
（1）单击【刀路转换】	
（2）类型选择【旋转】，方式选择【刀具平面】，勾选【包括起点】，来源选择【NCI】，依照群组输出 NCI 选择【操作类型】，勾选【复制原始操作】，勾选【关闭选择原始操作后处理】（避免产生重复程序）	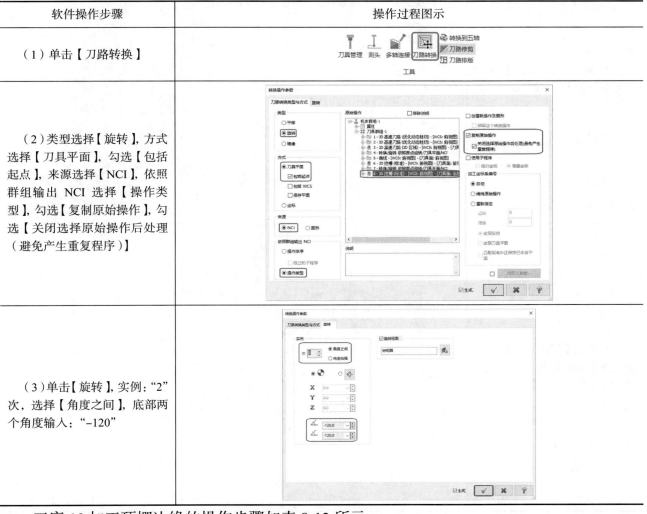
（3）单击【旋转】，实例："2"次，选择【角度之间】，底部两个角度输入："-120"	

工序 10 加工顶棚边缘的操作步骤如表 8-12 所示。

表 8-12　加工顶棚边缘的操作步骤

软件操作步骤	操作过程图示
（1）单击【侧刃铣削】	
（2）单击【刀具】，选择【ϕ6平铣刀】，进给速率："2500.0"，主轴转速："6000"，下刀速率："1200.0"	
（3）单击【切削方式】，单击【选择图形】，选择曲面	
（4）单击【连接方式】，开始点改为【不使用切入】，结束点改为【不使用切出】	

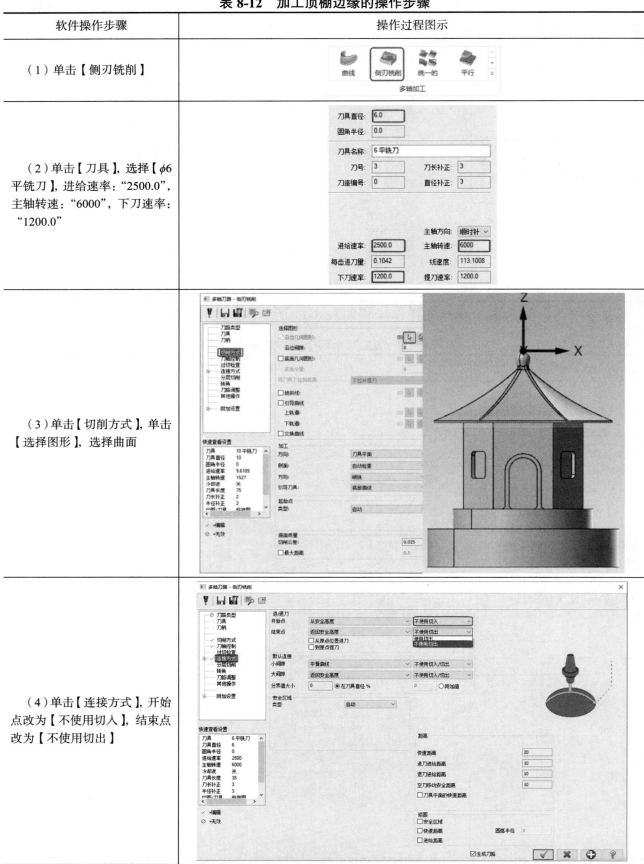

续表

软件操作步骤	操作过程图示
（5）单击【分层】，刀具偏移更改为："–5"，单击【确定】	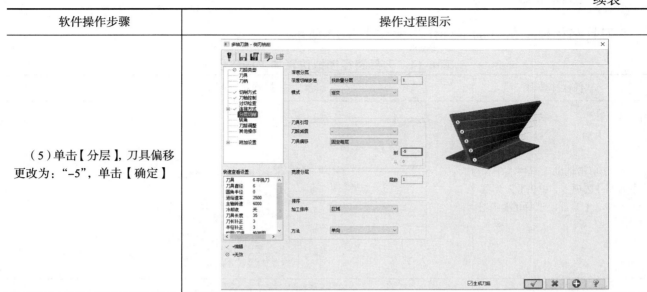

工序 11 加工阁顶曲面特征的操作步骤如表 8-13 所示。

表 8-13 加工阁顶曲面特征的操作步骤

软件操作步骤	操作过程图示
（1）单击【统一的】	
（2）单击【刀具】创建【$\phi 6R3$ 圆鼻铣刀】，进给速率："2000.0"，主轴转速："10000"，下刀速率："1200.0"	
（3）单击【切削方式】，切削方式选择【螺旋】，【步进量】中，最大步进量："0.4" 单击【选择加工集合图形】，选择曲面，单击【确定】	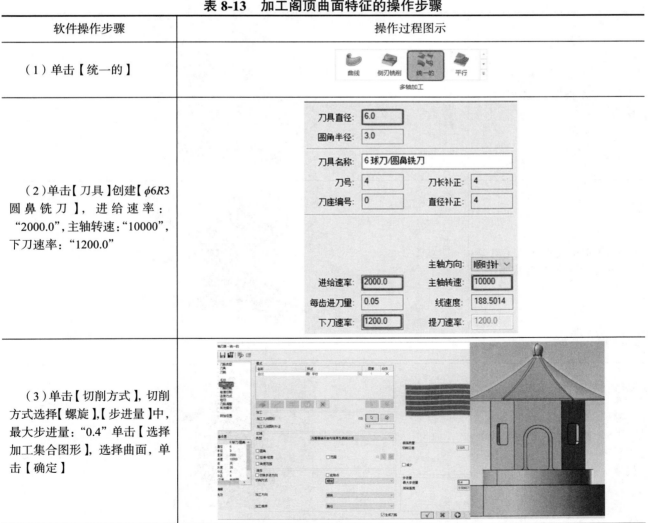

三、仿真加工

刀具路径模拟仿真加工操作步骤如表 8-14 所示。

表 8-14　刀具路径模拟仿真加工操作步骤

软件操作步骤	操作过程图示
（1）单击辅助工具栏左下角【刀路】选项卡，单击【刀具群组】，单击【验证已选择的操作】	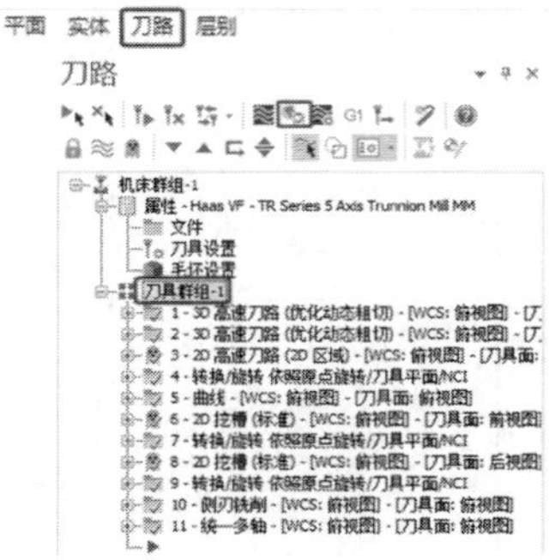
（2）在弹出的对话框中单击【验证】，单击【颜色循环】	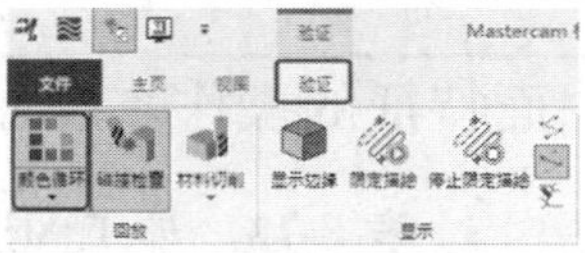
（3）单击模拟播放工具条中【下一个操作】，完成工序 1 模拟	
（4）单击模拟播放工具条中【下一个操作】，完成工序 2 模拟	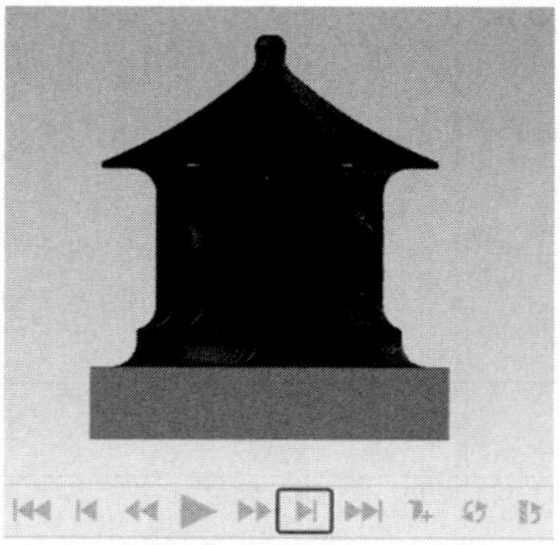
（5）单击模拟播放工具条中【下一个操作】，完成工序 3 模拟	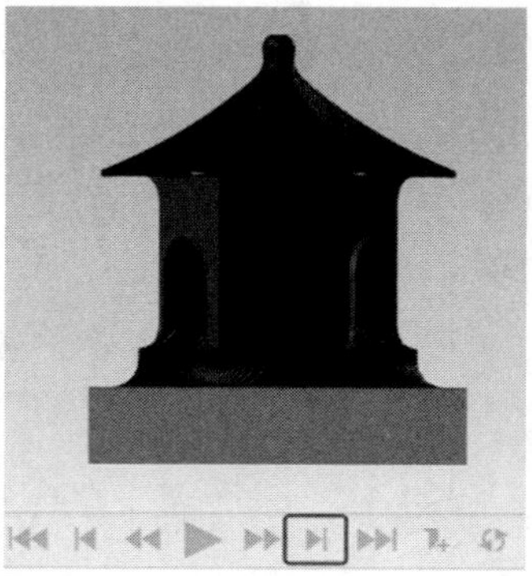

续表

软件操作步骤	操作过程图示
（6）单击模拟播放工具条中【下一个操作】，完成工序 4 模拟	
（7）单击模拟播放工具条中【下一个操作】，完成工序 5 模拟	
（8）单击模拟播放工具条中【下一个操作】，完成工序 6 模拟	
（9）单击模拟播放工具条中【下一个操作】，完成工序 7 模拟	
（10）单击模拟播放工具条中【下一个操作】，完成工序 8 模拟	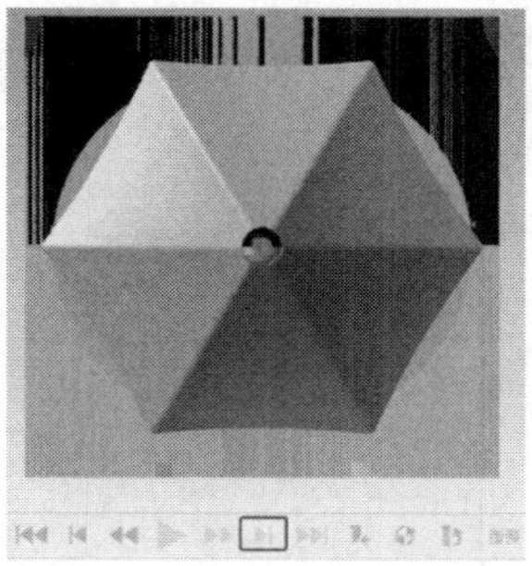

四、后置处理

NC 程序后置处理操作步骤如表 8-15 所示。

表 8-15　NC 程序后置处理操作步骤

软件操作步骤	操作过程图示
（1）单击辅助工具栏左下角的【刀路】选项卡，单击【刀具群组】，单击【G1】	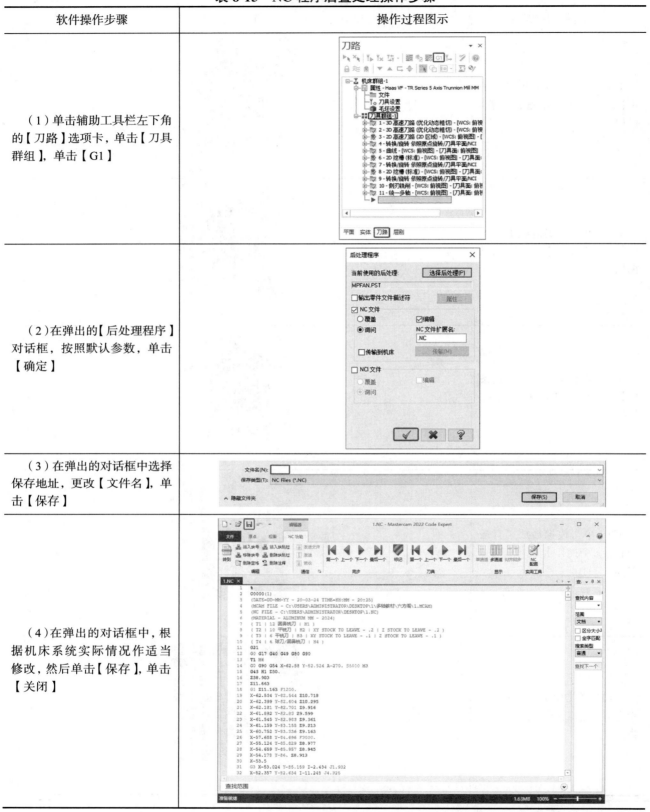
（2）在弹出的【后处理程序】对话框，按照默认参数，单击【确定】	
（3）在弹出的对话框中选择保存地址，更改【文件名】，单击【保存】	
（4）在弹出的对话框中，根据机床系统实际情况作适当修改，然后单击【保存】，单击【关闭】	

评价单

完成本模块的两个任务后，应做到：

① 根据零件图样及技术要求完成工艺卡的正确编写。

② 工装夹具的选择与设计。

③ 能使用 Mastercam 软件编写典型零件的加工程序。

④ 能完成零件的程序验证仿真。

模块八　评价单

项目	任务内容	分值	自评	教师评价
专业能力评价	零件分析（课前预习）	10		
	工艺卡编写	10		
	夹具选择	10		
	程序的编写	10		
	合理的切削参数	10		
	程序的正确仿真	10		
关键能力	遵守课堂纪律	10		
	积极主动学习	10		
	团队协作能力	10		
	安全意识强	10		
合计		100		

综合评价：_____

评价等级：
A：优秀（85~100 分）；B：良好（70~84 分）；C：一般（60~69 分）

检查评价	教师评语：			
	评定等级		日期	
	学生签字		教师签字	

注：评定等级为优、良、一般。

拓展提升

1. 编写图 8-3、图 8-4、图 8-5 零件的工艺卡。
2. 以本模块案例为参考，完成图 8-3、图 8-4、图 8-5 零件的程序，并完成程序的仿真验证。

图 8-3　四足鼎

图 8-4　霸王鼎

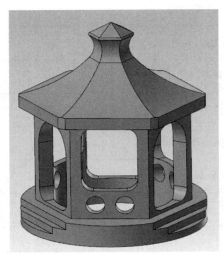

图 8-5　凉亭

模块八　拓展提升模型

模块九

人体雕像五轴加工

学习目标

技能目标：
1. 能正确分析人体雕像加工工艺，运用 Mastercam 软件完成模型开粗与精加工参数设置。
2. 能合理地规划和设置编程步骤，运用 Mastercam 软件完成人体雕像的编程与仿真加工。
3. 能通过仿真软件完成人体雕像加工并在五轴机床上完成人体雕像零件上机加工任务。

知识目标：
1. 掌握 Mastercam 软件实体造型基本操作。
2. 通过人体雕像的加工基本掌握优化动态粗切、区域粗切加工设置。
3. 通过人体雕像的加工基本掌握定轴加工通用参数设置。

素养目标：
1. 通过人体雕像的加工培养举一反三的能力和求真务实的敬业精神。
2. 通过完成人体雕像的加工任务提高实践动手能力。

模块描述

加工车间接到客户人体雕像的加工任务，根据如图 9-1 所示的人体雕像零件，完成单件生产，铝合金材质。客户要求根据图样制订合理的工艺路线，应用 Mastercam 软件创建优化动态粗切、区域粗切，设置必要且合理的加工参数，生成刀具路径，检查刀具路径是否合理、正确，并对操作过程中存在的问题进行研讨和交流，通过相应的后处理生成数控加工程序，并运用机床加工零件。

图 9-1 人体雕像结构

任务一 加工工艺分析

一、零件技术要求及毛坯

人体雕像毛坯采用 ϕ70mm×145mm 的 2A12 铝合金。在四轴机床上加工人体雕像，人体雕像表面粗糙度值为 $Ra1.6\mu m$，其他表面粗糙度值为 $Ra3.2\mu m$。

二、零件图分析

该零件是非对称回转体圆柱 $\phi 70mm \times 145mm$。

三、工艺分析

该人体雕像零件的尺寸精度和表面粗糙度要求较高，铣削加工时须保证设置正确的干涉面，在四轴机床上加工效果较好。通过以上分析，决定在四轴机床上用三爪卡盘装夹加工。

1. 定位基准的确定

工件坐标系选择在工件顶端面中心处，即将 Y、Z 选择在工件的中心，将 X 选择在工件右端面上。

2. 加工难点

① CAM 软件的优化动态粗切编程。
② CAM 软件的区域粗切加工编程。
③ 公差为 0.035mm 的尺寸精度。

3. 加工方案

① 粗加工人体雕像零件（正、背、左、右）面。
② 粗加工局部区域。
③ 精加工人体雕像零件。
④ 精加工头部区域。
⑤ 精加工零件底部倒角区域。

4. 加工工艺卡片

加工工艺卡片如表 9-1 所示。

表 9-1 加工工艺卡片

序号	工步	刀具名称	规格	主轴转速/ (r/min)	进给速度/ (mm/min)	备注
1	人体雕像（正面）粗加工	平底铣刀	$\phi 10$	3000	2000	
2	人体雕像（背面）粗加工	平底铣刀	$\phi 10$	3000	2000	
3	人体雕像（左边、右边）粗加工	平底铣刀	$\phi 10$	3000	2000	
4	局部区域粗加工	球头铣刀	$\phi 3$	8000	1000	
5	精加工人体雕像	球头铣刀	$\phi 4$	7000	1200	
6	头部区域精加工	平底铣刀	$\phi 3$	13000	2000	
7	零件底部倒角加工	平底铣刀	$\phi 3$	13000	1000	

任务二　人体雕像编程加工

一、加工准备

零件加工前各项设置操作步骤如表 9-2 所示。

表 9-2　零件加工前各项设置操作步骤

软件操作步骤	操作过程图示
（1）在左视图，单击菜单栏中的【线框】，单击【已知点画圆】，绘制直径为"70"mm 圆弧，单击【实体】，选择圆弧，单击【确定】	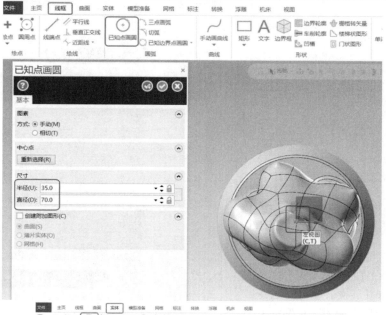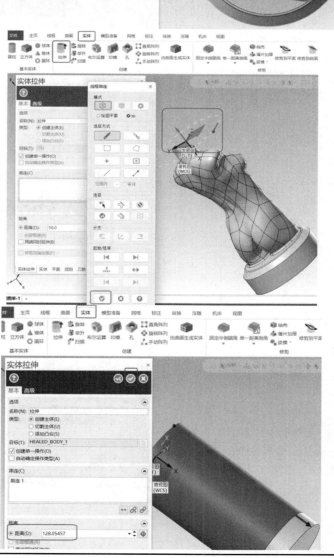

续表

软件操作步骤	操作过程图示
（2）单击菜单栏中的【线框】，单击【已知点画圆】，绘制 $\phi120$，在【转换】、【平移】选择 $\phi120$ 圆弧向左平移 -16.792，单击【确定】，在【曲面】、【拉伸】，单击圆弧，拉伸长度为"0.1mm"	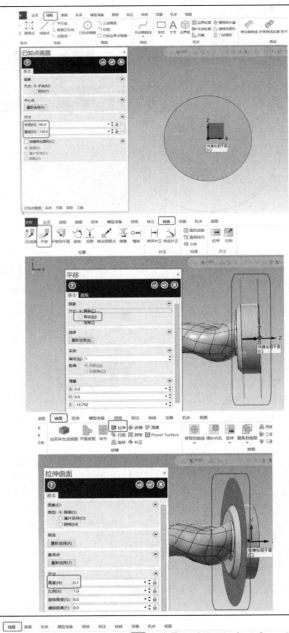
（3）单击菜单栏中的【线框】，单击【矩形】，绘制任意长方形，如图所示，绘制 $\phi120$	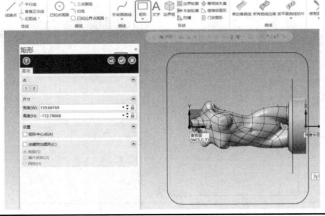

续表

软件操作步骤	操作过程图示
（4）单击菜单栏中的【机床】、选择四轴机床，单击【刀路】、【毛坯设置】，单击【选择】，单击零件毛坯	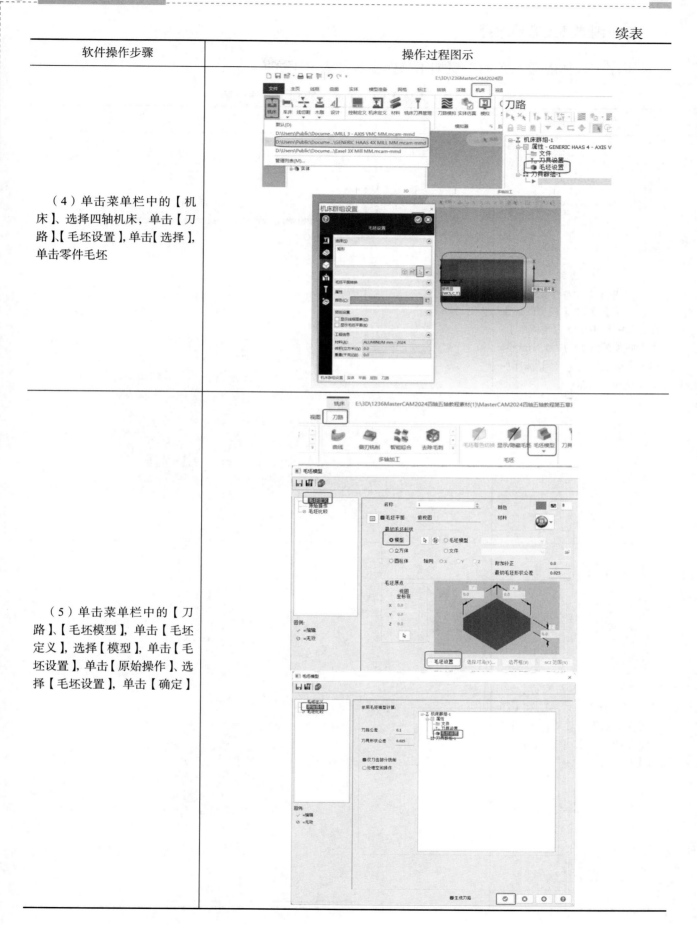
（5）单击菜单栏中的【刀路】、【毛坯模型】，单击【毛坯定义】，选择【模型】，单击【毛坯设置】，单击【原始操作】、选择【毛坯设置】，单击【确定】	

二、创建加工刀具路径

工序 1 人体雕像（正面）粗加工操作步骤如表 9-3 所示。

表 9-3　人体雕像（正面）粗加工操作步骤

软件操作步骤	操作过程图示
（1）单击菜单栏中的【优化动态粗切】，单击【模型图形】，在加工图形中【壁边预留量】、【底面预留量】设置为"1mm"，单击选取图素【　】，选择加工零件和干涉面	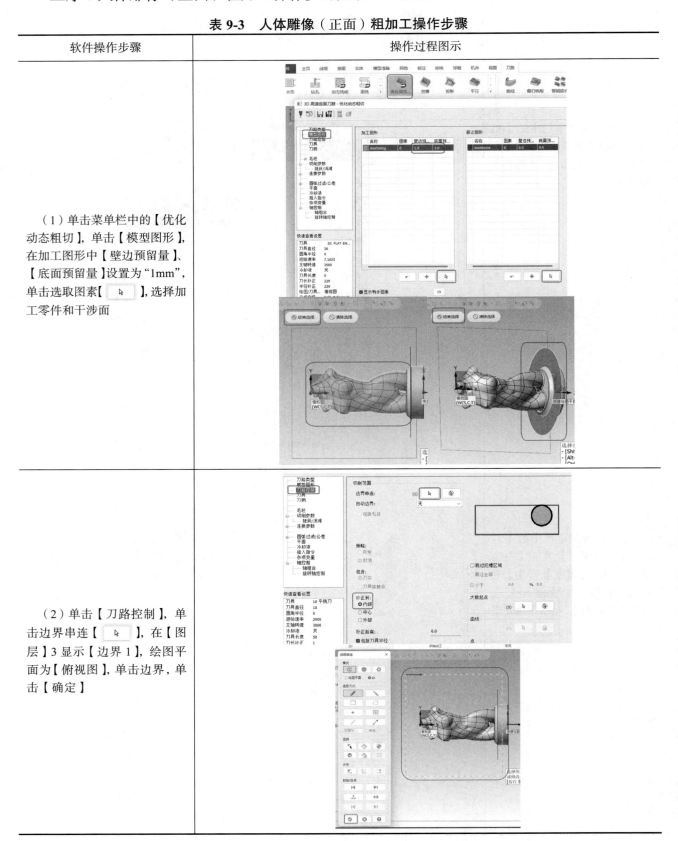
（2）单击【刀路控制】，单击边界串连【　】，在【图层】3 显示【边界 1】，绘图平面为【俯视图】，单击边界，单击【确定】	

续表

软件操作步骤	操作过程图示
（3）单击【刀具】选项，在【刀具】空白位置单击右键，单击【创建刀具】、φ10【平底刀】其余参数如图设置，2号φ3、3号φ4球头铣刀创建方式与1号φ10相同	
（4）单击【刀柄】选项，单击【打开数据库】，选择【BT40-mm.tooldb】、【打开】，选择【B4C4-0025】	
（5）单击【毛坯】选项，勾选【剩余残料】，在先前操作中选择【指定操作】，单击【毛坯模型】	
（6）单击【切削参数】选项，【步进量】距离设置为20%，【分层深度】为100%，勾选【步进量】设置为5%，其余参数不变，单击【陡峭/浅滩】选项，勾选【最低位置】，单击【　　】，单击零件最低面圆弧，将【最低位置】距离设置为-2，其余参数不变	

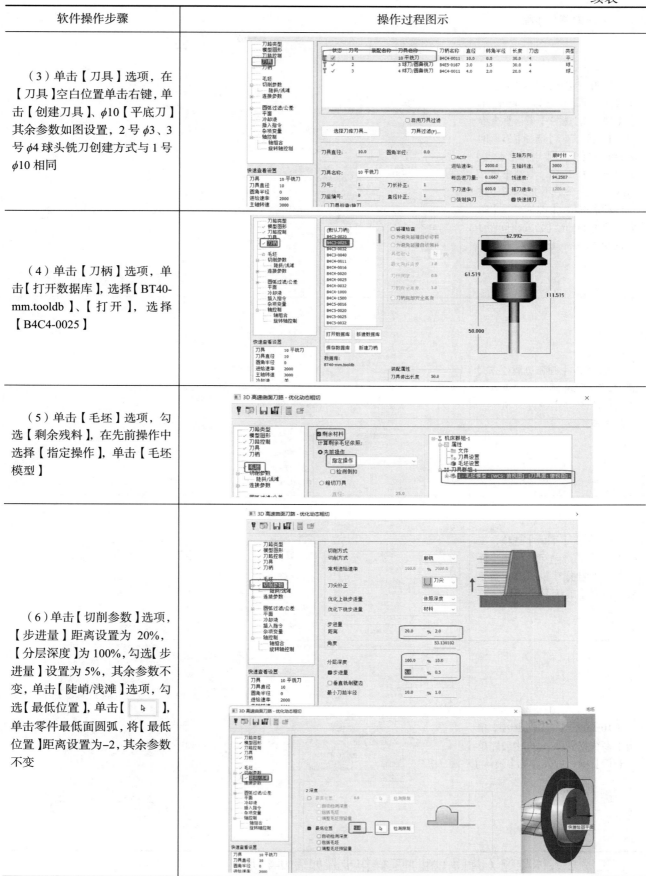

续表

软件操作步骤	操作过程图示
（7）单击【连接参数】选项，【安全平面】设置为50mm，单击【增量】，选择【最小垂直提刀】，【微量提刀】选择【当返回边界时】，【类型】选择【垂直】距离设置为2mm，取消【第二引线】，其余参数不变，单击【进刀移动】选项，【螺旋半径】距离设置为5mm，【Z安全间距】设置为4mm，其余参数不变	
（8）单击【圆弧过滤/公差】选项，勾选【线/圆弧过滤设置】，【线/圆弧公差】设置为50%，其余参数不变	
（9）单击【平面】选项，工作坐标系、刀具平面、绘图平面全部为【俯视图】，其余参数不变，单击【确认】	
（10）单击【视图】选项，单击【多线程管理】，选中刀路单击右键【高（H）】，单击【确认】	

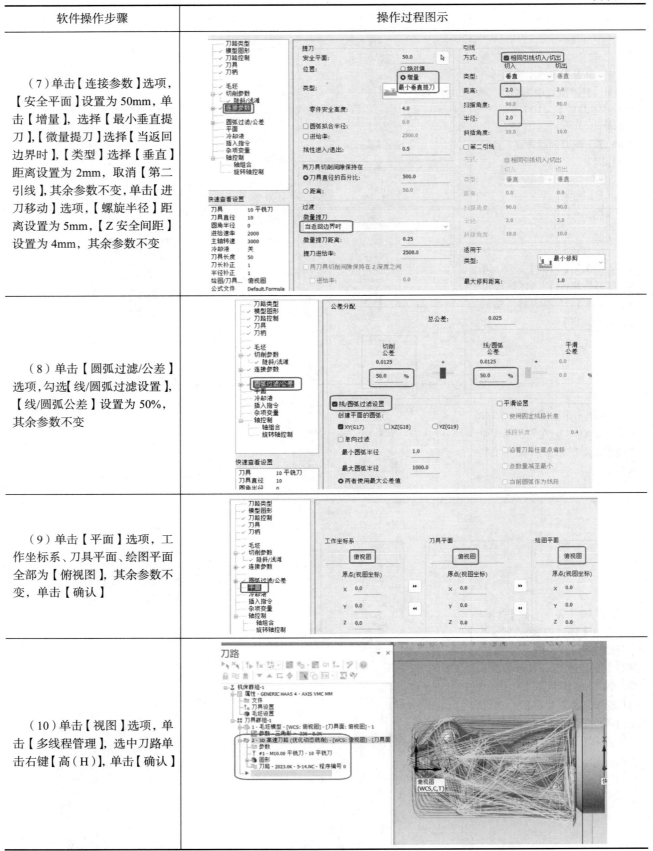

工序2人体雕像（背面）粗加工操作步骤如表9-4所示。

表 9-4　人体雕像（背面）粗加工操作步骤

软件操作步骤	操作过程图示
（1）单击【平面】选项，单击【+】，单击【依照屏幕视图】创建新平面，选择【动态】，单击绘图区域空白处，出现坐标系，单击红色 X 轴，输入 180°回车确认	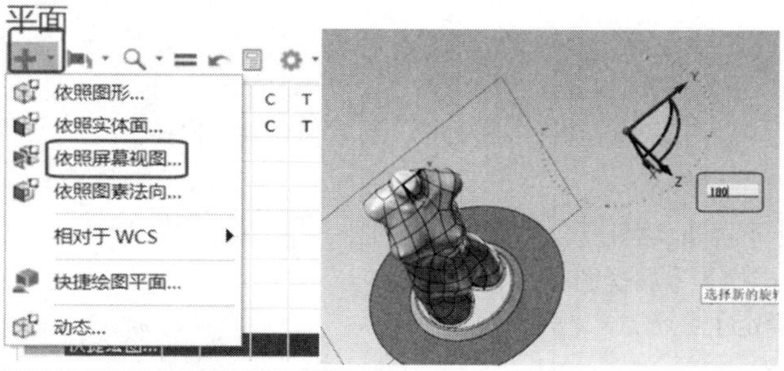
（2）单击【平面】选项，名称命名为【后视图 11】，单击【确认】，单击【⊘】原点回零，在新建平面背面 1 处点【G】确认	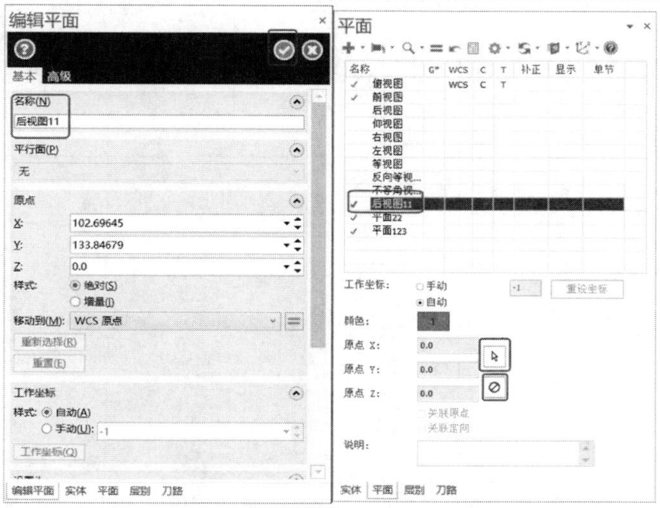
（3）单击加工程序 2，单击右键选择【复制】，再次单击右键选择【粘贴】，建立加工程序 3	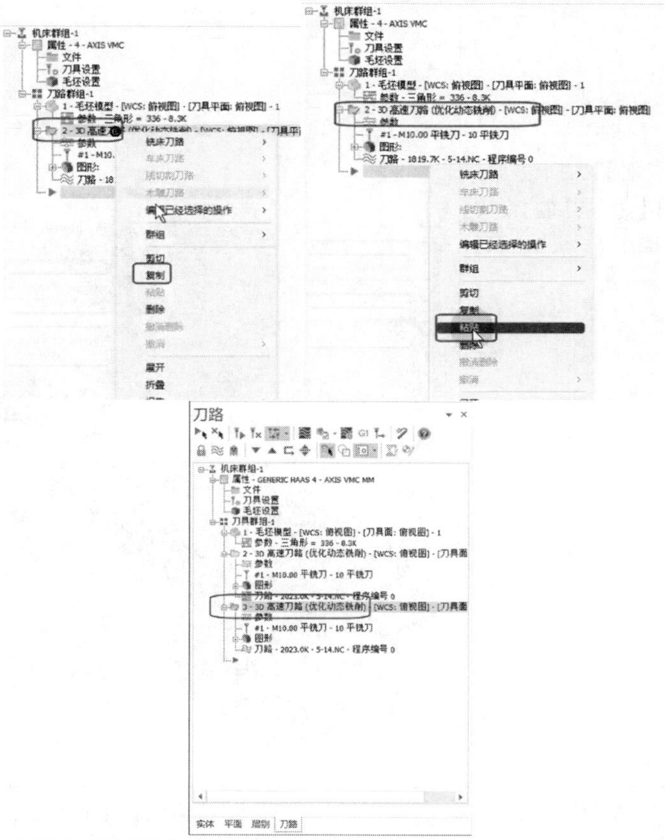

软件操作步骤	操作过程图示
（4）单击【平面】，刀具平面、绘图平面选择为【后视图11】，单击【确定】	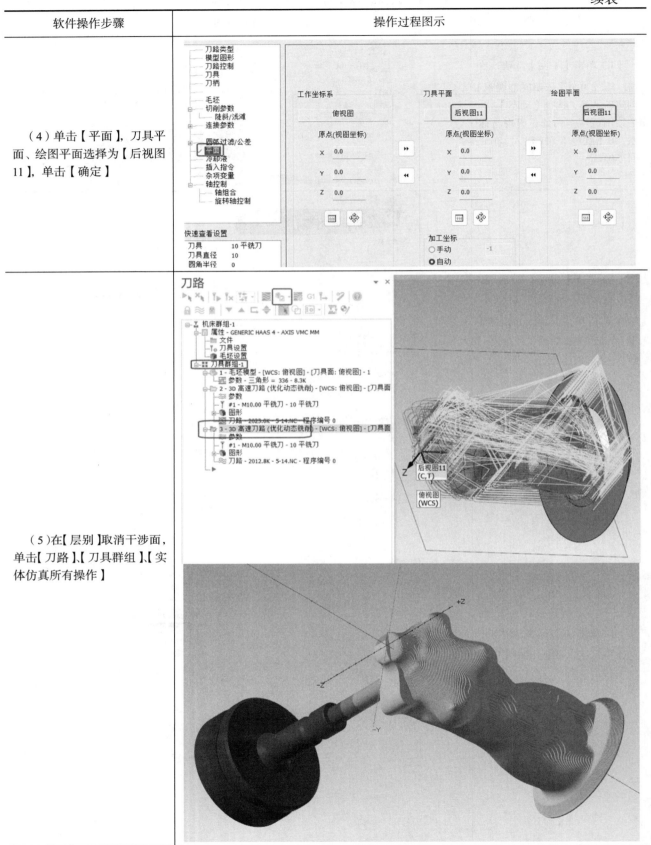
（5）在【层别】取消干涉面，单击【刀路】、【刀具群组】、【实体仿真所有操作】	

工序3人体雕像（左边、右边）粗加工操作步骤如表9-5所示。

模块九　人体雕像五轴加工

表 9-5　人体雕像（左边、右边）粗加工操作步骤

软件操作步骤	操作过程图示
（1）单击【层别】新建【边界2】，绘图平面为【左视图】，在菜单栏中的【转换】，选择边界1单击【结束选择】，复制，角度为"90°"，单击【确定】	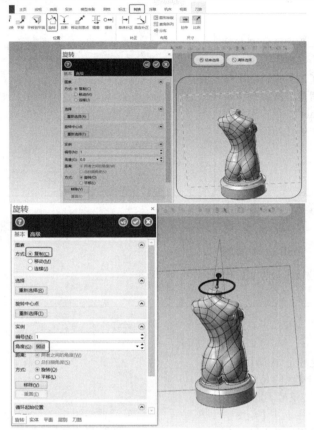
（2）单击菜单栏中的【刀路】、【毛坯定义】，单击【毛坯设置】，单击【原始操作】按住【Shift】键选择2、3刀路，单击【确定】	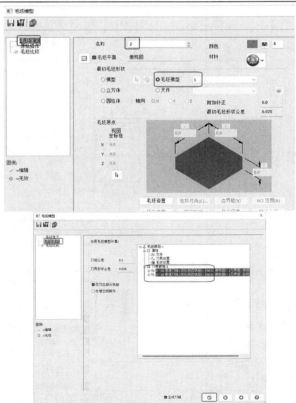

续表

软件操作步骤	操作过程图示
（3）将加工程序2复制并粘贴后，单击【参数】、【模型图形】，单击加工图形修改切削参数，壁边预留量、底面预留量设置为"0.3mm"，单击选择框选加工零件，避让图形选择干涉面	
（4）依次单击【刀路控制】，移除选择的边界范围【　】，单击边界范围【　】，选择【边界2】，单击【确定】	
（5）在【毛坯】，选择【毛坯4】，单击【剩余材料】、【先前操作】，选择【毛坯模型4】，在【平面】中，【刀具平面】、【绘图平面】设置为前视图，单击【确定】	
（6）加工完成后的刀路如图所示	
（7）新建平面，单击【平面】选项，单击【＋】创建新平面，选择【动态】，单击绘图区域空白处，出现坐标系，单击红色X轴，输入-90，回车确认	

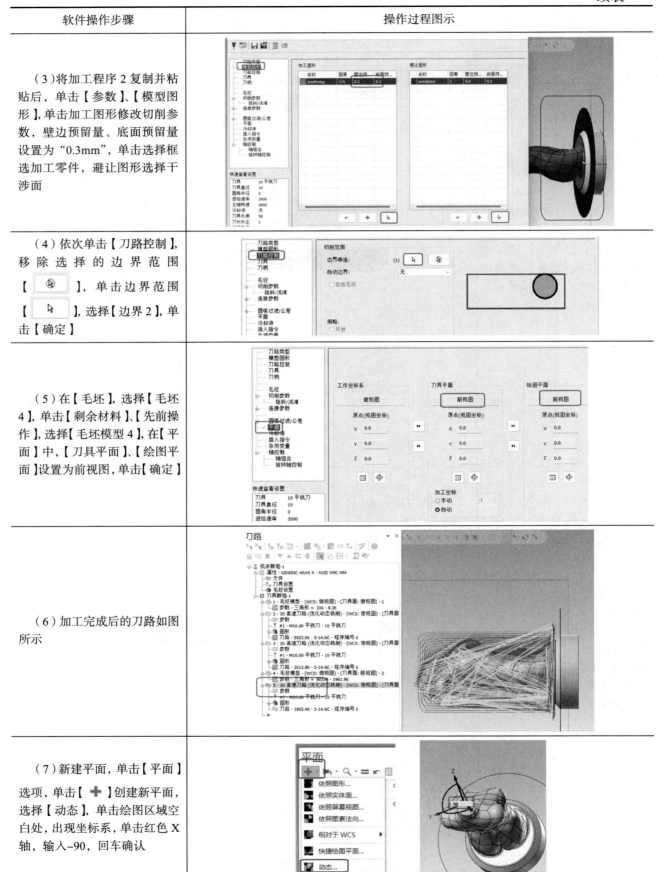

续表

软件操作步骤	操作过程图示
（8）将加工程序5复制并粘贴后，单击【参数】、单击【平面】，在【刀具平面】【绘图平面】选择平面22，单击【前视图】、【确定】，单击【▶】复制到绘图平面为前视图，单击【确定】	
（9）加工完成后的刀路如图所示	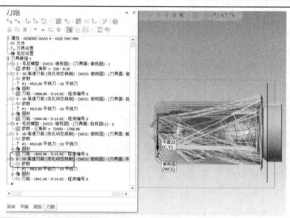
（10）单击【刀路】、【刀具群组】、【实体仿真所有操作】，进入实体仿真界面，单击【实体仿真】、【碰撞检测】，单击【播放】开始仿真	
（11）单击菜单栏中的【刀路】、【毛坯定义】，单击【毛坯设置】，在【毛坯模型】后输入2，单击【原始操作】按住【Shift】键选择5、6刀路，单击【确定】，单击【视图】选项，单击【多线程管理】，选中刀路单击右键【高（H）】，单击【确认】	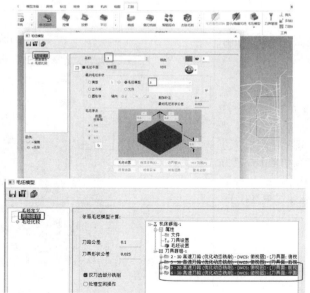

续表

软件操作步骤	操作过程图示
（12）单击【视图】选项，单击【多线程管理】，选中刀路单击右键【高（H）】，单击【确认】	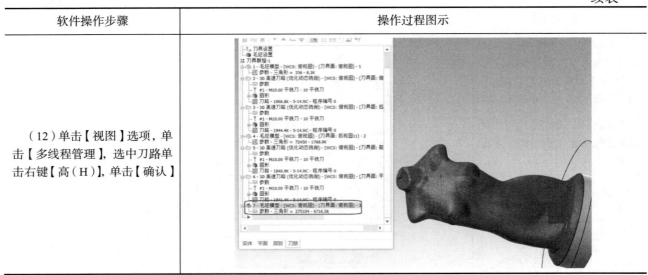

工序 4 局部区域粗加工前后面操作步骤如表 9-6 所示。

表 9-6　局部区域粗加工前后面操作步骤

软件操作步骤	操作过程图示
（1）单击【层别】新建【边界 3】，绘图平面为【俯视图】，单击菜单栏中的【线框】、【矩形】，任意绘制一个长方形包围住需要加工的区域，单击【确定】	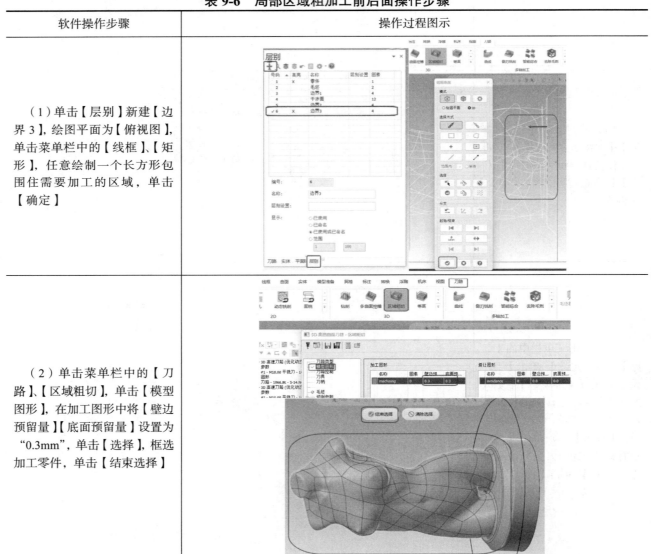
（2）单击菜单栏中的【刀路】、【区域粗切】，单击【模型图形】，在加工图形中将【壁边预留量】【底面预留量】设置为"0.3mm"，单击【选择】，框选加工零件，单击【结束选择】	

续表

软件操作步骤	操作过程图示
（3）依次单击【刀路控制】、边界范围【 ▸ 】，选择【边界3】，单击【确定】，其他参数如图所示	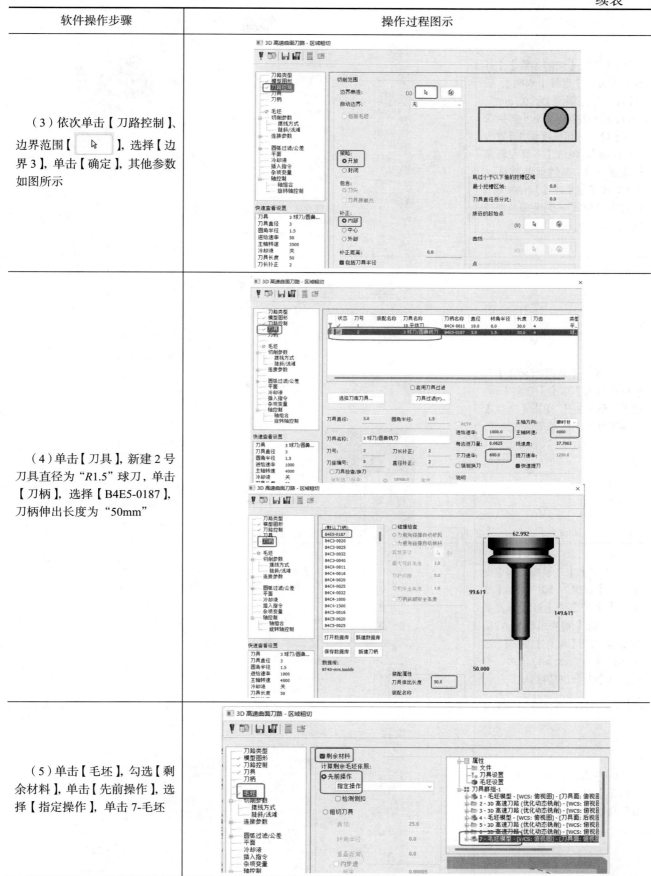
（4）单击【刀具】，新建2号刀具直径为"R1.5"球刀，单击【刀柄】，选择【B4E5-0187】，刀柄伸出长度为"50mm"	
（5）单击【毛坯】，勾选【剩余材料】，单击【先前操作】，选择【指定操作】，单击7-毛坯	

续表

软件操作步骤	操作过程图示
（6）单击【切削参数】，【开放外形方向】选择【双向】，设置【深度分层切削】为"0.3mm"，勾选【添加切削】，【最小斜插深度】、【最大剖切深度】均设置为"0.1mm"，勾选【刀具在转角处走圆角】，参数保持默认，【XY步进量】中【切削距离】设置为"30%"，其余参数保持默认	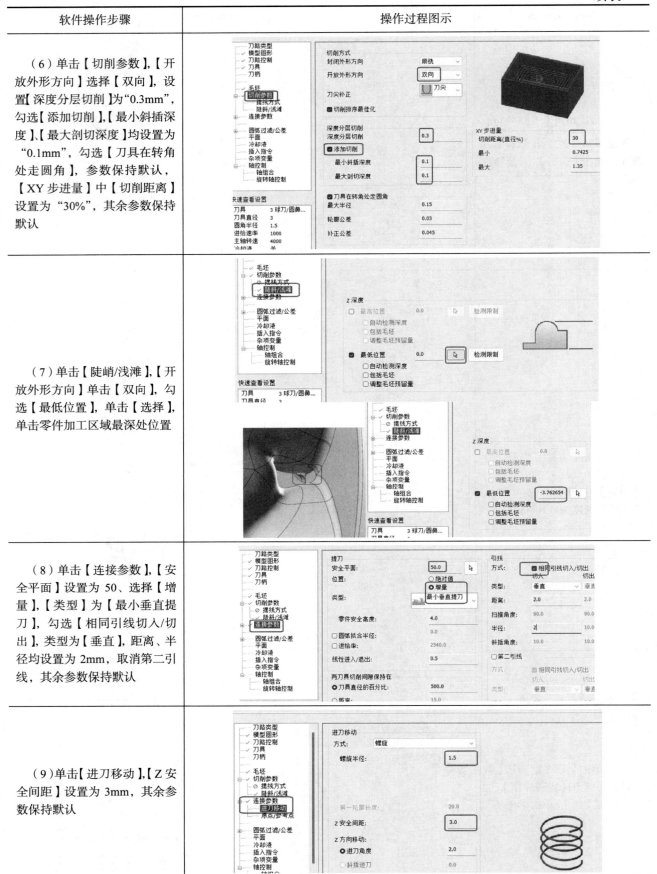
（7）单击【陡峭/浅滩】，【开放外形方向】单击【双向】，勾选【最低位置】，单击【选择】，单击零件加工区域最深处位置	
（8）单击【连接参数】，【安全平面】设置为50、选择【增量】，【类型】为【最小垂直提刀】，勾选【相同引线切入/切出】，类型为【垂直】，距离、半径均设置为2mm，取消第二引线，其余参数保持默认	
（9）单击【进刀移动】，【Z安全间距】设置为3mm，其余参数保持默认	

续表

软件操作步骤	操作过程图示
（10）单击【圆弧过滤/公差】选项，勾选【线/圆弧过滤设置】，【切削公差】设置为50%，其余参数不变	
（11）单击【平面】选项，【工作坐标系】、【刀具平面】、【绘图平面】全部为【俯视图】，其余参数不变，单击【确认】，最后加工完成的结果如图所示	
（12）在刀路，单击加工步骤8右键，选择【复制】、【粘贴】，单击加工步骤9，【参数】，单击【平面】，【刀具平面】、【绘图平面】选择【后视图11】	

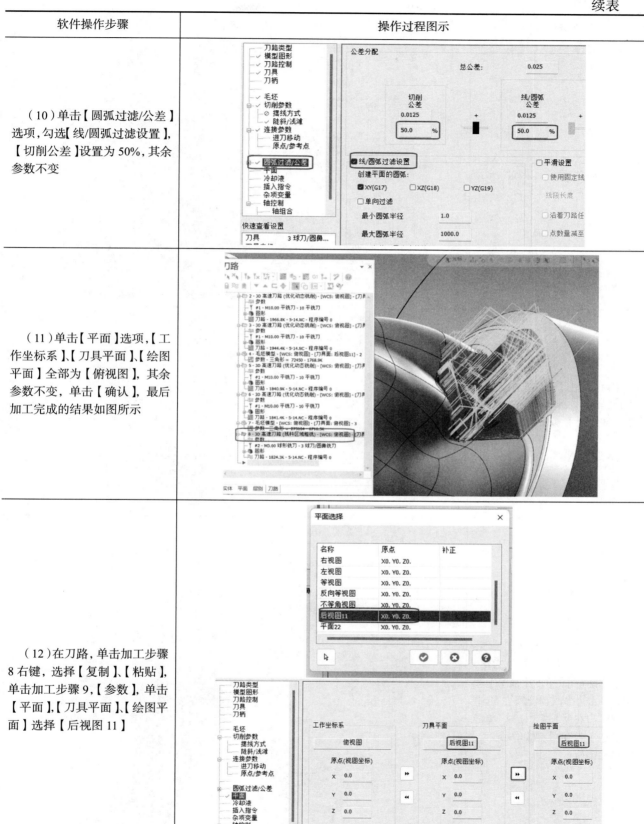

续表

软件操作步骤	操作过程图示
（13）完成后的效果如图所示	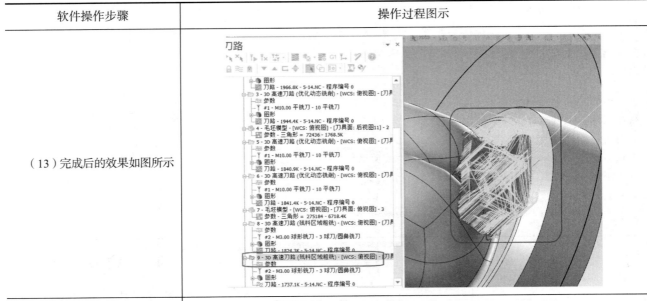
（14）单击【刀路】选项，单击【多线程管理】、【毛坯模型】、【毛坯定义】，单击【毛坯模型】为3	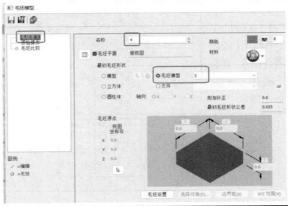
（15）单击【原始操作】选项，按住【Shift】键选择8、9刀路，单击【确定】，单击【视图】选项，单击【多线程管理】，选中刀路单击右键【高（H）】，单击【确认】，其他参数如图所示，结果如图所示	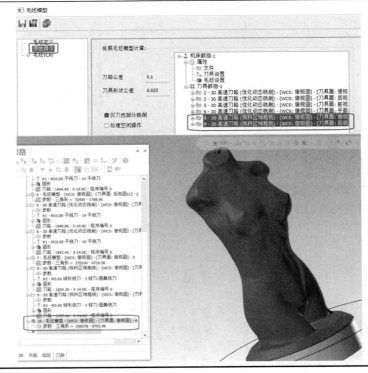

工序 5 精加工人体雕像操作步骤如表 9-7 所示。

表 9-7 精加工人体雕像操作步骤

软件操作步骤	操作过程图示
（1）单击【刀路】，选择【多曲面】，单击【刀具】空白地方新建 φ4mm 球头铣刀，设置过程同前，具体参数为：进给速率"1200"，主轴转速"3000"，下刀速率"800"	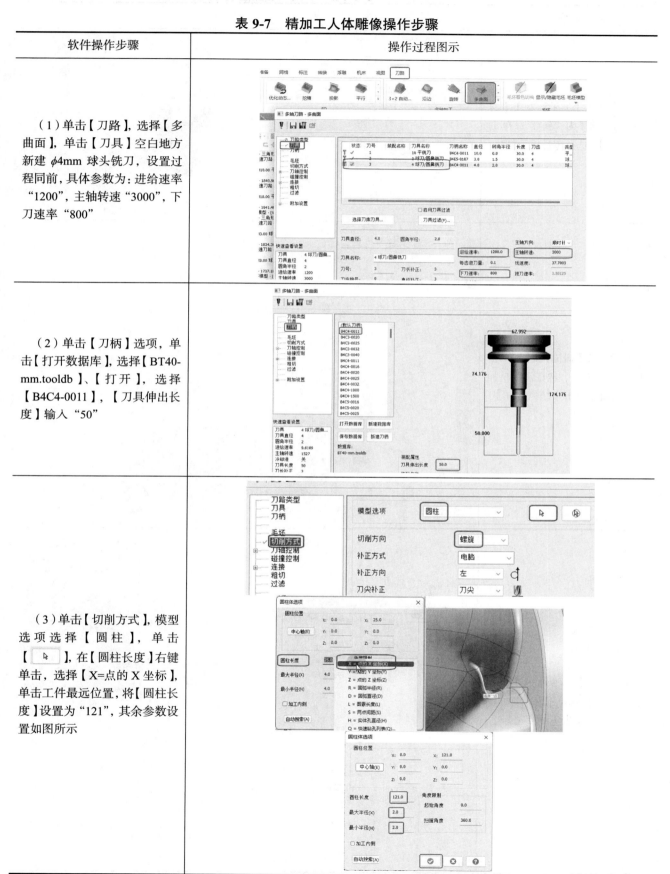
（2）单击【刀柄】选项，单击【打开数据库】，选择【BT40-mm.tooldb】、【打开】，选择【B4C4-0011】，【刀具伸出长度】输入"50"	
（3）单击【切削方式】，模型选项选择【圆柱】，单击【　】，在【圆柱长度】右键单击，选择【X=点的 X 坐标】，单击工件最远位置，将【圆柱长度】设置为"121"，其余参数设置如图所示	

续表

软件操作步骤	操作过程图示
（4）单击【刀轴控制】,【刀轴控制】选择为"到点"，单击【 ▸ 】，选择零件底面圆柱	
（5）单击【碰撞控制】,单击【 ▸ 】选项，选择需要精加工的曲面，单击【结束选择】	
（6）在【干涉曲面】单击【 ▸ 】选项，选择零件底面为干涉面，单击【结束选择】	

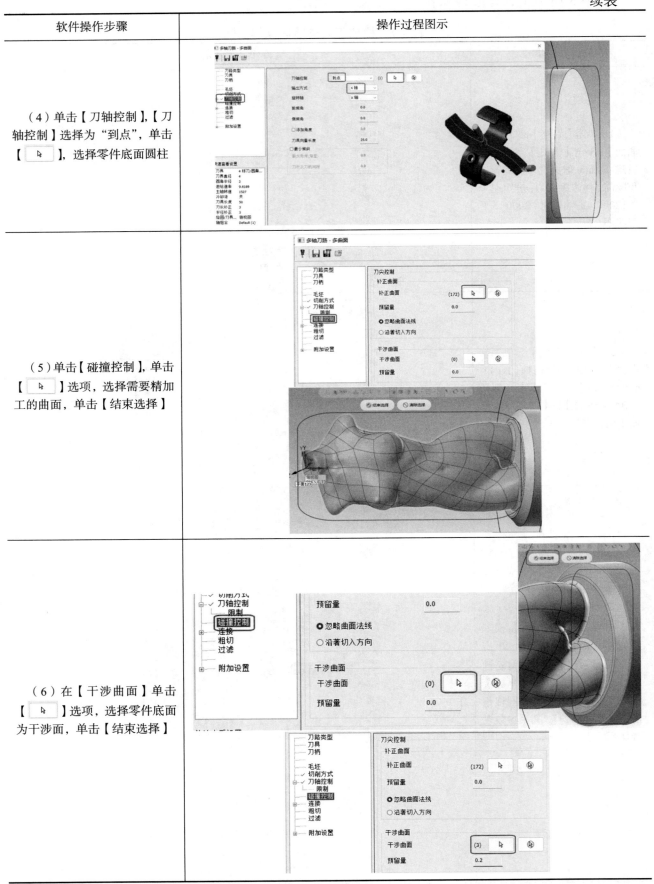

续表

软件操作步骤	操作过程图示
（7）单击【进退刀】，勾选【进/退刀】、【进刀曲线】，单击圆弧，复制，勾选【总是使用】，其余参数如图所示选择	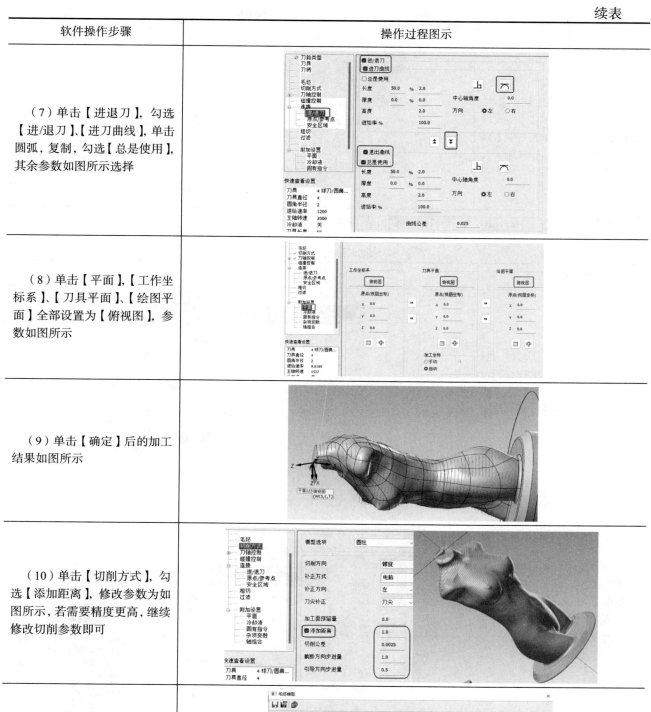
（8）单击【平面】,【工作坐标系】、【刀具平面】、【绘图平面】全部设置为【俯视图】，参数如图所示	
（9）单击【确定】后的加工结果如图所示	
（10）单击【切削方式】，勾选【添加距离】，修改参数为如图所示，若需要精度更高，继续修改切削参数即可	
（11）单击【刀路】选项，单击【多线程管理】、【毛坯模型】、【俯视图】，选择【毛坯模型】为"4"	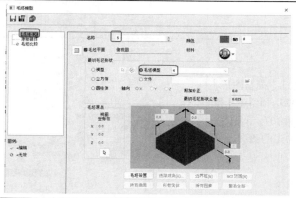

续表

软件操作步骤	操作过程图示
（12）单击【原始操作】选项，选择 11 刀路，单击【确定】，单击【视图】选项，单击【多线程管理】，选中刀路单击右键【高（H）】，单击【确认】，其他参数如图所示	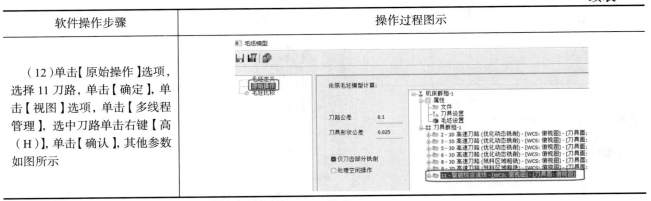

工序 6 精加工头部区域操作步骤如表 9-8 所示。

表 9-8 精加工头部区域操作步骤

软件操作步骤	操作过程图示
（1）在【前视图】，按住 Alt+ 上光标键，移动图形到合适位置，建立新平面，在【平面】，单击【添加】，单击【依照屏幕视图】建立新的"平面 123"	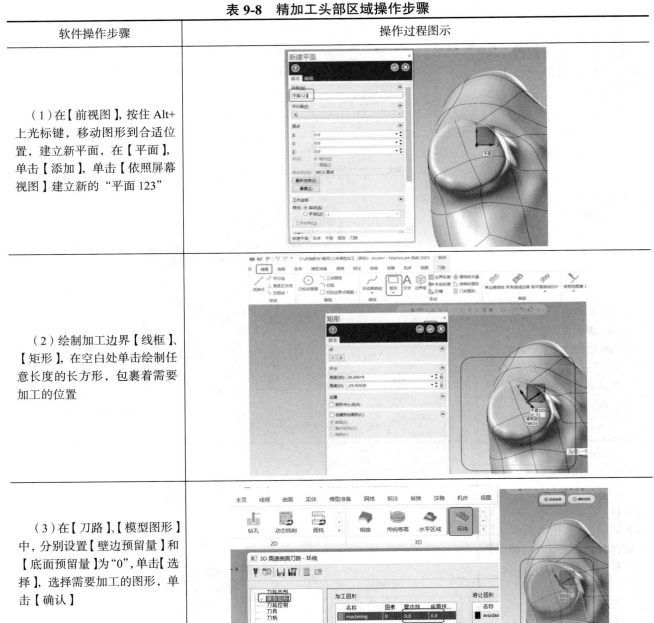
（2）绘制加工边界【线框】、【矩形】，在空白处单击绘制任意长度的长方形，包裹着需要加工的位置	
（3）在【刀路】、【模型图形】中，分别设置【壁边预留量】和【底面预留量】为"0"，单击【选择】，选择需要加工的图形，单击【确认】	

续表

软件操作步骤	操作过程图示
（4）单击【刀路控制】，单击边界串连【　　】，选择加工区域的范围，其他参数如图所示	
（5）单击【刀具】，选择2号球刀，其余参数如图所示	
（6）单击【切削参数】，切削方式选择【双向】，其余参数如图所示	

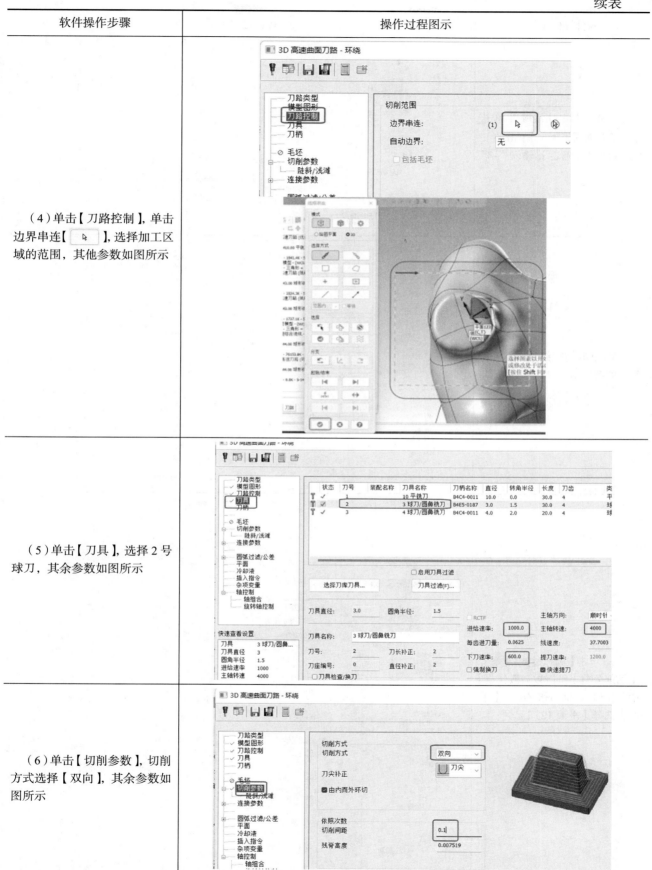

续表

软件操作步骤	操作过程图示
（7）单击【陡斜/浅滩】，单击【最后位置】【　】单击加工区域最低点【确定】，输入"-8"	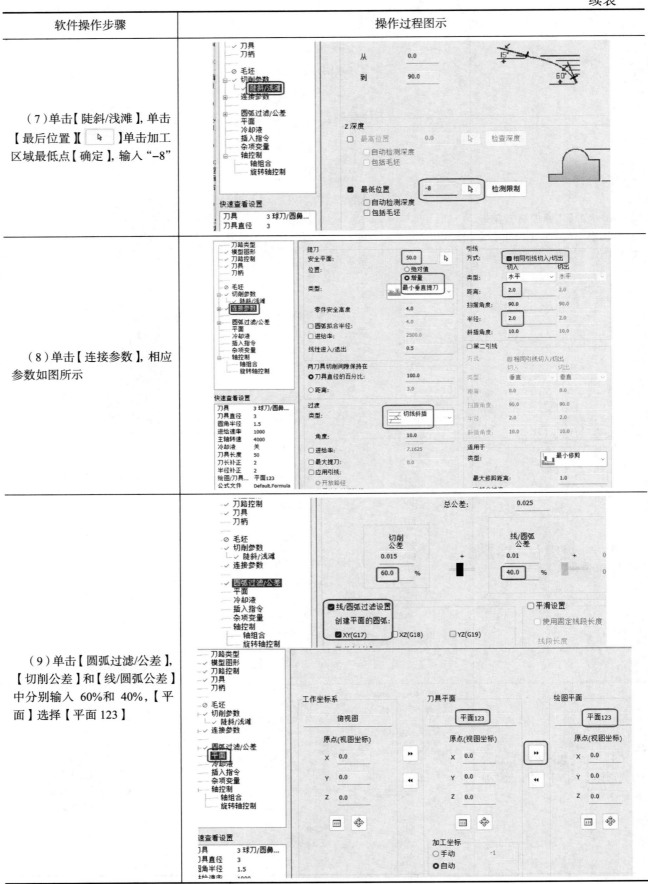
（8）单击【连接参数】，相应参数如图所示	
（9）单击【圆弧过滤/公差】，【切削公差】和【线/圆弧公差】中分别输入 60%和 40%，【平面】选择【平面123】	

续表

软件操作步骤	操作过程图示
（10）最终结果，刀路计算结果如图所示	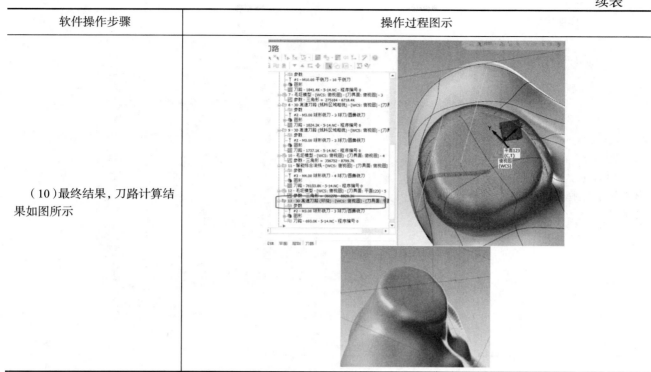

工序 7 尾部倒角加工操作步骤如表 9-9 所示。

表 9-9　尾部倒角加工操作步骤

软件操作步骤	操作过程图示
（1）在菜单栏中单击【刀路】，单击【智能综合】，单击【刀具】，选择 3 号刀具，各参数设置如图所示	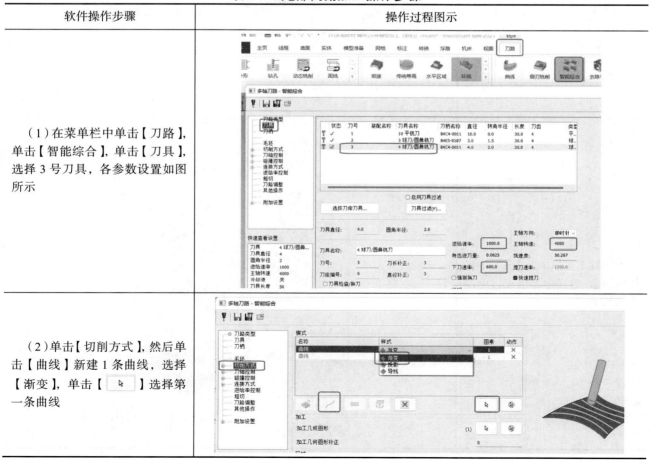
（2）单击【切削方式】，然后单击【曲线】新建 1 条曲线，选择【渐变】，单击【　】选择第一条曲线	

续表

软件操作步骤	操作过程图示
（3）在【实体串连】选择【实体线框】，选择最大圆柱边，单击【确认】	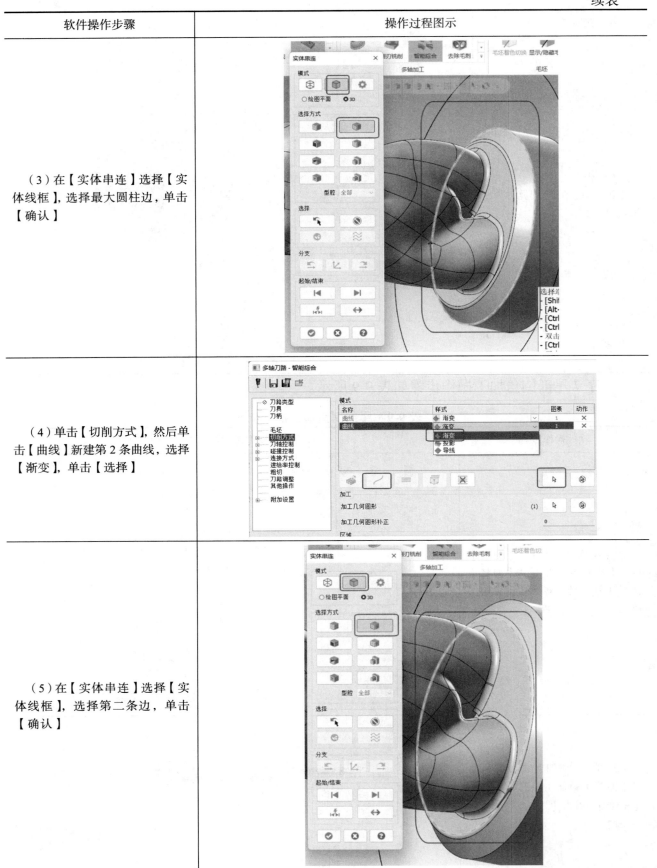
（4）单击【切削方式】，然后单击【曲线】新建第2条曲线，选择【渐变】，单击【选择】	
（5）在【实体串连】选择【实体线框】，选择第二条边，单击【确认】	

续表

软件操作步骤	操作过程图示
（6）单击【切削方式】，选择【加工几何图形】，单击【选择】，选择第 1 条边与第 2 条边中间部分图形，单击【结束选择】，【最大步进量】设置为 0.1mm	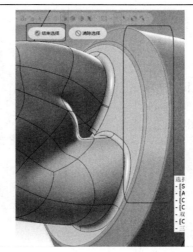
（7）单击【刀轴控制】，【输出方式】选择"4 轴"，单击【刀轴控制】的【　】，单击零件底座圆弧	
（8）单击【碰撞控制】，取消 1 号【刀具碰撞】	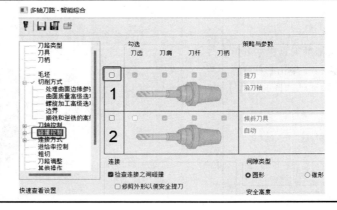

续表

软件操作步骤	操作过程图示
（9）单击【连接方式】，在【轴心】单击【 】，单击零件最大底径，其他参数设置如图所示	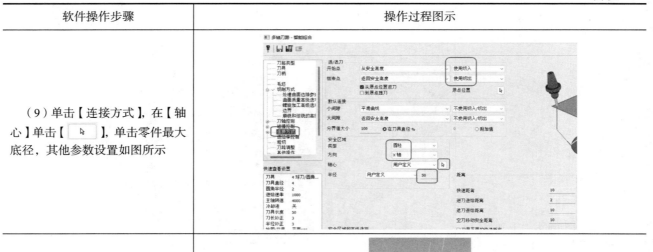
（10）最后结果，单击【平面】，三个视图为【俯视图】，单击【确定】，结果如图所示	

三、仿真加工

刀具路径模拟仿真加工操作步骤如表 9-10 所示。

表 9-10　刀具路径模拟仿真加工操作步骤

软件操作步骤	操作过程图示
（1）单击辅助工具栏左下角【刀路】选项卡，单击【刀具群组】，单击【验证已选择的操作】	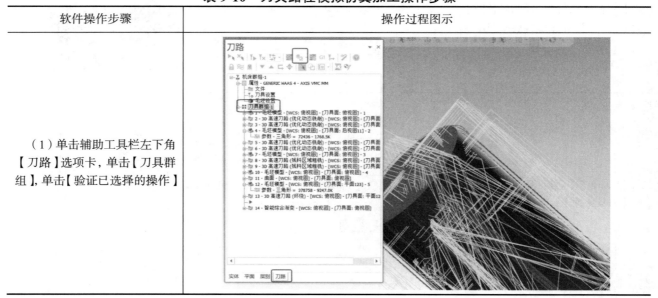

软件操作步骤	操作过程图示
（2）最终的仿真结果，操作结果如图所示	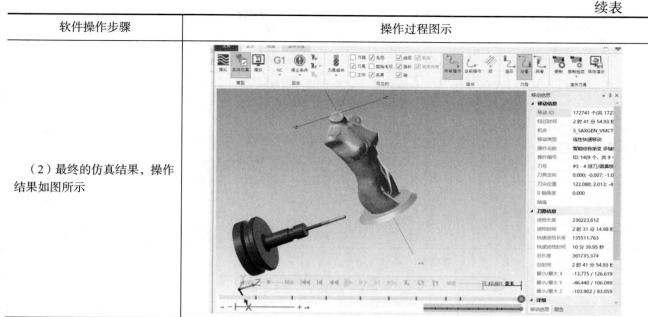

四、后置处理

NC 程序后置处理操作步骤如表 9-11 所示。

表 9-11　NC 程序后置处理操作步骤

软件操作步骤	操作过程图示
（1）单击辅助工具栏左下角的【刀路】选项卡，单击【刀具群组】，单击【G1】	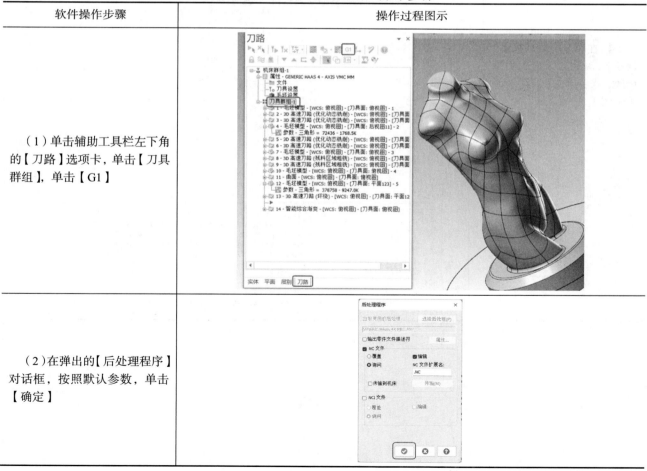
（2）在弹出的【后处理程序】对话框，按照默认参数，单击【确定】	

续表

软件操作步骤	操作过程图示
（3）在弹出的对话框中选择保存地址，更改【文件名】，单击【保存】	
（4）在弹出的对话框中，根据机床系统实际情况作适当修改，然后单击【保存】，单击【关闭】	

评价单

完成本模块的两个任务后,应做到:
① 根据零件图样及技术要求完成工艺卡的正确编写。
② 工装夹具的选择与设计。
③ 能使用 Mastercam 软件编写典型零件的加工程序。
④ 能完成零件的程序验证仿真。

模块九 评价单

项目	任务内容	分值	自评	教师评价
专业能力评价	零件分析(课前预习)	10		
	工艺卡编写	10		
	夹具选择	10		
	程序的编写	10		
	合理的切削参数	10		
	程序的正确仿真	10		
关键能力	遵守课堂纪律	10		
	积极主动学习	10		
	团队协作能力	10		
	安全意识强	10		
合计		100		

综合评价:_____	评价等级: A:优秀(85~100分); B:良好(70~84分); C:一般(60~69分)

检查评价	教师评语:				
	评定等级		日期		
	学生签字		教师签字		

注:评定等级为优、良、一般。

拓展提升

1. 编写图 9-2、图 9-3、图 9-4 零件的工艺卡。
2. 以本模块案例为参考，完成图 9-2、图 9-3、图 9-4 零件的程序，并完成程序的仿真验证。

图 9-2　侍女

图 9-3　维纳斯

图 9-4　李小龙

模块九　拓展提升模型

模块十

奖杯五轴加工

学习目标

技能目标：
1. 能运用 Mastercam 软件完成奖杯的编程与仿真加工。
2. 能操作五轴机床完成奖杯零件加工。

知识目标：
1. 基本掌握五轴渐变、统一的加工方法。
2. 基本掌握加工通用参数设置。

素养目标：
1. 培养科学精神和创新意识。
2. 提高实践能力和团队协作能力。

模块描述

以 MC 数控程序员的身份进入企业制造部门，根据如图 10-1 所示的典型零件，单件生产，铝合金材质。根据图样要求制订合理的工艺路线，应用 Mastercam 软件创建优化动态铣削、区域粗切、统一的、渐变加工，设置必要且合理的加工参数，生成刀具路径，检查刀具路径是否合理、正确，并对操作过程中存在的问题进行研讨和交流，通过相应的后处理生成数控加工程序，并运用机床加工零件。

图 10-1　奖杯 3D 图

任务一　加工工艺分析

一、零件技术要求及毛坯

奖杯的 3D 图如图 10-1 所示。毛坯采用 ϕ78mm×145mm 的 2A12 铝合金，在铣床上加工 65mm×45mm×26mm 的底座。在五轴机床上加工奖杯，奖杯表面粗糙度值为 Ra1.6μm，其他表面粗糙度值为 Ra3.2μm。

二、零件图分析

该零件底座为方形 65mm×45mm×26mm，杯体由多曲面组成，奖杯总高为 142.7mm。

三、工艺分析

奖杯显然是在五轴联动数控机床上进行加工的零件。奖杯造型由若干个片体构成，表面粗糙度直接影响加工零件的美观性，所以选择合理的精加工策略很关键。奖杯空间曲面上有刻字装饰，可用雕刻的方法加工。

1. 定位基准的确定

工件坐标系选择在奖杯的顶端中心，即将 Y、X 选择在工件的中心，将 Z 选择在毛坯顶端上。

2. 加工难点

① CAM 软件的五轴渐变编程。
② 精加工策略的选用。
③ 选用合理的加工工艺以减小工件的表面粗糙度。

3. 加工方案

① 粗加工奖杯杯体正面。
② 粗加工奖杯杯体反面。
③ 粗加工奖杯顶面。
④ 精加工奖杯顶面。
⑤ 半精加工奖杯杯体。
⑥ 精加工奖杯杯体。
⑦ 精加工奖杯根部。
⑧ 精加工奖杯底面。
⑨ 雕刻字体。

4. 加工工艺卡片

加工工艺卡片如表 10-1 所示。

表 10-1　加工工艺卡片

序号	工步	刀具名称	规格	主轴转速/ （r/min）	进给速度/ （mm/min）	备注
1	粗加工奖杯杯体正面	圆鼻刀	φ12r1	2200	1200	
2	粗加工奖杯杯体反面	圆鼻刀	φ12r1	2200	1200	
3	粗加工奖杯顶面	圆鼻刀	φ12r1	2200	1200	
4	精加工奖杯顶面	球头刀	φ6r3	6400	1250	
5	半精加工奖杯杯体	球头刀	φ6r3	6400	1250	
6	精加工奖杯杯体	球头刀	φ6r3	6400	1250	
7	精加工奖杯根部	球头刀	φ6r3	6400	1250	
8	精加工奖杯底面	球头刀	φ6r3	6400	1250	
9	雕刻字体	雕刻刀	φ6	6400	625	

任务二　奖杯编程加工

一、加工准备

零件加工前各项设置操作步骤如表 10-2 所示。

表 10-2　零件加工前各项设置操作步骤

软件操作步骤	操作过程图示
（1）单击菜单栏中的【机床】，然后单击【铣床】，在弹出的扩展菜单中单击【默认】	
（2）单击左侧功能区【刀路】，在切换的显示页面单击【属性】，选择【毛坯设置】	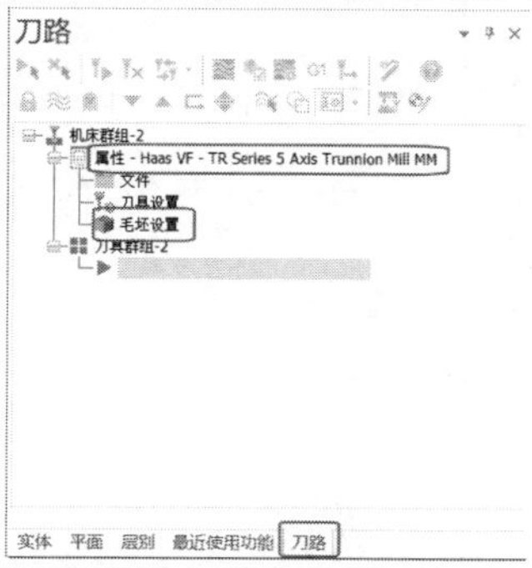

二、创建加工刀具路径

工序 1 粗加工奖杯杯体正面操作步骤如表 10-3 所示。

表 10-3　粗加工奖杯杯体正面操作步骤

软件操作步骤	操作过程图示
（1）单击菜单栏中的【刀路】，然后单击【优化动态粗切】	

续表

软件操作步骤	操作过程图示
（2）在【优化动态粗切】对话框中单击【模型图形】，在加工图形区域单击右键，单击【选择图素】，在绘图区选择"奖杯主体 3 个曲面"，单击【结束选择】	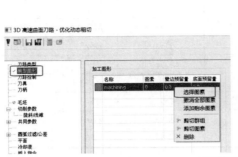 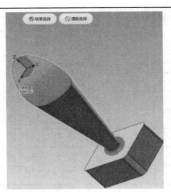
（3）在避让图形区域单击右键，单击【选择图素】，打开层别"8"，在绘图区选择"9 个避让面"，单击【结束选择】	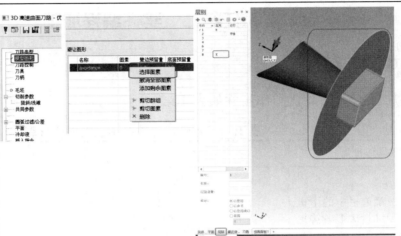
（4）在【优化动态粗切】对话框中单击【刀路控制】，选择【切削范围】，在弹出的对话框中选择【线框】，再选择【串连】，然后打开层别"6"，按照提示选择"边界线"，然后单击【确定】	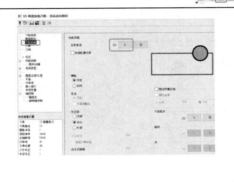 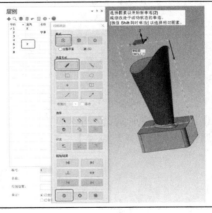
（5）在【优化动态粗切】对话框中单击【刀具】，在选刀空白区域单击右键，单击【创建刀具】，在弹出的对话框中选择【圆鼻刀】，创建直径 12mm 的圆鼻刀	 

续表

软件操作步骤	操作过程图示
（6）在刀具切削参数页面按照工艺卡片参数设置，【进给速率】输入"1200"，【主轴转速】输入"2200"，【下刀速率】输入"1200"，其他参数如图设置	
（7）在【优化动态粗切】对话框中单击【刀柄】，选择【B4C3-0032】刀柄，【刀具伸出长度】输入"45"	
（8）在【优化动态粗切】对话框中单击【切削参数】，勾选【步进量】，输入"0.5"，其他参数如图所示选择	
（9）在【优化动态粗切】对话框中单击【陡斜浅滩】，勾选【最高位置】输入"30"，勾选【最低位置】输入"-1"，其他参数如图所示选择	

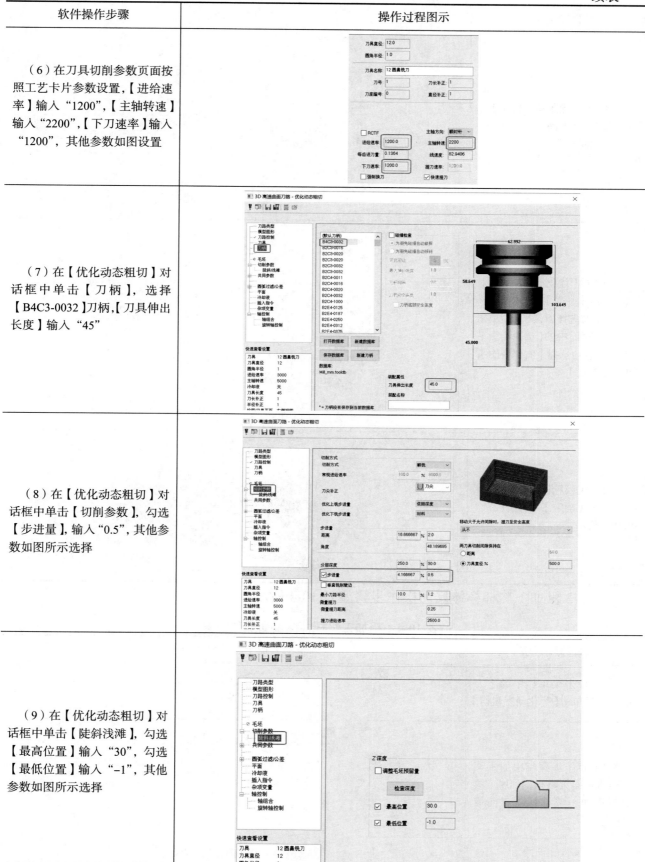

续表

软件操作步骤	操作过程图示
（10）在【优化动态粗切】对话框单击【共同参数】,如图所示选择共同参数	
（11）在【优化动态粗切】对话框单击【平面】,单击【刀具平面】中的选择刀具平面,单击【绘图平面】中的【选择绘图平面】,二者均选择【右侧视图】,单击【确定】	
（12）在【优化动态粗切】对话框单击【确定】,刀路计算结果如图所示	

工序 2 粗加工奖杯杯体反面操作步骤如表 10-4 所示。

表 10-4　粗加工奖杯杯体反面操作步骤

软件操作步骤	操作过程图示
（1）单击菜单栏中的【刀路】,然后单击【优化动态粗切】	
（2）操作步骤与粗加工奖杯杯体正面策略相同,加工参数与粗加工奖杯杯体正面策略一致	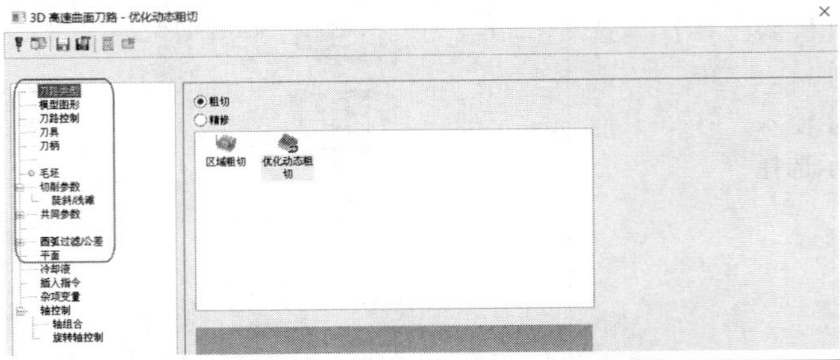

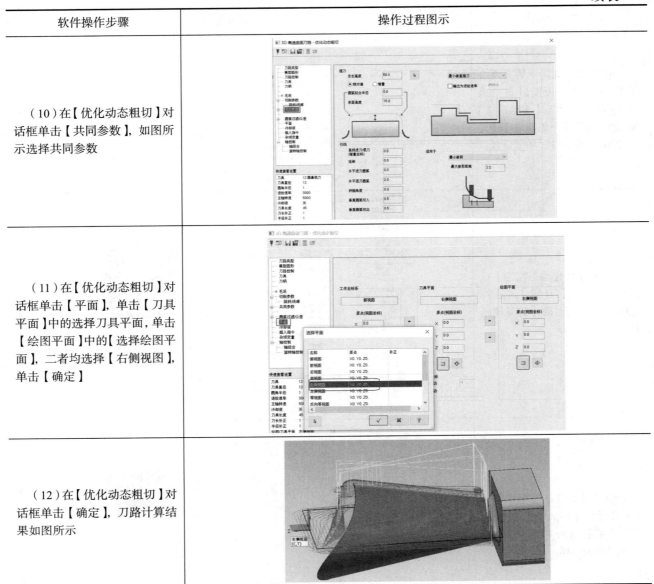

续表

软件操作步骤	操作过程图示
（3）在【优化动态粗切】对话框单击【平面】，单击【刀具平面】中的选择刀具平面，单击【绘图平面】中的【选择绘图平面】，二者均选择【左侧视图】，单击【确定】	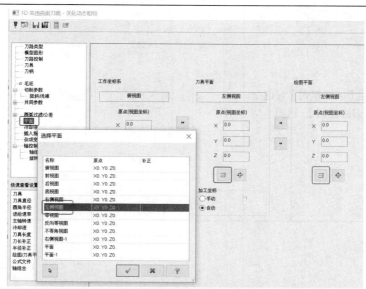
（4）在【优化动态粗切】对话框单击【确定】，刀路计算结果如图所示	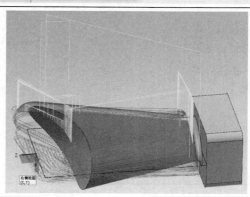

工序 3 粗加工奖杯顶面操作步骤如表 10-5 所示。

表 10-5　粗加工奖杯顶面操作步骤

软件操作步骤	操作过程图示
（1）单击菜单栏中的【刀路】，然后单击【区域粗切】	
（2）在【区域粗切】对话框中单击【模型图形】，在加工图形区域单击右键，单击【选择图素】，在绘图区选择"奖杯顶曲面"，单击【结束选择】	

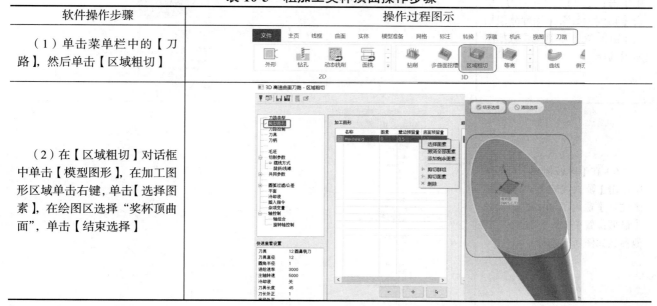

续表

软件操作步骤	操作过程图示
（3）在【区域粗切】对话框中单击【刀路控制】，选择【切削范围】	
（4）在弹出的对话框中选择【实体】，再选择【环】，按照提示选择奖杯顶曲面"实体边界线"，然后单击【确定】	
（5）在【区域粗切】对话框中单击【刀具】选择1号刀，单击【切削参数】，【深度分层切削】输入"0.5"，其他参数如图所示选择	
（6）在【区域粗切】对话框中单击【陡斜浅滩】，勾选【最高位置】输入"-0.197"，勾选【最低位置】输入"-35.66"，其他参数如图所示选择	

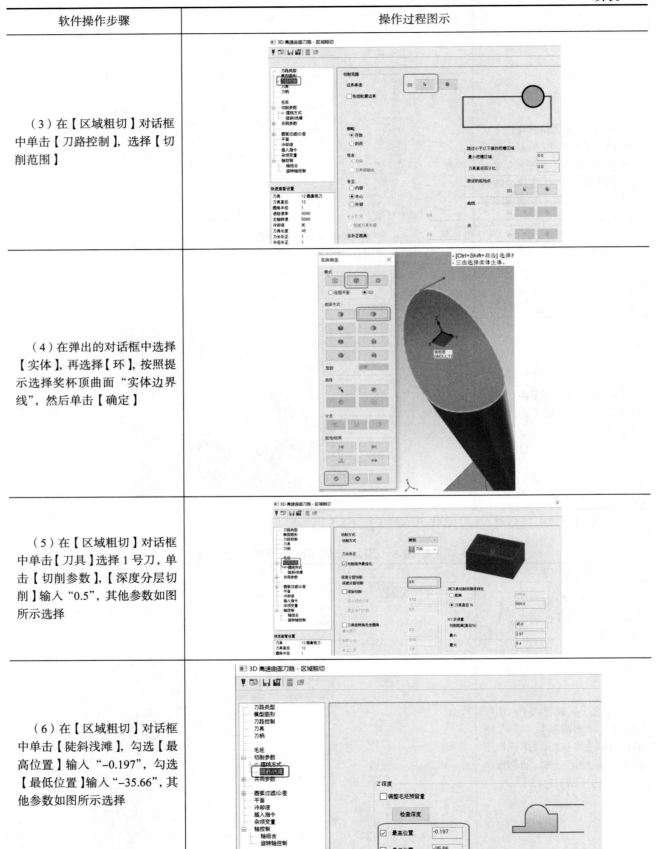

续表

软件操作步骤	操作过程图示
（7）在【区域粗切】对话框单击【共同参数】，如图所示选择共同参数	
（8）在【优化动态粗切】对话框单击【平面】，单击【刀具平面】中的【选择刀具平面】，单击【绘图平面】中的【选择绘图平面】，二者均选择【俯视图】，单击【确定】	
（9）在【优化动态粗切】对话框单击【确定】，刀路计算结果如图所示	

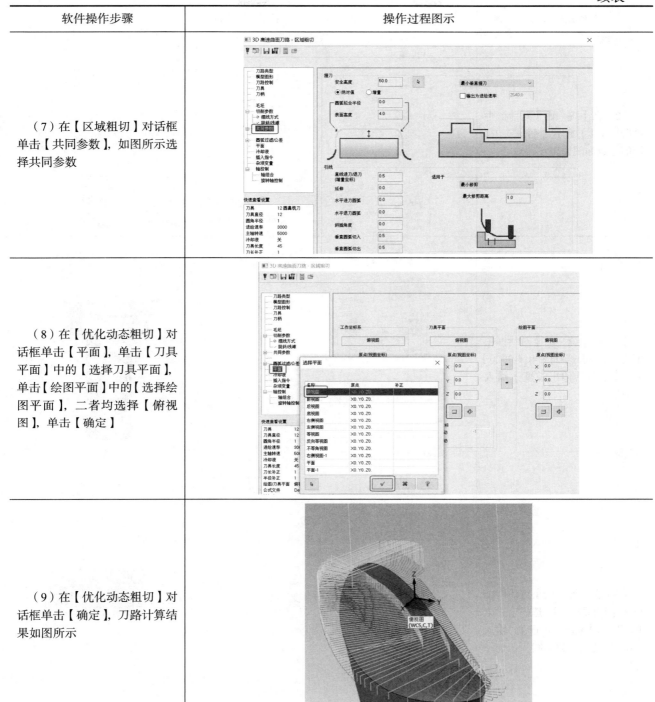

工序 4 精加工奖杯顶面操作步骤如表 10-6 所示。

表 10-6 精加工奖杯顶面操作步骤

软件操作步骤	操作过程图示
（1）单击菜单栏中的【刀路】，然后单击【统一的】	

实操篇

续表

软件操作步骤	操作过程图示
（2）在【统一的】对话框中单击【刀具】，创建2号球头刀，切削参数如图设置	
（3）在【统一的】对话框中单击【刀柄】，选择【B4C4-0020】刀柄，【刀具伸出长度】输入"35"	
（4）在【统一的】对话框中单击【切削方式】，选择【加工几何图形】，【最大步进量】输入"0.2"，其他参数如图所示选择	
（5）在【统一的】对话框中单击【处理曲面边缘参数】，【作为值】输入"0.1"	

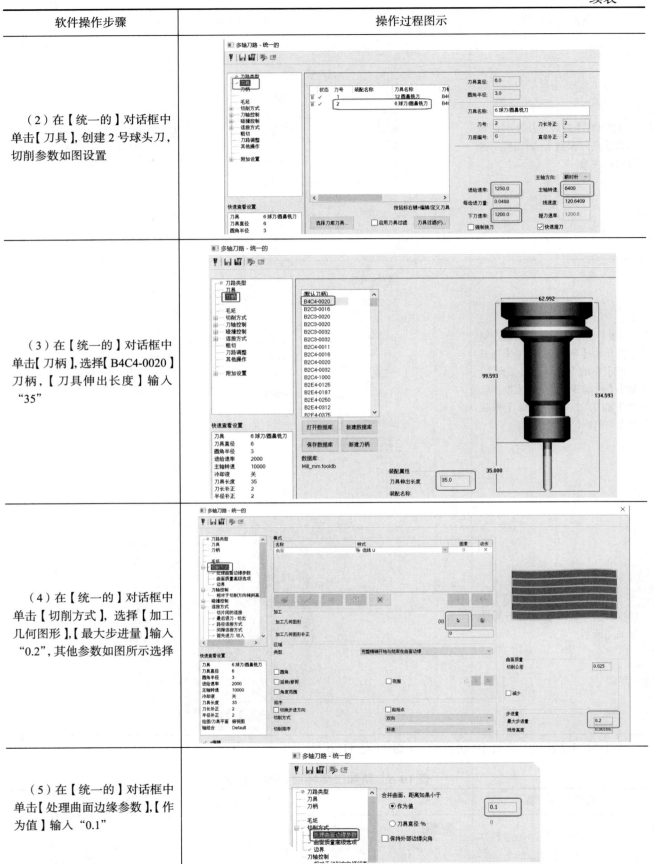

续表

软件操作步骤	操作过程图示
（6）在【统一的】对话框单击【曲面质量高级选项】，【串连公差】输入"1"	
（7）在【统一的】对话框单击【边界】，【起始边界】输入"0"，【终止边界】输入"0"	
（8）在【统一的】对话框中单击【刀轴控制】，参数如图所示选择	
（9）在【统一的】对话框中单击【相对于切削方向倾斜高级选项】，参数如图所示选择	
（10）在【统一的】对话框中单击【碰撞控制】，参数如图所示选择	

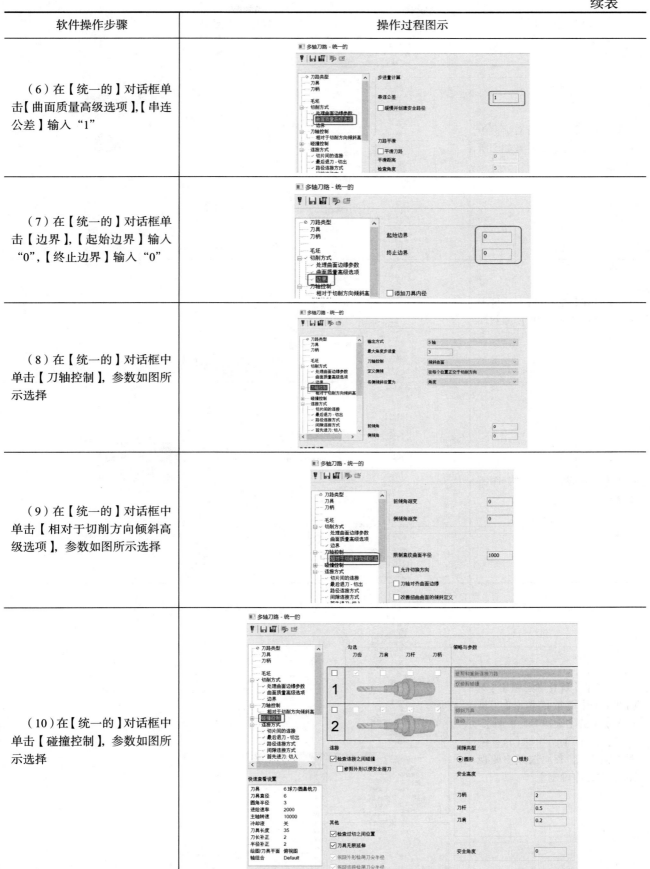

续表

软件操作步骤	操作过程图示
（11）在【统一的】对话框中单击【连接方式】，参数如图所示选择	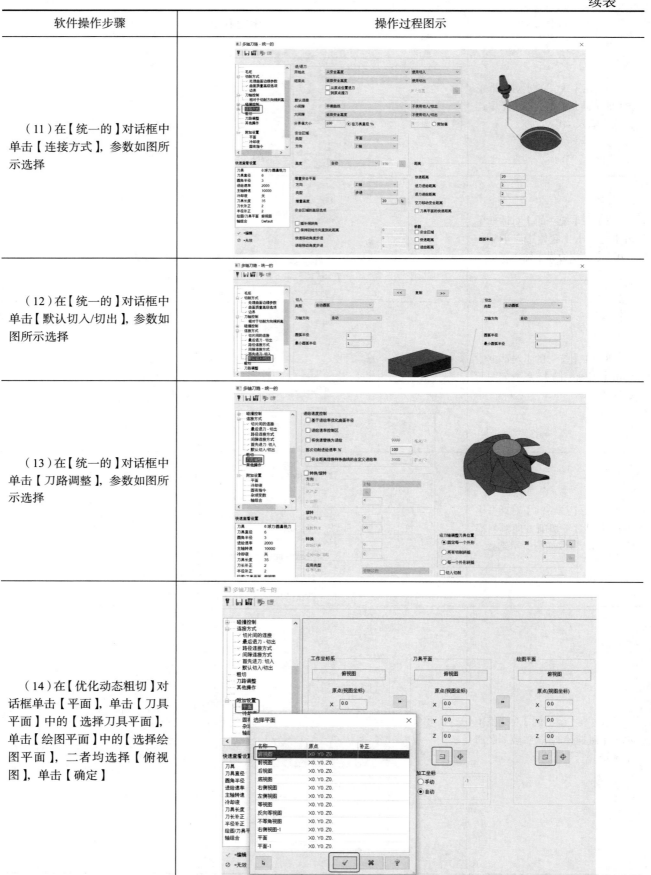
（12）在【统一的】对话框中单击【默认切入/切出】，参数如图所示选择	
（13）在【统一的】对话框中单击【刀路调整】，参数如图所示选择	
（14）在【优化动态粗切】对话框单击【平面】，单击【刀具平面】中的【选择刀具平面】，单击【绘图平面】中的【选择绘图平面】，二者均选择【俯视图】，单击【确定】	

续表

软件操作步骤	操作过程图示
（15）在【优化动态粗切】对话框单击【确定】，刀路计算结果如图所示	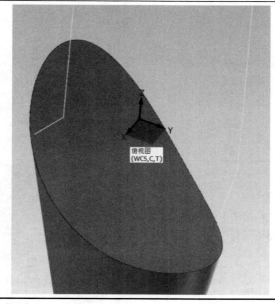

工序 5 半精加工奖杯杯体操作步骤如表 10-7 所示。

表 10-7　半精加工奖杯杯体操作步骤

软件操作步骤	操作过程图示
（1）单击菜单栏中的【刀路】，然后单击【渐变】	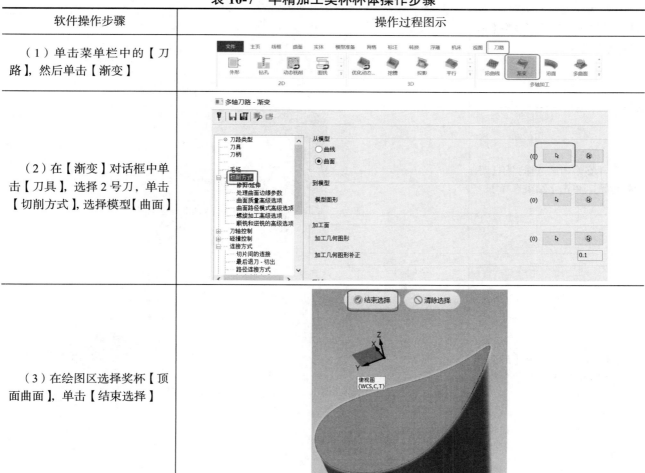
（2）在【渐变】对话框中单击【刀具】，选择 2 号刀，单击【切削方式】，选择模型【曲面】	
（3）在绘图区选择奖杯【顶面曲面】，单击【结束选择】	

续表

软件操作步骤	操作过程图示
（4）在【渐变】对话框中单击【切削方式】，选择模型【模型图形】	
（5）在绘图区选择奖杯【根部倒圆】，单击【结束选择】	
（6）在【渐变】对话框中单击【切削方式】，选择模型【加工几何图形】	
（7）在绘图区选择奖杯【杯体曲面】，单击【结束选择】	
（8）【切削方式】中【最大步进量】输入"0.5"，其他参数如图所示选择	

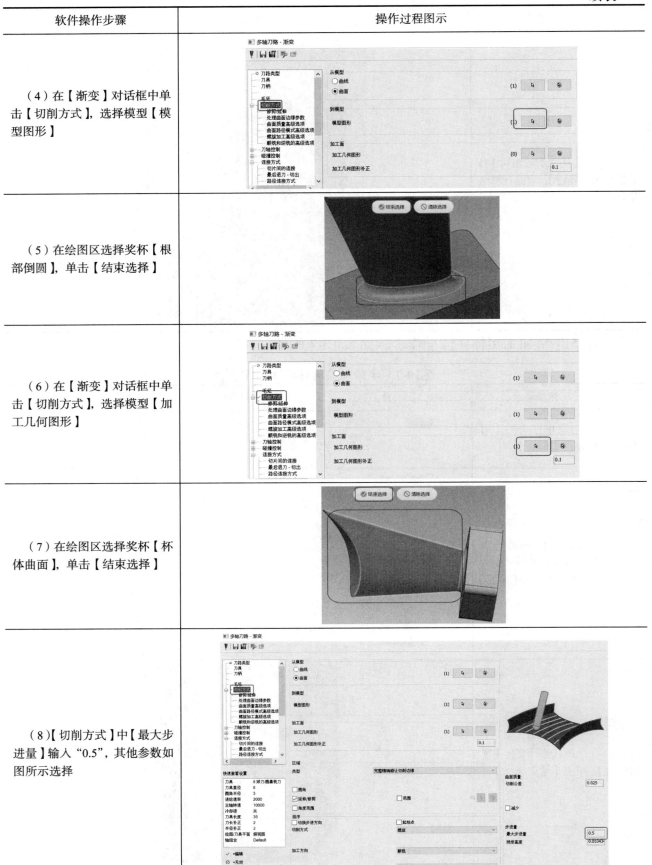

续表

软件操作步骤	操作过程图示
（9）在【渐变】对话框中单击【修剪/延伸】，参数如图所示选择	
（10）在【渐变】对话框中单击【刀轴控制】，【侧倾角】输入"30"，其他参数如图所示选择	
（11）在【渐变】对话框中单击【碰撞控制】，参数如图所示选择	
（12）在【渐变】对话框中单击【连接方式】，参数如图所示选择	

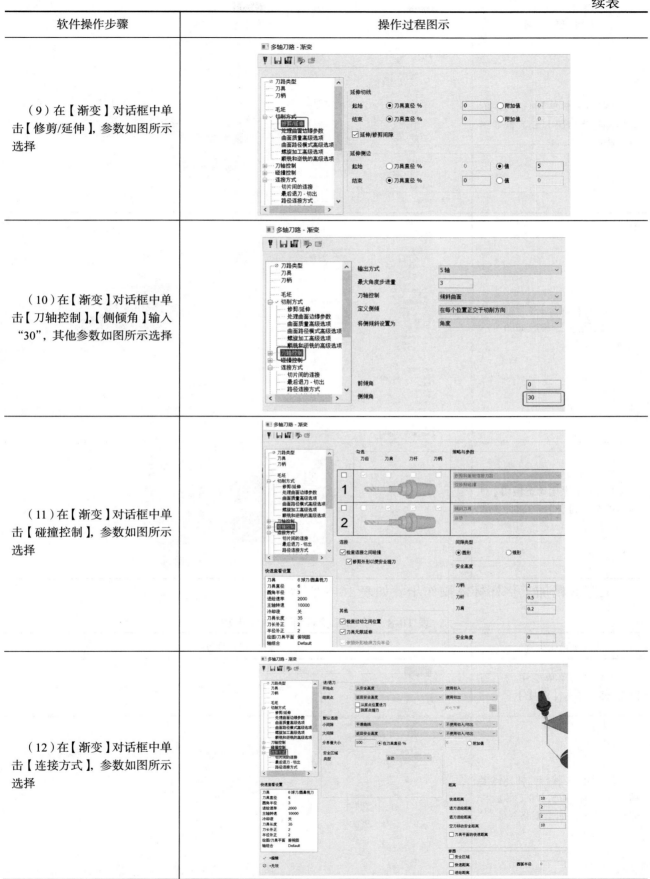

续表

软件操作步骤	操作过程图示
（13）在【渐变】对话框中单击【默认切入/切出】，参数如图所示选择	
（14）在【渐变】对话框中单击【刀路调整】，参数如图所示选择	
（15）在【优化动态粗切】对话框单击【确定】，刀路计算结果如图所示	

工序6 精加工奖杯杯体操作步骤如表10-8所示。

表10-8 精加工奖杯杯体操作步骤

软件操作步骤	操作过程图示
（1）单击菜单栏中的【刀路】，然后单击【渐变】	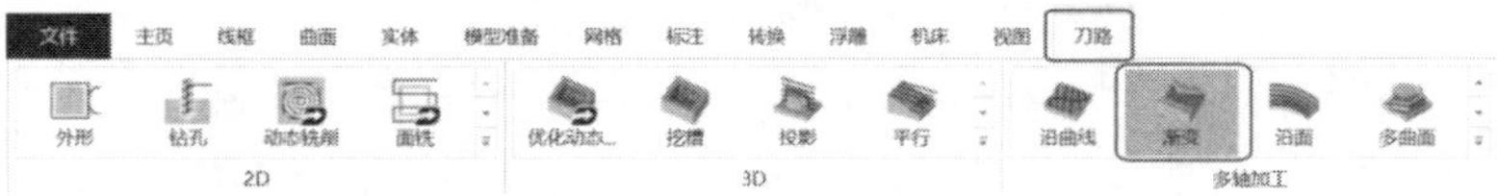
（2）操作步骤与奖杯杯体半精加工策略相同，加工参数与奖杯杯体半精加工策略一致	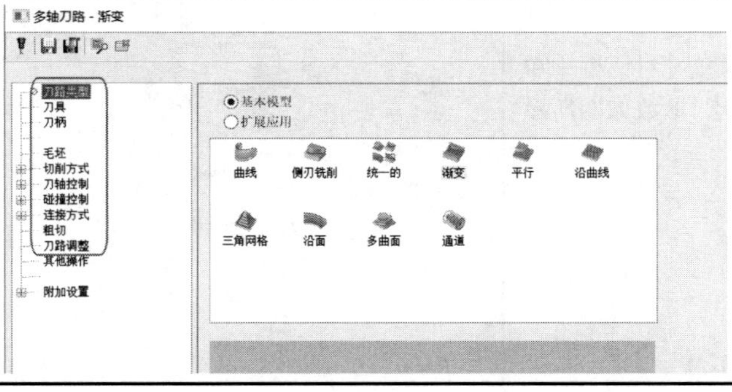

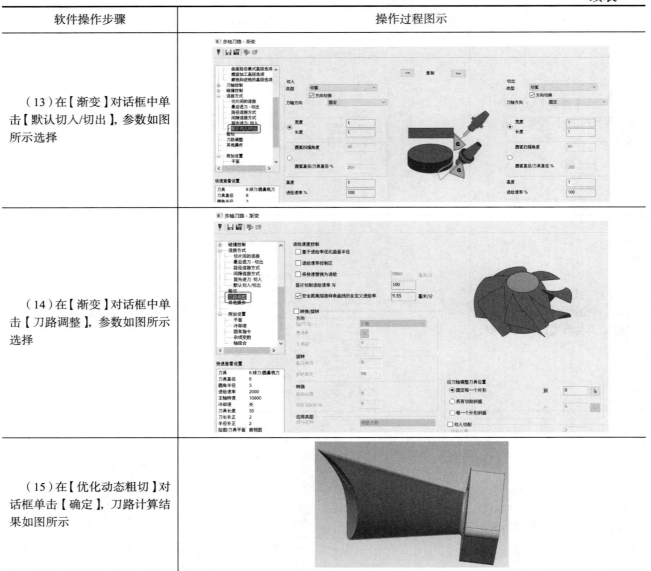

续表

软件操作步骤	操作过程图示
（3）单击【切削方式】，【最大步进量】改为"0.2"	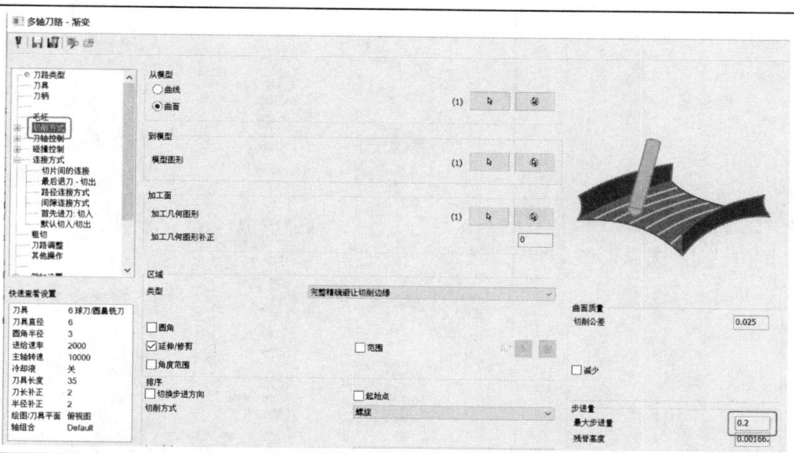

工序 7 精加工奖杯根部操作步骤如表 10-9 所示。

表 10-9　精加工奖杯根部操作步骤

软件操作步骤	操作过程图示
（1）单击菜单栏中的【刀路】，然后单击【渐变】	
（2）在【渐变】对话框中单击【刀具】，选择 2 号刀，单击【切削方式】，选择模型【曲线】	
（3）在【渐变】对话框中单击【切削方式】，选择模型【模型图形】	

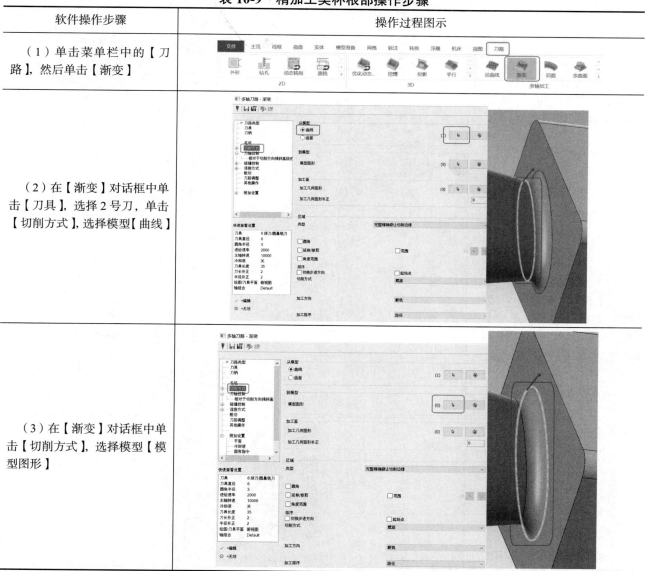

续表

软件操作步骤	操作过程图示
（4）在【渐变】对话框中单击【切削方式】，选择模型【加工几何图形】	
（5）在【切削方式】中【最大步进量】输入"0.2"，其他参数如图所示选择	
（6）在【渐变】对话框中单击【相对于切削方向倾斜高级选项】，【侧倾角渐变】输入"-65"，其他参数如图所示选择	
（7）在【渐变】对话框单击【确定】，刀路计算结果如图所示	

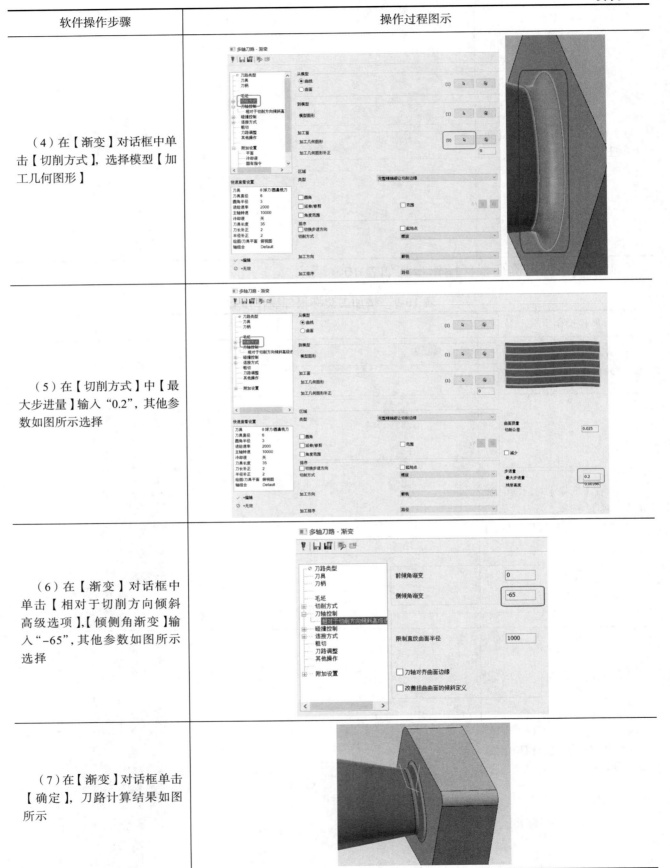

工序 8 精加工奖杯底面操作步骤如表 10-10 所示。

表 10-10 精加工奖杯底面操作步骤

软件操作步骤	操作过程图示
（1）单击菜单栏中的【刀路】，然后单击【渐变】	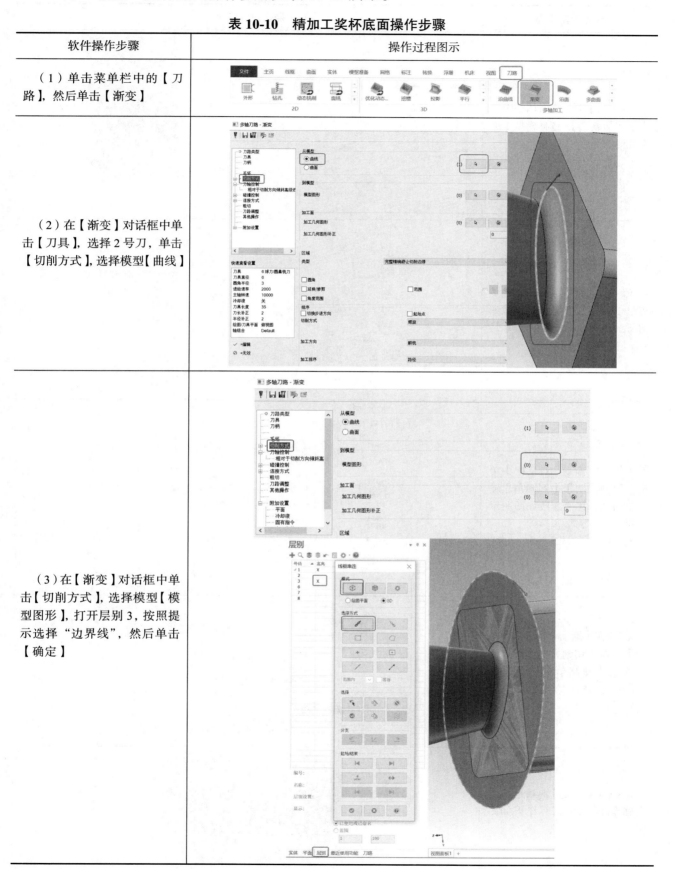
（2）在【渐变】对话框中单击【刀具】，选择 2 号刀，单击【切削方式】，选择模型【曲线】	
（3）在【渐变】对话框中单击【切削方式】，选择模型【模型图形】，打开层别 3，按照提示选择"边界线"，然后单击【确定】	

续表

软件操作步骤	操作过程图示
（4）在【渐变】对话框中单击【切削方式】，选择模型【加工几何图形】	
（5）【切削方式】中【最大步进量】输入"0.2"，其他参数如图所示选择	
（6）在【渐变】对话框中单击【刀轴控制】，【侧倾角】输入"-40"，其他参数如图所示选择	
（7）在【渐变】对话框中单击【相对于切削方向倾斜高级选项】，【倾侧角渐变】输入"-30"，其他参数如图所示选择	
（8）在【渐变】对话框单击【确定】，刀路计算结果如图所示	

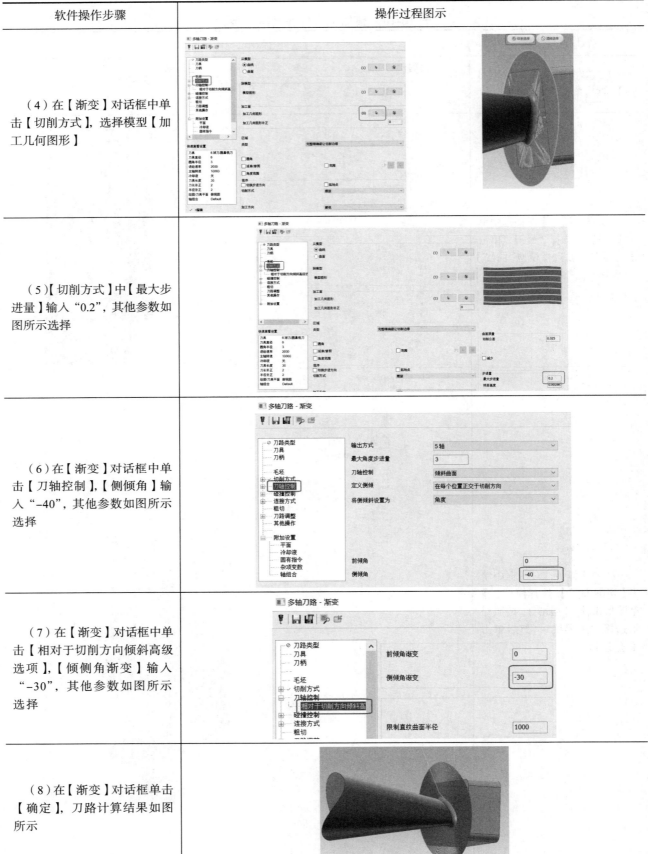

工序 9 雕刻字体加工操作步骤如表 10-11 所示。

表 10-11　雕刻字体加工操作步骤

软件操作步骤	操作过程图示
（1）单击菜单栏中的【刀路】，然后单击【统一的】	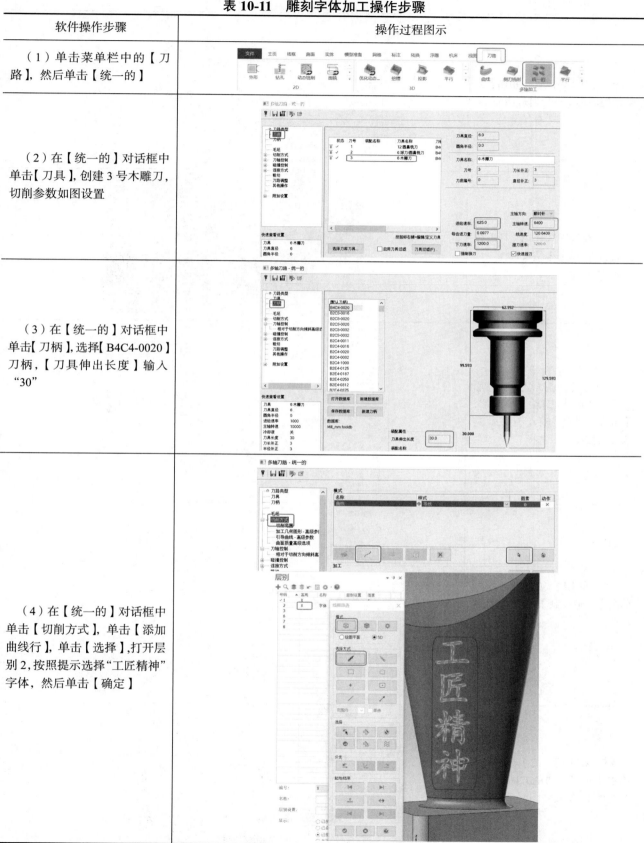
（2）在【统一的】对话框中单击【刀具】，创建 3 号木雕刀，切削参数如图设置	
（3）在【统一的】对话框中单击【刀柄】，选择【B4C4-0020】刀柄，【刀具伸出长度】输入"30"	
（4）在【统一的】对话框中单击【切削方式】，单击【添加曲线行】，单击【选择】，打开层别 2，按照提示选择"工匠精神"字体，然后单击【确定】	

续表

软件操作步骤	操作过程图示
（5）在【切削方式】单击【加工几何图形】选择对应曲面	
（6）在绘图区选择奖杯【杯体曲面】，单击【结束选择】	
（7）在【切削方式】中【加工几何图形补正】输入"–0.2"，【最大步进量】输入"0.2"，其他参数如图所示选择	
（8）在【统一的】对话框中单击【刀轴控制】，参数如图所示选择	
（9）在【统一的】对话框中单击【相对于切削方向倾斜高级选项】，参数如图所示选择	

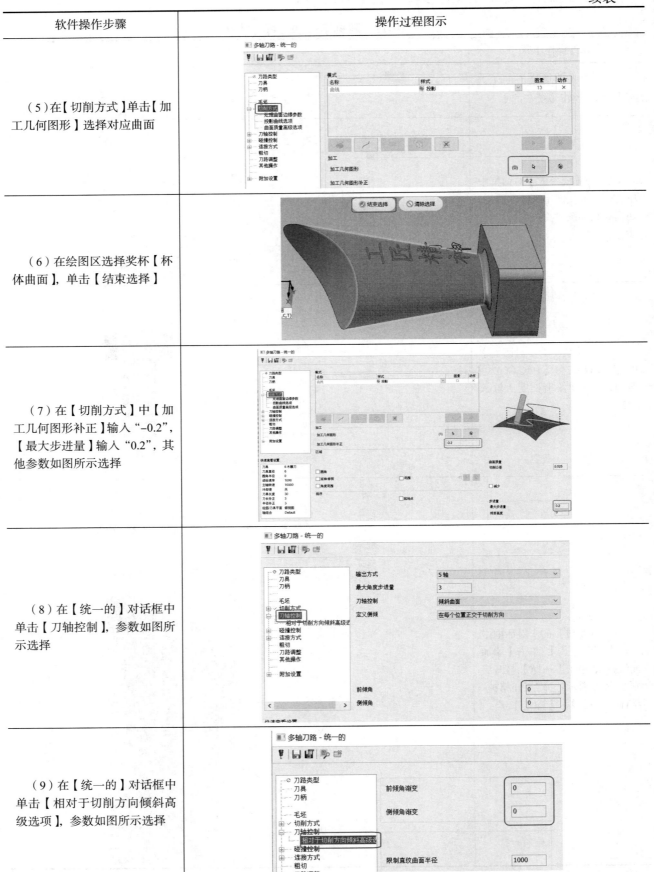

续表

软件操作步骤	操作过程图示
（10）在【统一的】对话框单击【确定】，刀路计算结果如图所示	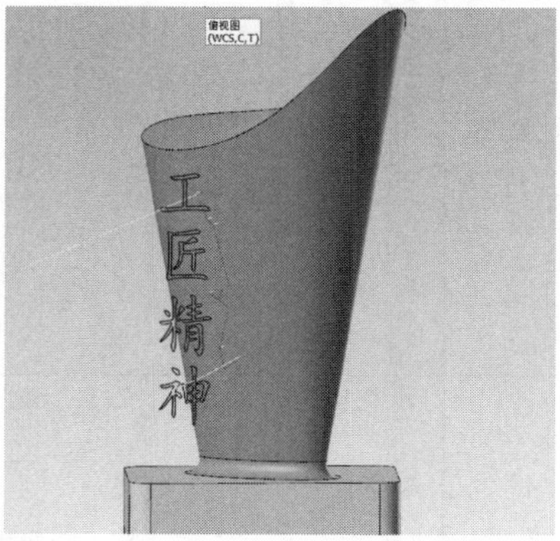

三、仿真加工

刀具路径模拟仿真加工操作步骤如表 10-12 所示。

表 10-12　刀具路径模拟仿真加工操作步骤

软件操作步骤	操作过程图示
（1）单击辅助工具栏左下角【刀路】选项卡，单击【刀具群组】，单击【验证已选择的操作】	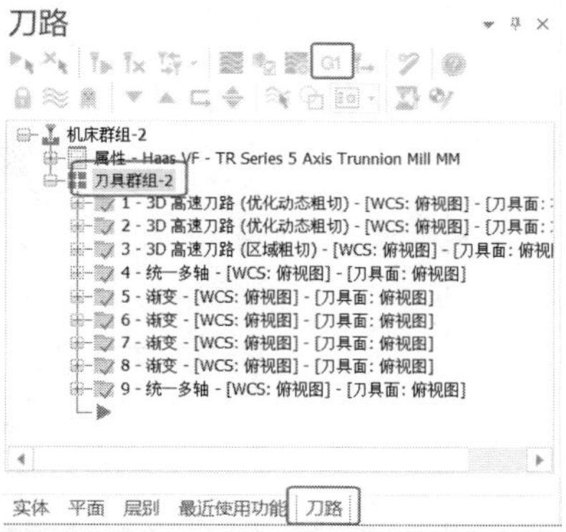
（2）单击模拟播放工具条中【下一个操作】，完成工序 1 模拟	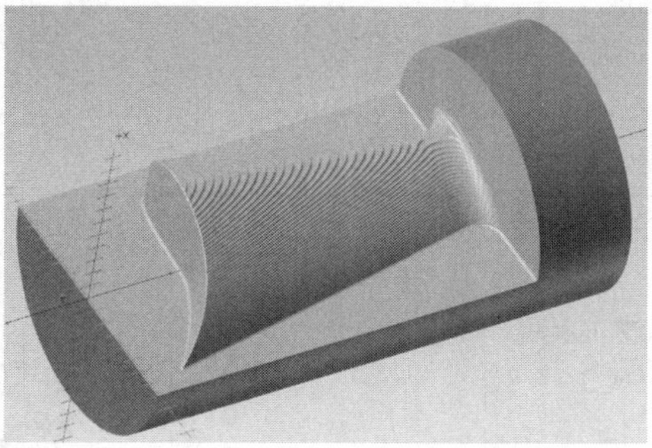
（3）单击模拟播放工具条中【下一个操作】，完成工序 2 模拟	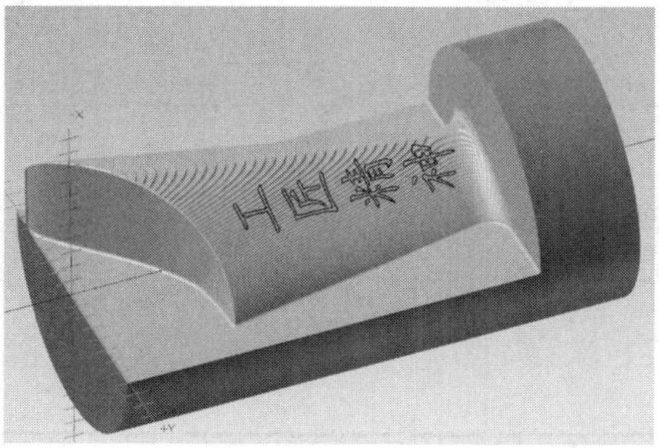

续表

软件操作步骤	操作过程图示
（4）单击模拟播放工具条中【下一个操作】，完成工序3模拟	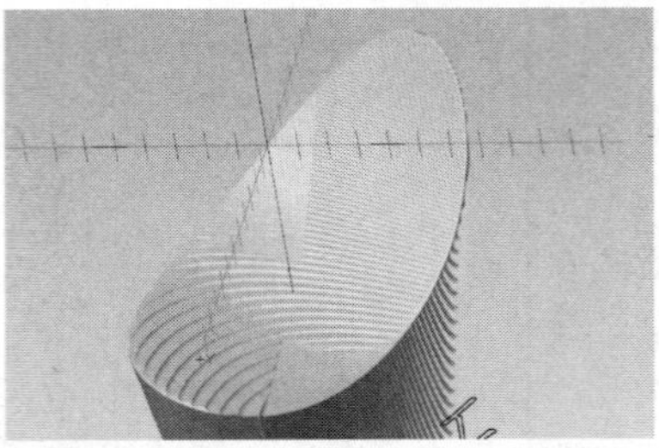
（5）单击模拟播放工具条中【下一个操作】，完成工序4模拟	
（6）单击模拟播放工具条中【下一个操作】，完成工序5、6模拟	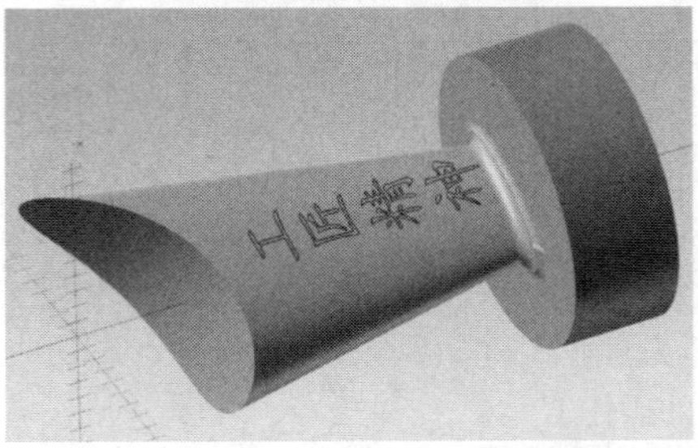
（7）单击模拟播放工具条中【下一个操作】，完成工序7模拟	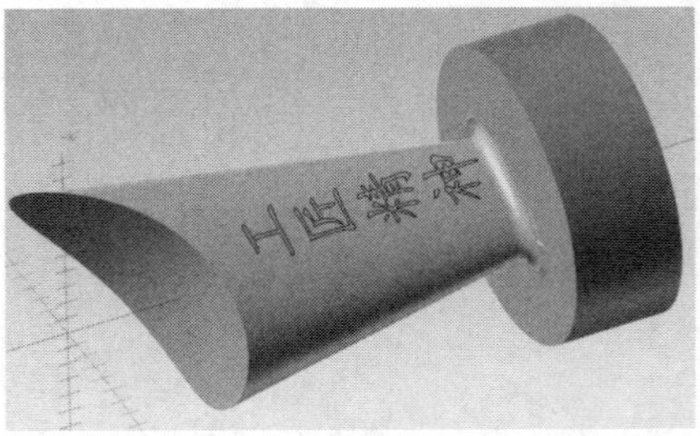
（8）单击模拟播放工具条中【下一个操作】，完成工序8模拟	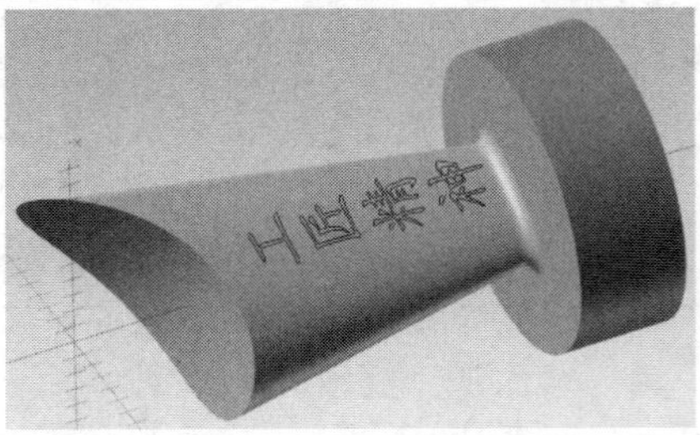
（9）单击模拟播放工具条中【下一个操作】，完成工序9模拟	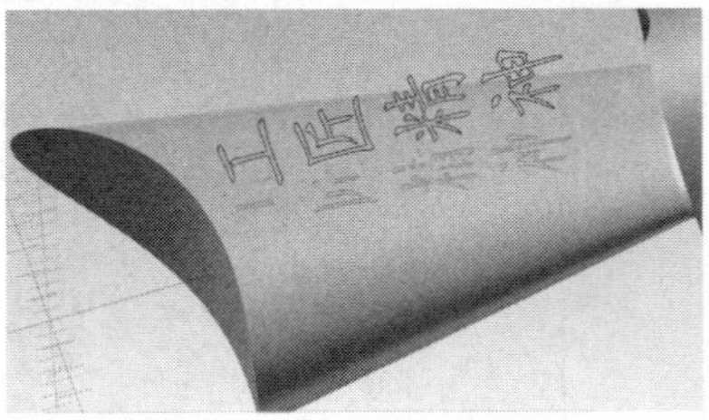

续表

软件操作步骤	操作过程图示
（10）单击模拟加工右侧辅助工具栏【移动列表】可查看加工时间和进给长度等加工信息，单击【碰撞报告】可查看碰撞次数和碰撞位置等信息	

四、后置处理

NC 程序后置处理操作步骤如表 10-13 所示。

表 10-13　NC 程序后置处理操作步骤

软件操作步骤	操作过程图示
（1）单击辅助工具栏左下角的【刀路】选项卡，单击【刀具群组】，单击【G1】	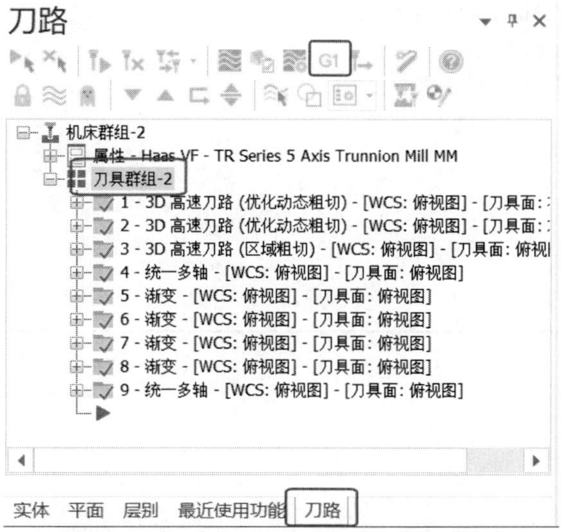

续表

软件操作步骤	操作过程图示
（2）在弹出的【后处理程序】对话框，按照默认参数，单击【确定】	
（3）在弹出的对话框中选择保存地址，更改【文件名】，单击【保存】	
（4）在弹出的对话框中，根据机床系统实际情况作适当修改，然后单击【保存】，单击【关闭】	

评价单

完成本模块的两个任务后,应做到:
① 根据零件图样及技术要求完成工艺卡的正确编写。
② 工装夹具的选择与设计。
③ 能使用 Mastercam 软件编写典型零件的加工程序。
④ 能完成零件的程序验证仿真。

模块十 评价单

项目	任务内容	分值	自评	教师评价
专业能力评价	零件分析(课前预习)	10		
	工艺卡编写	10		
	夹具选择	10		
	程序的编写	10		
	合理的切削参数	10		
	程序的正确仿真	10		
关键能力	遵守课堂纪律	10		
	积极主动学习	10		
	团队协作能力	10		
	安全意识强	10		
合计		100		
综合评价:_____		评价等级: A:优秀(85~100分);B:良好(70~84分);C:一般(60~69分)		
检查评价	教师评语:			
	评定等级		日期	
	学生签字		教师签字	

注:评定等级为优、良、一般。

拓展提升

1. 编写图 10-2、图 10-3、图 10-4 零件的工艺卡。
2. 以本模块案例为参考，完成图 10-2、图 10-3、图 10-4 零件的程序，并完成程序的仿真验证。

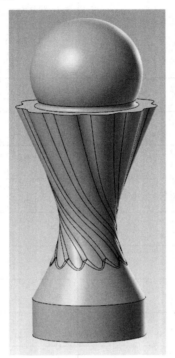

图 10-2　圆球奖杯

图 10-3　橄榄奖杯

图 10-4　音乐奖杯

模块十　拓展提升模型

模块十一

叶轮五轴加工

学习目标

技能目标：
1. 能运用叶片专家等加工策略完成叶轮的编程与仿真加工。
2. 能熟练操作五轴机床完成叶轮零件的加工。

知识目标：
1. 掌握叶轮加工特点。
2. 掌握叶轮编程设置方法。

素养目标：
1. 培养学生精益求精的意识。
2. 提高实践能力和团队协作能力。

模块描述

叶轮是航空发动机中的核心部件。叶轮的形状比较复杂，叶片与叶片之间一般有加工干涉，由于其零件形状的特殊性，只能采用多轴加工。

以企业制造部门 MC 数控程序员的身份进入 Mastercam 2020 功能模块，根据图 11-1 所示叶轮零件的特征，按照零件加工要求，制订叶轮的工艺路线，创建叶片专家等加工操作，合理设置加工参数，生成刀具路径，完成叶轮的仿真加工，后处理得到数控加工程序，完成零件加工。

图 11-1 叶轮模型

任务一　加工工艺分析

一、叶轮零件分析

叶轮零件形状比较复杂，加工精度要求高；叶片属于薄壁零件，加工时容易产生变形，而且加工叶片时容易产生干涉。

二、毛坯选用

零件毛坯材料为 7075 航空铝棒，尺寸为 $\phi176mm \times 96mm$。零件长度、直径尺寸已经精加工到位，无须再加工。

三、制定加工工序卡

零件选用立式五轴联动机床加工（双摆台摇篮式），自定心卡盘装夹，遵循先粗后精加工原则，采用五轴联动加工。加工工序卡片如表 11-1 所示。

1. 定位基准的确定

工件坐标系选择在工件上表面中心处，即将 X、Y 选择在工件的中心，将 Z 选择在工件上表面上。

2. 加工难点

在本实例中，需要对整体叶轮的流道、叶片和圆角主要曲面进行加工，根据本例具体情况加工难点如下：

① 加工槽道变窄，叶片相对较长，刚度较低，属于薄壁类零件，加工过程中极易变形；

② 槽道最窄处叶片深度超过刀具直径的 8 倍，相邻叶片空间极小，在清角加工时刀具直径较小，刀具容易折断，切削深度的控制也是加工的关键技术；

③ 本例的整体叶轮曲面为自由曲面，流道窄，叶片扭曲比较严重，并且有明显的后仰趋势，加工时极易产生干涉，加工难度较大。

3. 加工方案

① 叶轮粗加工；
② 叶轮半精加工；
③ 精修叶轮大叶片；
④ 精修叶轮小叶片；
⑤ 精修大叶片圆角；
⑥ 精修小叶片圆角；
⑦ 精修轮毂。

4. 加工工序卡片

加工工序卡片如表 11-1 所示。

表 11-1　加工工序卡片

序号	工步	刀具名称	规格	主轴转速/(r/min)	进给速度/(mm/min)	备注
1	叶轮粗加工	圆鼻铣刀	ϕ8	3200	2000	
2	叶轮半精加工	球刀	ϕ8	4000	1000	
3	精修叶轮大叶片	锥度刀	ϕ4	10000	2000	
4	精修叶轮小叶片	锥度刀	ϕ4	10000	2000	
5	精修大叶片圆角	锥度刀	ϕ4	10000	2000	
6	精修小叶片圆角	锥度刀	ϕ4	10000	2000	
7	精修轮毂	锥度刀	ϕ4	10000	2000	

任务二　叶轮编程加工

一、加工准备

零件加工前各项设置操作步骤如表 11-2 所示。

表 11-2　零件加工前各项设置操作步骤

软件操作步骤	操作过程图示
（1）在绘图空白区域单击右键，在弹出的下拉菜单中选择【前视图】	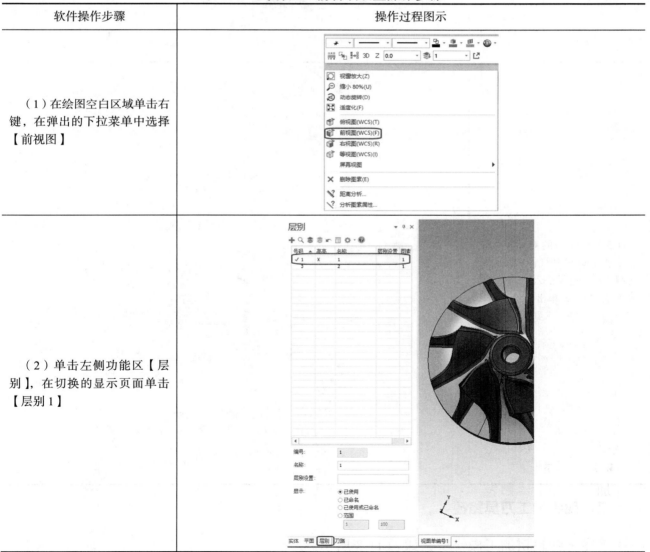
（2）单击左侧功能区【层别】，在切换的显示页面单击【层别1】	

软件操作步骤	操作过程图示
（3）单击菜单栏中的【机床】，然后单击【铣床】，在弹出的扩展菜单中单击【默认】	
（4）在【刀路】显示页面单击【属性】，选择【毛坯设置】	
（5）在弹出的对话框中的【形状】选择"圆柱体"，【轴向】选择"Z"，直径输入"176"，高度输入"96"，单击【确定】	

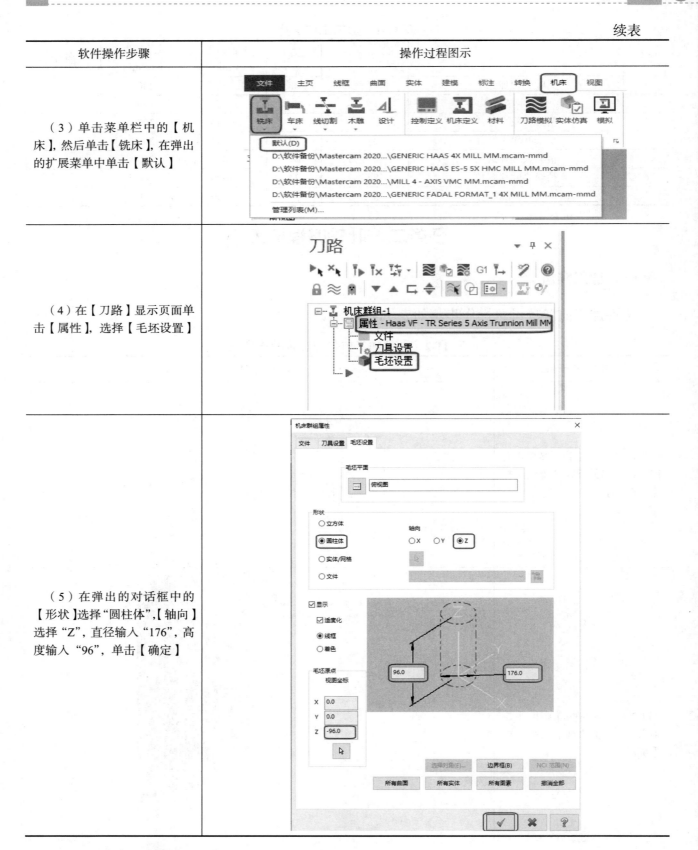

二、创建加工刀具路径

工序 1 叶轮粗加工操作步骤如表 11-3 所示。

表 11-3 叶轮粗加工操作步骤

软件操作步骤	操作过程图示
（1）单击菜单栏中的【刀路】，然后单击多轴加工方式的下拉三角【 ▽ 】，在弹出的页面中选择【叶片专家】加工策略	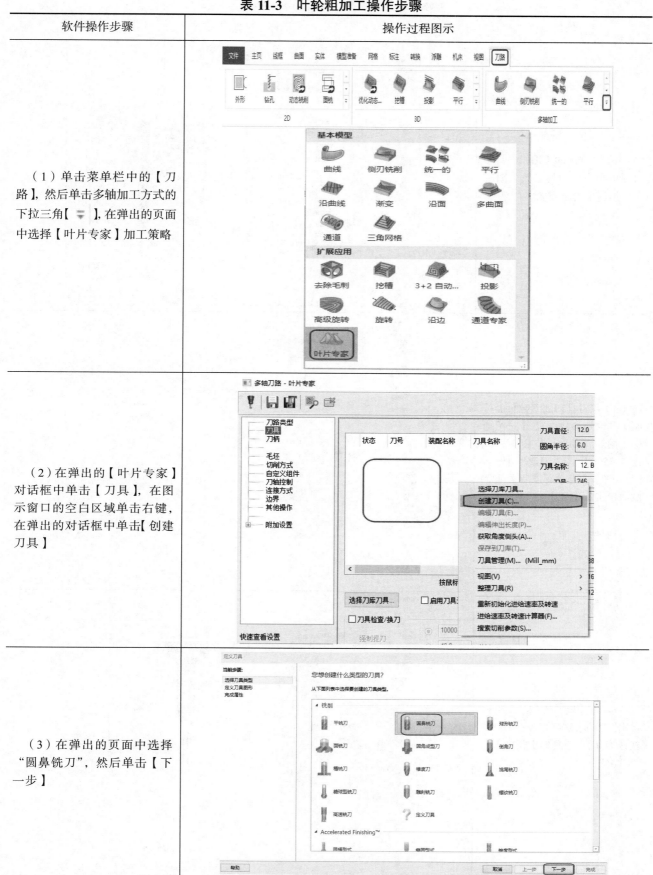
（2）在弹出的【叶片专家】对话框中单击【刀具】，在图示窗口的空白区域单击右键，在弹出的对话框中单击【创建刀具】	
（3）在弹出的页面中选择"圆鼻铣刀"，然后单击【下一步】	

续表

软件操作步骤	操作过程图示
（4）在弹出的【编辑刀具】对话框中设置刀具参数如图所示，然后单击【完成】	
（5）在刀具切削参数页面按照工艺卡片参数设置，【进给速率】输入"2500"，【主轴转速】输入"5000"，【下刀速率】输入"1200"，其他参数如图设置，然后单击【确定】	
（6）在【叶片专家】对话框单击【刀柄】，选择"B4Y4-0312"默认刀柄，【刀具伸出长度】输入"65"	

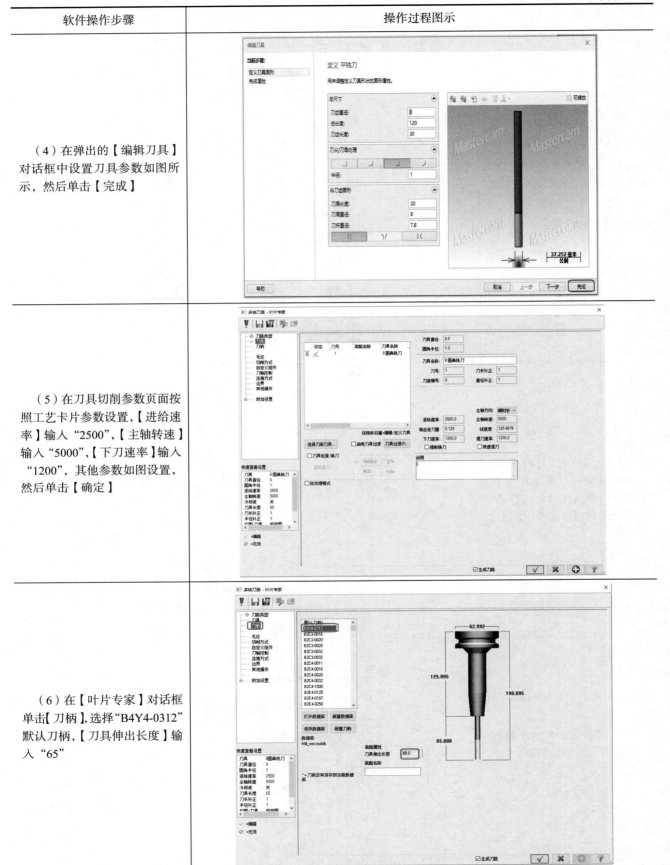

续表

软件操作步骤	操作过程图示
（7）在【叶片专家】对话框单击【切削方式】，"加工"选择"粗切"，然后参照如图所示设置其他各参数	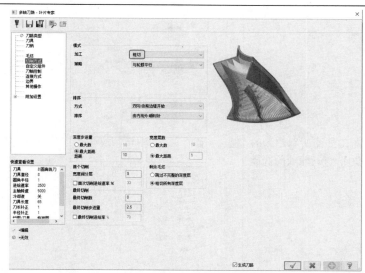
（8）在【叶片专家】对话框单击【自定义组件】，然后单击如图所示"叶片分流圆角"的【选择箭头】，进行叶片分流圆角的选择	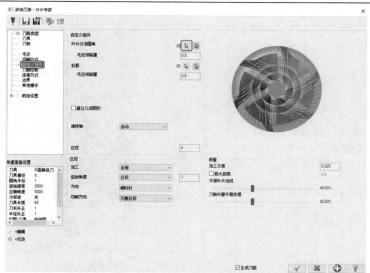
（9）在弹出的页面中选择如图所示其中一组叶片，然后单击【结束选择】。 注意：不选择叶片包覆面	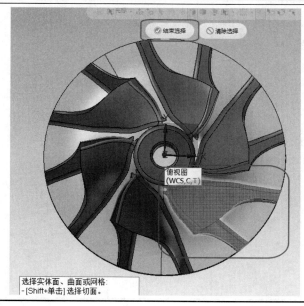

续表

软件操作步骤	操作过程图示
（10）单击如图所示轮毂的【选择箭头】，进行轮毂的选择	
（11）在弹出的页面中选择如图所示轮毂面，然后单击【结束选择】	
（12）对【自定义组件】的其他各参数参照如图所示进行设置	

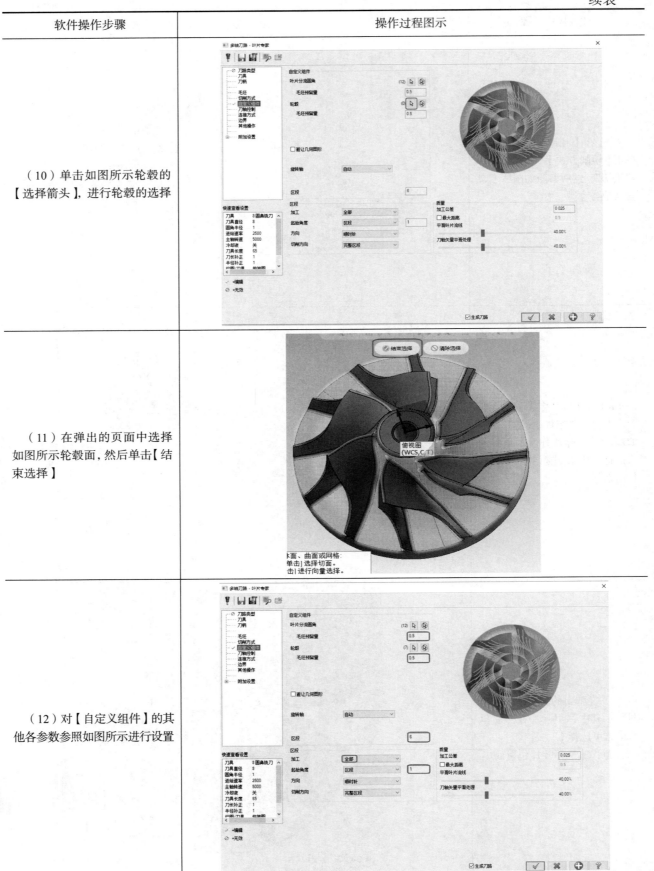

续表

软件操作步骤	操作过程图示
（13）在【叶片专家】对话框中单击【刀轴控制】，参照如图所示进行各参数的设置	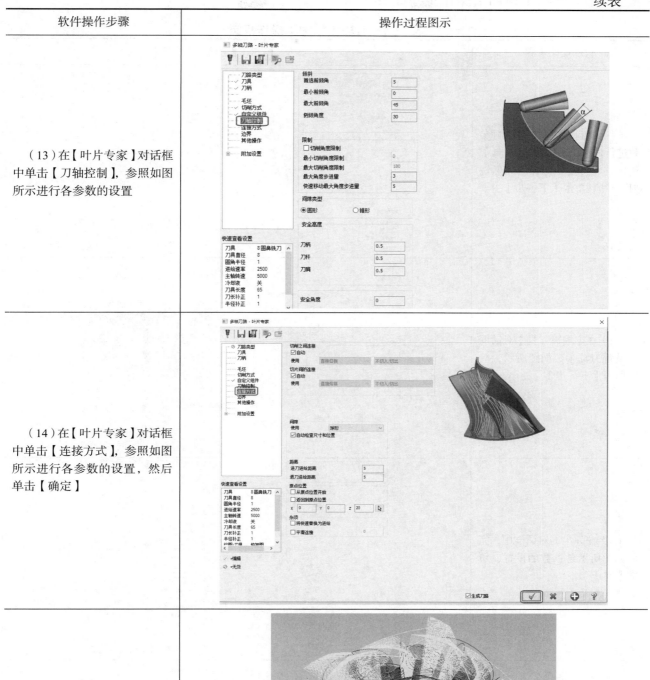
（14）在【叶片专家】对话框中单击【连接方式】，参照如图所示进行各参数的设置，然后单击【确定】	
（15）最终叶轮粗加工刀路计算结果如图所示	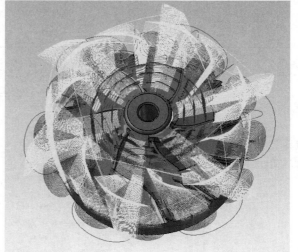

工序 2 叶轮半精加工操作步骤如表 11-4 所示。

表 11-4 叶轮半精加工操作步骤

软件操作步骤	操作过程图示
（1）复制粗加工工序，对参数进行修改，首先单击【刀具】，重新创建刀具，选择"球形铣刀"，然后单击【下一步】	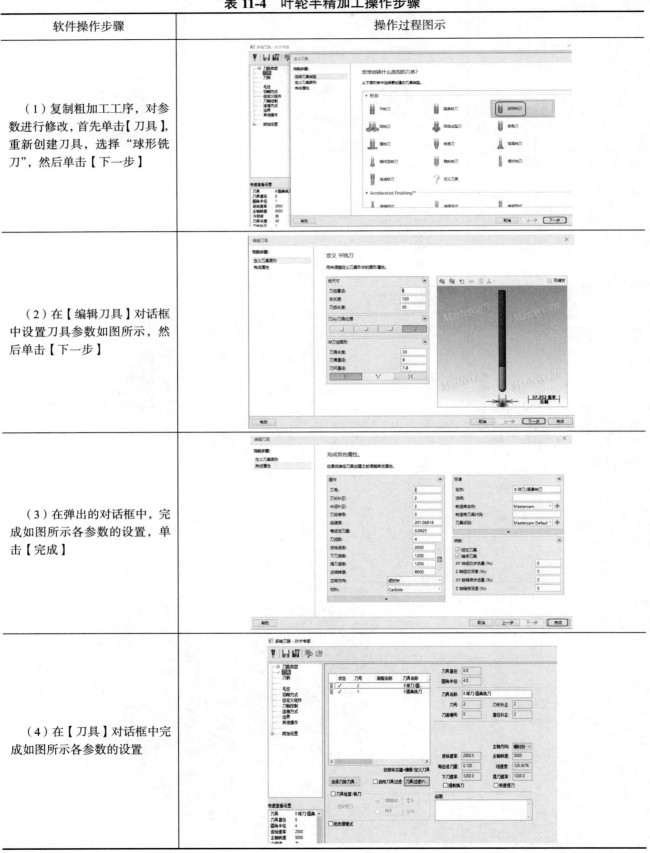
（2）在【编辑刀具】对话框中设置刀具参数如图所示，然后单击【下一步】	
（3）在弹出的对话框中，完成如图所示各参数的设置，单击【完成】	
（4）在【刀具】对话框中完成如图所示各参数的设置	

续表

软件操作步骤	操作过程图示
（5）在【叶片专家】对话框单击【刀柄】，选择"C4Y4-0312"刀柄，【刀具伸出长度】输入"70"	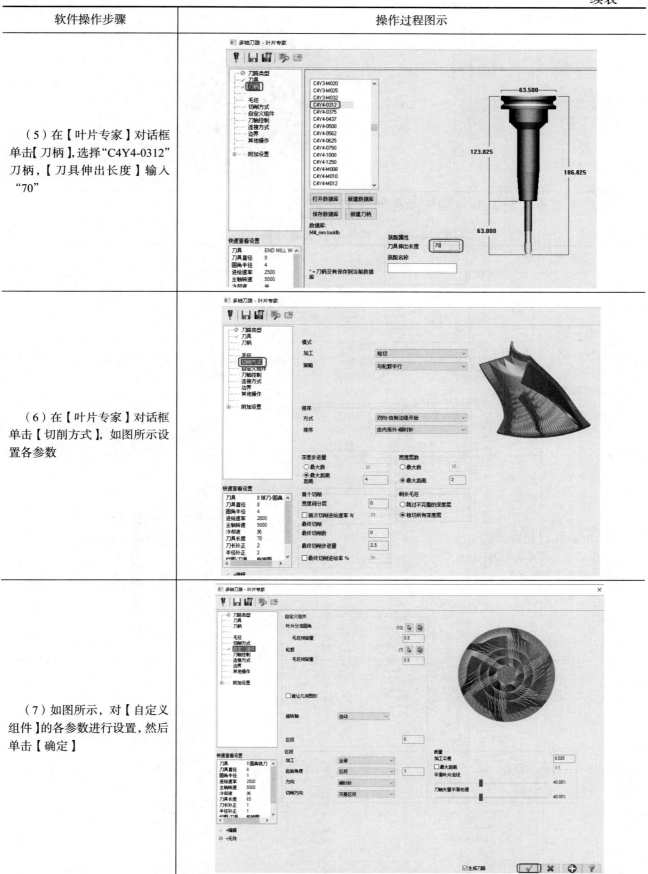
（6）在【叶片专家】对话框单击【切削方式】，如图所示设置各参数	
（7）如图所示，对【自定义组件】的各参数进行设置，然后单击【确定】	

软件操作步骤	操作过程图示
（8）最终叶轮二次粗加工刀路计算结果如图所示	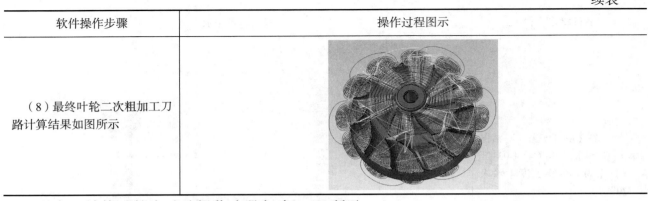

工序 3 精修叶轮大叶片操作步骤如表 11-5 所示。

表 11-5　精修叶轮大叶片操作步骤

软件操作步骤	操作过程图示
（1）复制上一道加工工序，对参数进行修改，首先单击【刀具】，重新创建刀具，选择"锥度刀"，然后单击【下一步】	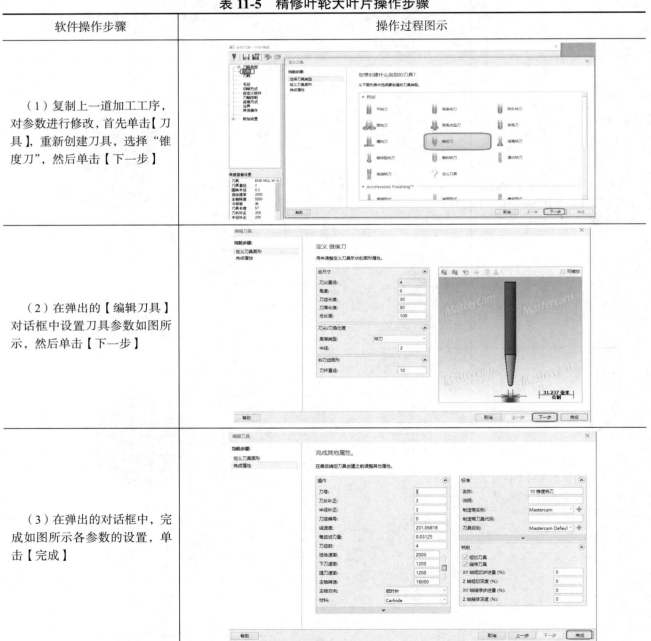
（2）在弹出的【编辑刀具】对话框中设置刀具参数如图所示，然后单击【下一步】	
（3）在弹出的对话框中，完成如图所示各参数的设置，单击【完成】	

续表

软件操作步骤	操作过程图示
（4）在【刀具】对话框中完成如图所示各参数的设置	
（5）在【叶片专家】对话框单击【刀柄】,选择"B4Y4-0312"默认刀柄,【刀具伸出长度】输入"50"	
（6）在【叶片专家】对话框单击【切削方式】,【加工】方式选择"精修叶片",如图所示设置其他各参数	
（7）在【叶片专家】对话框单击【自定义组件】,然后单击如图所示叶片分流圆角的【选择箭头】,进行叶片分流圆角的选择	

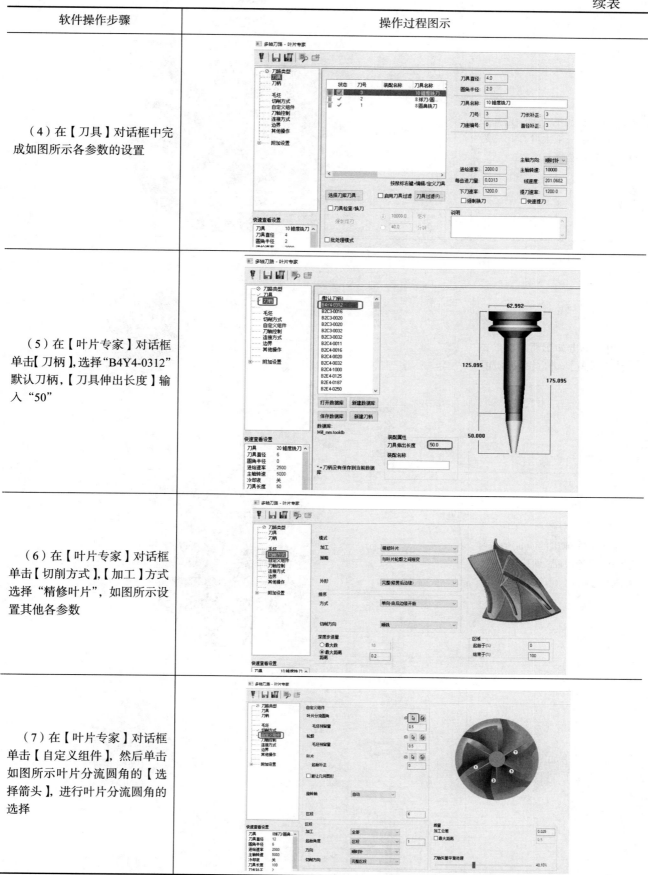

续表

软件操作步骤	操作过程图示
（8）在弹出的页面中选择如图所示其中一个大叶片，然后单击【结束选择】	
（9）单击如图所示轮毂的【选择箭头】，进行轮毂的选择	
（10）在弹出的页面中选择如图所示轮毂面，然后单击【结束选择】	
（11）单击如图所示叶片的【选择箭头】，进行叶片的选择	

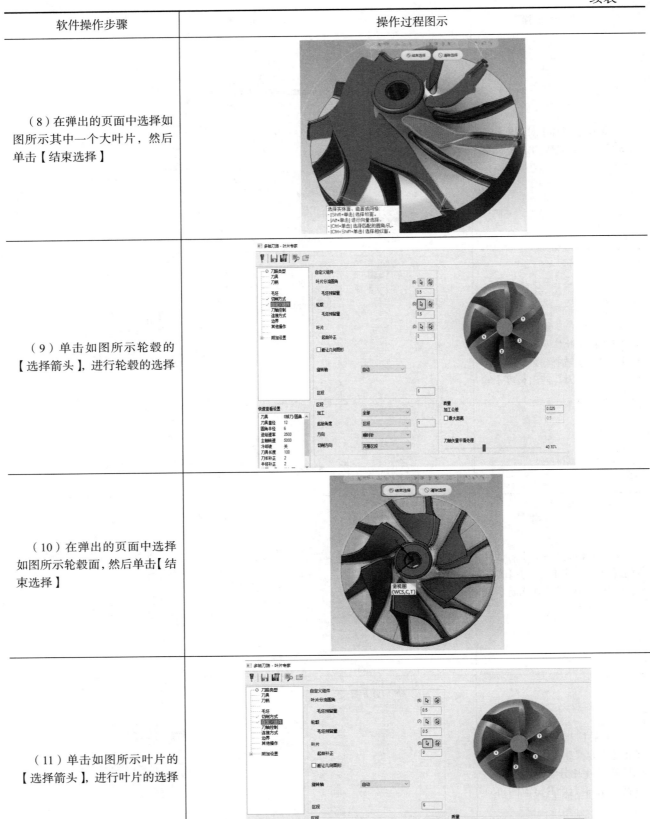

续表

软件操作步骤	操作过程图示
（12）在弹出的页面中选择同一个大叶片的包覆曲面，然后单击【结束选择】	
（13）在【叶片专家】对话框中单击【连接方式】，参照如图所示进行各参数的设置，然后单击【确定】	
（14）最终叶轮精修叶片刀路计算结果如图所示	

工序 4 精修叶轮小叶片操作步骤如表 11-6 所示。

表 11-6　精修叶轮小叶片操作步骤

软件操作步骤	操作过程图示
（1）复制上一道加工工序，在【叶片专家】对话框单击【自定义组件】，然后单击如图所示叶片分流圆角的【选择箭头】，对叶片分流圆角进行重新选择	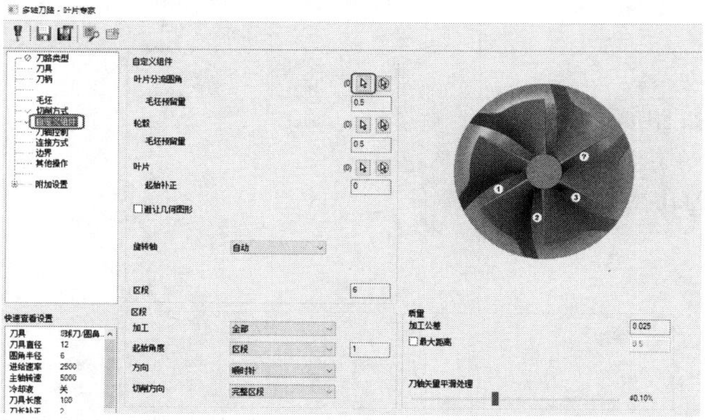

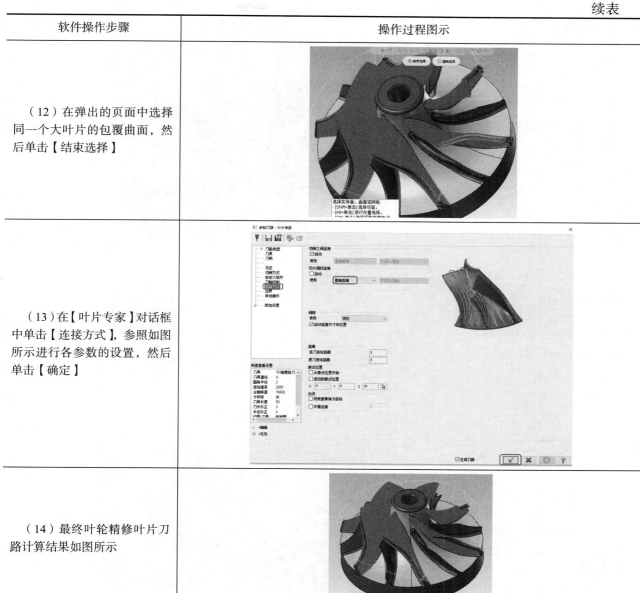

续表

软件操作步骤	操作过程图示
（2）在弹出的页面中选择如图所示其中一个小叶片，然后单击【结束选择】	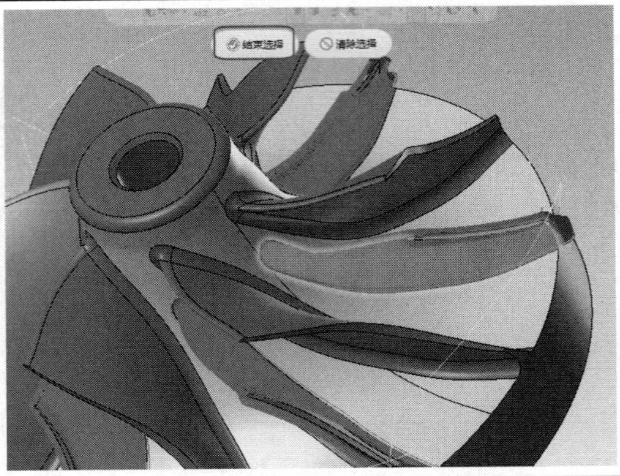
（3）单击如图所示叶片的【选择箭头】，进行叶片的选择	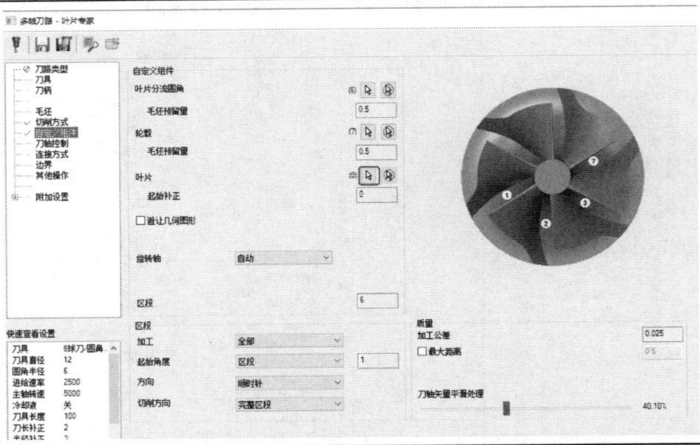
（4）在弹出的页面中选择同一个小叶片的包覆曲面，然后单击【结束选择】	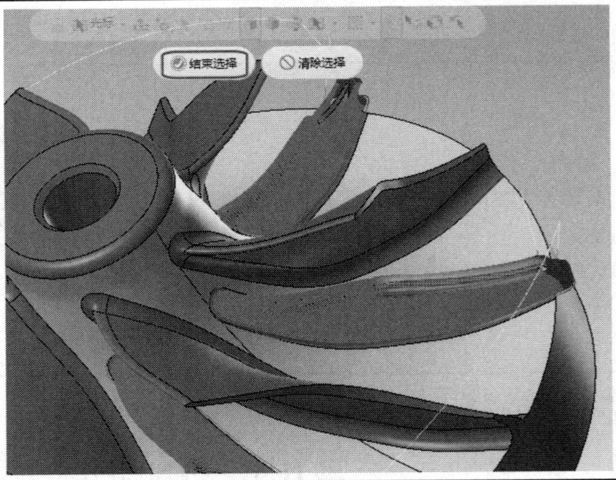
（5）勾选如图所示的【避让几何图形】，单击其【选择箭头】，进行"避让几何图形"的选择	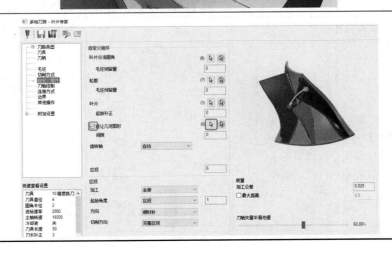

续表

软件操作步骤	操作过程图示
（6）在弹出的页面中选择如图所示一个大叶片，然后单击【结束选择】	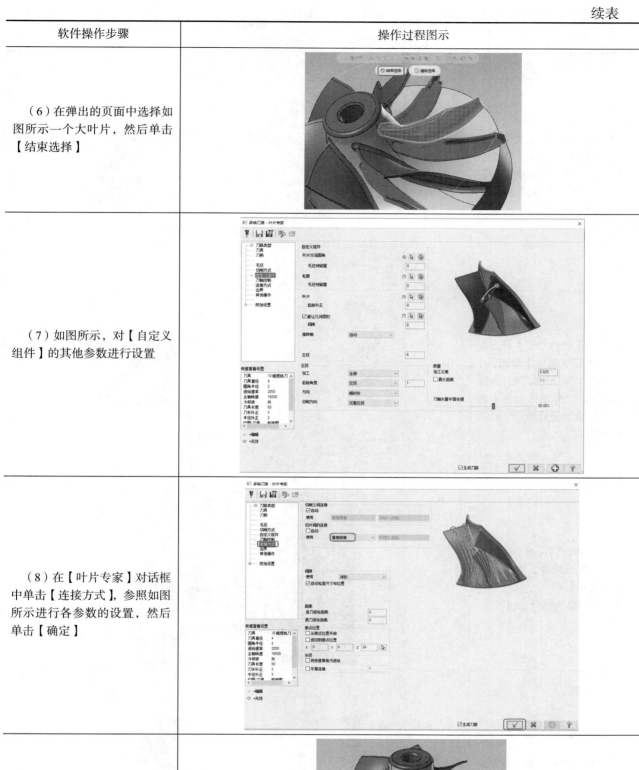
（7）如图所示，对【自定义组件】的其他参数进行设置	
（8）在【叶片专家】对话框中单击【连接方式】，参照如图所示进行各参数的设置，然后单击【确定】	
（9）最终精修叶轮小叶片刀路计算结果如图所示	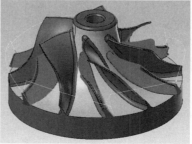

工序 5 精修大叶片圆角操作步骤如表 11-7 所示。

表 11-7　精修大叶片圆角操作步骤

软件操作步骤	操作过程图示
（1）复制上一道加工工序，进行参数修改，首先在【叶片专家】对话框中单击【切削方式】，【加工】方式选择"精修圆角"，其余各参数参照如图所示进行设置	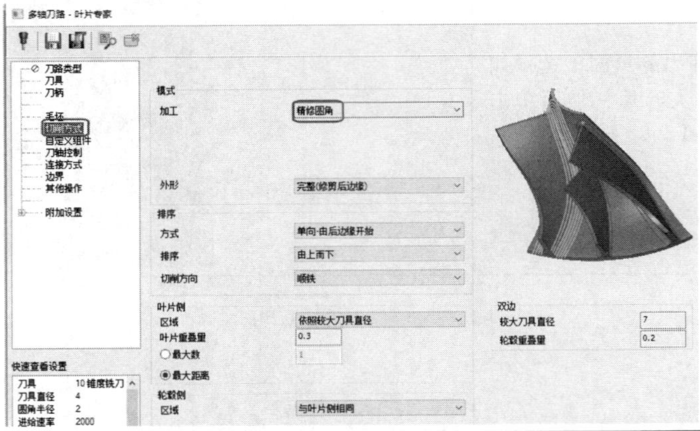 
（2）在【叶片专家】对话框中单击【自定义组件】，取消【避让几何图形】的勾选，然后单击如图所示叶片分流圆角的【选择箭头】，重新进行叶片分流圆角的选择	
（3）在弹出的页面中选择如图所示一个大叶片，然后单击【结束选择】。 注意：不能选择叶片包覆面	
（4）如图所示，对【自定义组件】的其他参数进行设置，然后单击【确定】	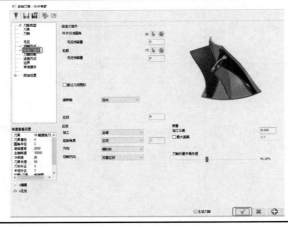

软件操作步骤	操作过程图示
（5）最终精修叶轮大叶片圆角刀路计算结果如图所示	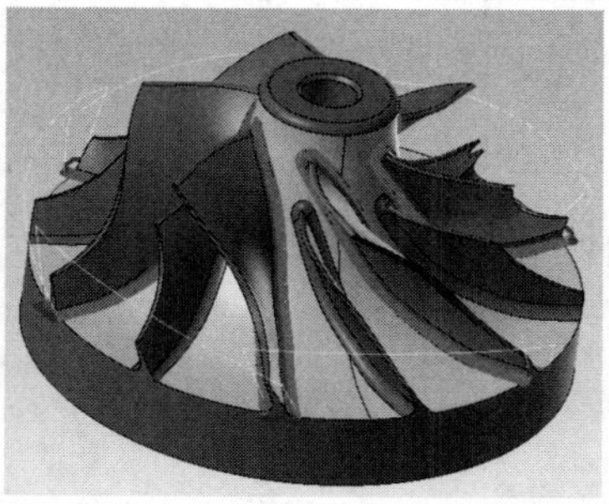 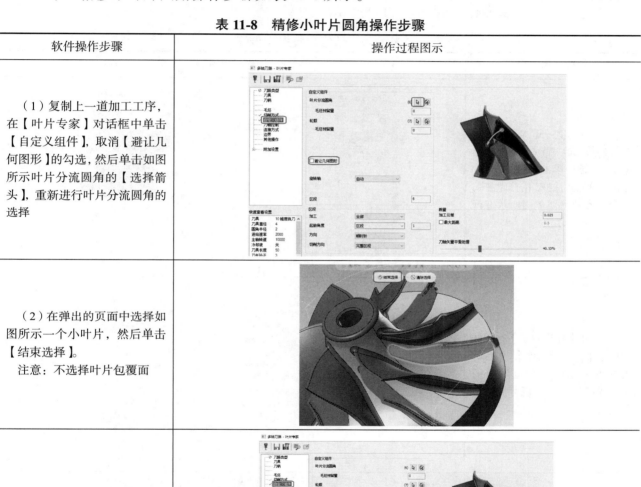

工序 6 精修小叶片圆角操作步骤如表 11-8 所示。

表 11-8　精修小叶片圆角操作步骤

软件操作步骤	操作过程图示
（1）复制上一道加工工序，在【叶片专家】对话框中单击【自定义组件】，取消【避让几何图形】的勾选，然后单击如图所示叶片分流圆角的【选择箭头】，重新进行叶片分流圆角的选择	
（2）在弹出的页面中选择如图所示一个小叶片，然后单击【结束选择】。 注意：不选择叶片包覆面	
（3）如图所示，对【自定义组件】的各参数进行设置，然后单击【确定】	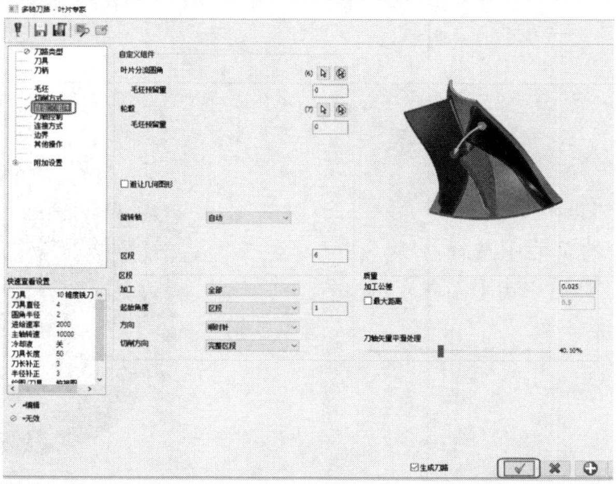

软件操作步骤	操作过程图示
（4）最终精修小叶片圆角刀路计算结果如图所示	

工序 7 精修轮毂操作步骤如表 11-9 所示。

表 11-9　精修轮毂操作步骤

软件操作步骤	操作过程图示
（1）复制上一道加工工序，进行参数修改，首先在【叶片专家】对话框中单击【切削方式】，【加工】方式选择"精修轮毂"，其余各参数参照如图所示进行设置	
（2）在【叶片专家】对话框中单击【自定义组件】，然后单击如图所示叶片分流圆角的【选择箭头】，进行叶片分流圆角的选择	
（3）在弹出的页面中选择如图所示叶片，然后单击【结束选择】	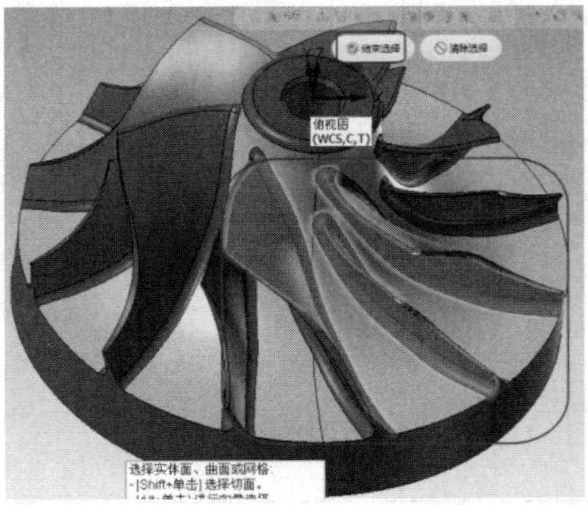

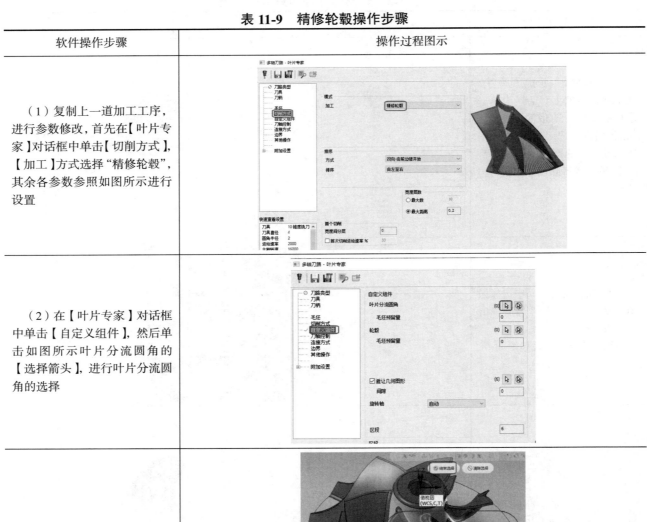

续表

软件操作步骤	操作过程图示
（4）单击【避让几何图形】的【选择箭头】，对避让几何图形重新进行选择	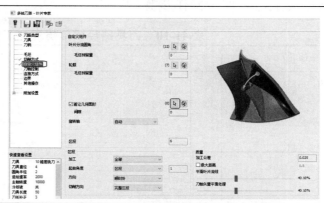
（5）在弹出的页面中选择如图所示一个叶片，然后单击【结束选择】。 注意：不能选择叶片包覆面	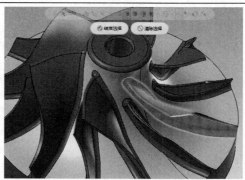
（6）如图所示，对【自定义组件】的各参数进行设置，然后单击【确定】	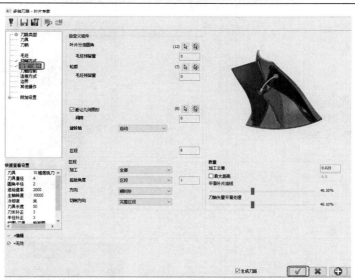
（7）最终精修叶轮轮毂刀路计算结果如图所示	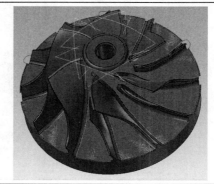

三、仿真加工

刀具路径模拟仿真加工操作步骤如表 11-10 所示。

表 11-10　刀具路径模拟仿真加工操作步骤

软件操作步骤	操作过程图示
（1）单击辅助工具栏左下角【刀路】选项卡，单击【刀具群组-1】，单击【验证已选择的操作】	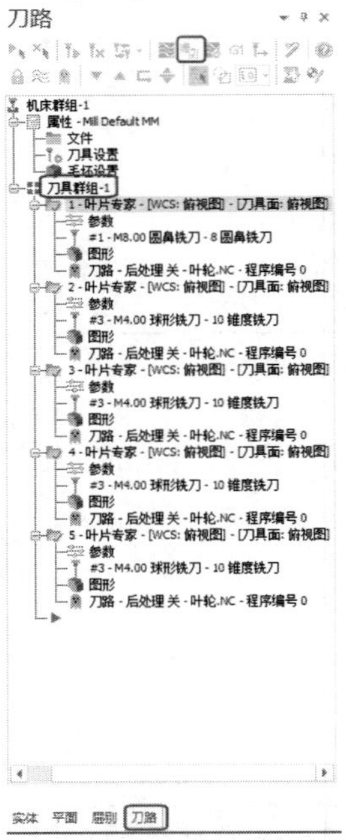
（2）在弹出的对话框中单击【验证】，然后单击模拟播放工具条中【下一个操作】，完成工序 1 模拟	
（3）单击模拟播放工具条中【下一个操作】，完成工序 2 模拟	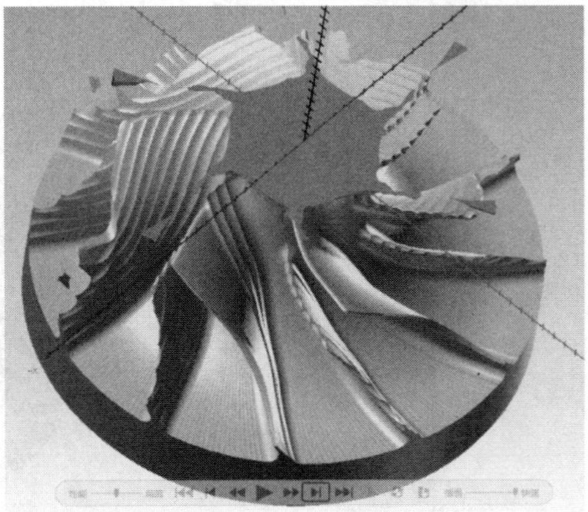

续表

软件操作步骤	操作过程图示
（4）单击模拟播放工具条中【下一个操作】，完成工序3模拟	
（5）单击模拟播放工具条中【下一个操作】，完成工序4模拟	
（6）单击模拟播放工具条中【下一个操作】，完成工序5模拟	
（7）单击模拟播放工具条中【下一个操作】，完成工序6模拟	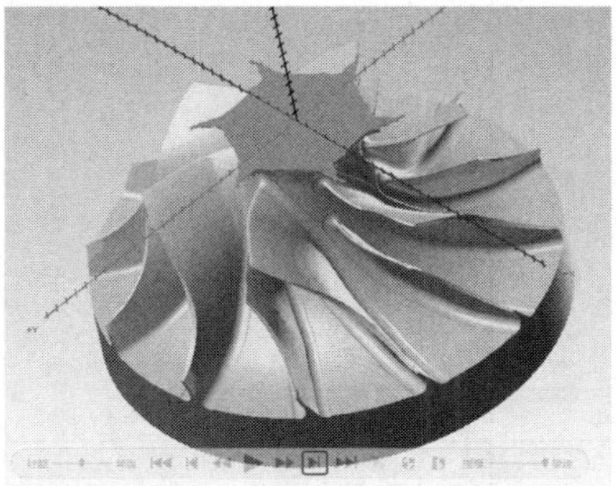
（8）单击模拟播放工具条中【下一个操作】，完成工序7模拟	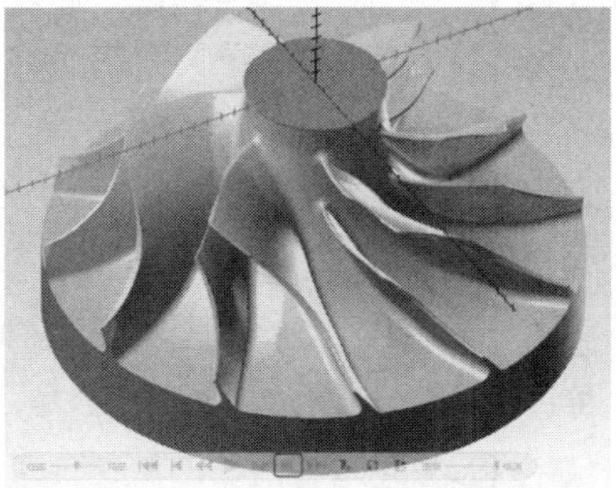

四、后置处理

NC 程序后置处理操作步骤如表 11-11 所示。

表 11-11 NC 程序后置处理操作步骤

软件操作步骤	操作过程图示
（1）单击辅助工具栏左下角的【刀路】选项卡，单击【刀具群组-2】，单击【G1】	
（2）在弹出的【后处理程序】对话框，按照默认参数，单击【确定】	
（3）在弹出的对话框中选择保存地址，更改【文件名】，单击【保存】	
（4）在弹出的对话框中，根据机床系统实际情况作适当修改，然后单击【保存】，单击【关闭】	

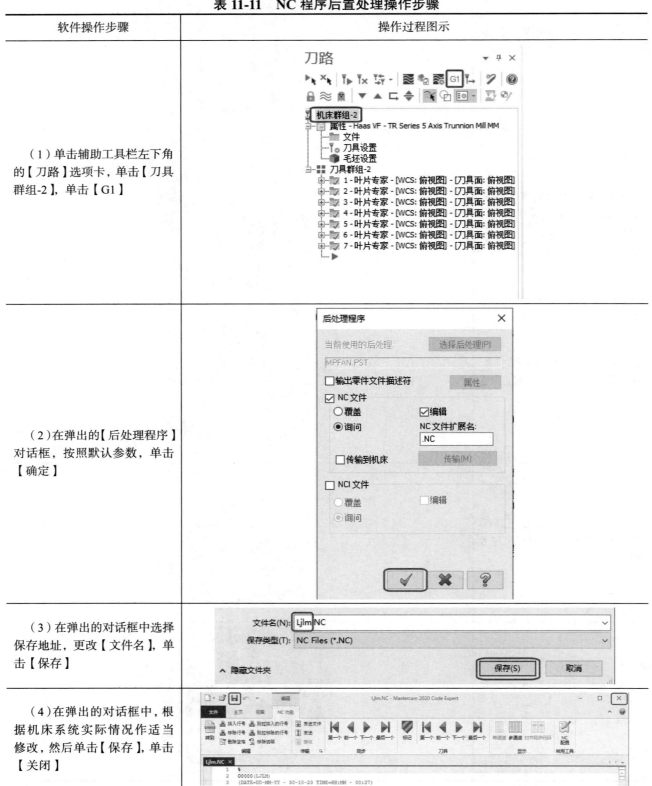

评价单

完成本模块的两个任务后，应做到：
① 能根据零件图样及技术要求正确编写叶轮加工的工艺卡。
② 能根据零件特征和加工方式正确选择工装夹具等。
③ 能使用 Mastercam 软件编写出叶轮零件的加工程序。
④ 能完成零件的程序验证仿真。

模块十一　评价单

项目	任务内容	分值	自评	教师评价
专业能力评价	零件分析（课前预习）	10		
	工艺卡编写	10		
	夹具选择	10		
	程序的编写	10		
	合理的切削参数	10		
	程序的正确仿真	10		
关键能力	遵守课堂纪律	10		
	积极主动学习	10		
	团队协作能力	10		
	安全意识强	10		
合计		100		
综合评价：_____	评价等级： A：优秀（85~100 分）；B：良好（70~84 分）；C：一般（60~69 分）			
检查评价	教师评语：			
	评定等级		日期	
	学生签字		教师签字	

注：评定等级为优、良、一般。

拓展提升

1. 编写图 11-2、图 11-3、图 11-4 零件的工艺卡。
2. 以本模块案例为参考，完成图 11-2、图 11-3、图 11-4 零件的程序，并完成程序的仿真验证。

图 11-2　螺旋桨

图 11-3　散热叶片

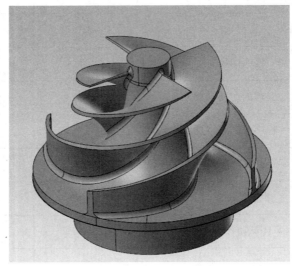

图 11-4　四叶涡轮

模块十一　拓展提升模型

参考文献

[1] 程豪华，陈学翔. 多轴加工技术［M］. 北京：机械工业出版社，2022.
[2] 贺琼义，杨秩峰. 五轴数控系统编程与操作［M］. 北京：机械工业出版社，2022.
[3] CAD/CAM/CAE 技术联盟. Mastercam 中文版从入门到精通［M］. 北京：清华大学出版社，2021.
[4] 宋力春. 五轴数控加工技术实例解析［M］. 北京：机械工业出版社，2018.
[5] 徐顺和，冯为远. 数控多轴编程与加工 hyperMILL 案例实战篇［M］. 北京：机械工业出版社，2023.
[6] 张喜江. 多轴数控加工中心编程与加工从入门到精通［M］. 北京：化学工业出版社，2020.